国家重点研发计划课题“喀斯特高原山地石漠化综合治理与混农林业复合经营技术与示范”（2016YFC0502601）
贵州省科技计划项目“石漠化区抗冻耐旱型植被建植与恢复关键技术研究”（黔科合 LH 字[2016]7201 号）

喀斯特高原森林植被建植与恢复技术

喻阳华　杨丹丽　王璐　秦仕忆　著

中国环境出版集团 · 北京

图书在版编目（CIP）数据

喀斯特高原森林植被建植与恢复技术/喻阳华等著．—北京：中国环境出版集团，2020.4
ISBN 978-7-5111-4322-8

Ⅰ．①喀…　Ⅱ．①喻…　Ⅲ．①喀斯特地区—高原—森林植被—恢复　Ⅳ．①S718.54

中国版本图书馆 CIP 数据核字（2020）第 051621 号

出 版 人　武德凯
责任编辑　周　煜
责任校对　任　丽
封面设计　宋　瑞

出版发行　中国环境出版集团
（100062　北京市东城区广渠门内大街 16 号）
网　　址：http：//www.cesp.com.cn
电子邮箱：bjgl@cesp.com.cn
联系电话：010-67112765（编辑管理部）
发行热线：010-67125803，010-67113405（传真）

印　　刷　北京建宏印刷有限公司
经　　销　各地新华书店
版　　次　2020 年 4 月第 1 版
印　　次　2020 年 4 月第 1 次印刷
开　　本　787×1092　1/16
印　　张　15.25
字　　数　306 千字
定　　价　58.00 元

《喀斯特高原森林植被建植与恢复技术》

编著委员会

主　编　喻阳华

副主编　杨丹丽　王　璐　秦仕忆

成　员　陈　浒　朱大运　肖　华

钟欣平　程　雯　向仰州

侯堂春　郑　维　邢容容

徐　建　李　红　杨苏茂

序

石漠化是指在热带、亚热带湿润、半湿润气候条件和岩溶发育背景下，受人类活动干扰，地表植被遭受破坏，导致土壤严重侵蚀、基岩大面积裸露、土地大规模退化等一系列生态环境问题，是西南岩溶地区的灾害之源、贫困之因、落后之根，制约了生态经济的良性循环发展。国家推行生态文明建设、退耕还林和石漠化治理工程以来，喀斯特高原植被建设迎来了难得的机遇，人工与自然恢复共同促进了生态环境改善，多数植被都进入自然演替过程。同时，在喀斯特高原植被恢复过程中，也存在一些关键科学问题亟须解决。比如天然次生林和人工林的土壤生态化学计量特征、优势树种的功能性状权衡及其适应策略、植物与环境的内在关联等，这些问题在一定程度上限制了植被恢复技术体系的构建。要解决这些问题，首先取决于对植物适应策略的认识，其次是对植物与环境关系的探究。问题的解决可以为构建适应功能强、生态效益好的植被恢复模式奠定基础。

喀斯特高原具有海拔高、温度低、降水少等特征，地形地貌复杂多样、植物群落类型丰富、小生境发育典型、不同立地条件的水分与养分差异显著，但是在长期的植被建植与恢复过程中，过分强调经济效益，选用了较多的经济树种，导致植被恢复效果欠佳、生态功能水平较低、生态系统稳定性不高，加剧了植被退化过程，影响了石漠化综合治理成效的巩固。为了扭转这种局面，应当选择适宜当地生态环境条件的树种，采用科学合理的植被建设模式，构建适合区域特征的植被恢复技术，以保证该区域生态综合治理取得实效，从这一方面来讲，《喀斯特高原森林植被建植与恢复技术》一书的出版，具有较强的实效性。

该书是全体作者在长期研究基础上的系统总结，以优势树种和典型林分类型为对象，以物种组成与群落尺度结构为林分调控基础，以林地养分含量及其生态化学计量特征为主要立地质量指标，以植物功能性状及其适应策略为物种筛选标准，以植物功能群及其结构为优化配置依据，以群落结构优化及其正向调控为结构配置手段，形成了完整的研究思维和系统科学的研究体系。这些研究为高效利用喀斯特高原山地区丰富的乡土树种奠定了科学依据，对区域植被恢复和生态系统结构与功能关系的调整提供了数据支撑。从森林植被恢复理论角度出发，该书在整体结构上还可以继续改进和优化，例如对生态系统功能的监测与评价有待进一步深入和加强，对生态系统结构与功能关系的研究尚需深化，但该书提供的丰富资料，能够给予读者诸多启发与启示，这是该书的重要价值所在，从这一点来看，该书能够为生境脆弱地区生态文明建设和喀斯特地区石漠化治理贡献力量。

该书作者团队多从事土壤学、植物与环境关系、森林培育等方面的研究，在生态化学计量、土壤质量评价、生态系统物质循环与转换、植被恢复建植等方面取得了一定的科研成果，他们的辛苦努力使得这本专著得以顺利出版。

该书获得的研究结论具有重要理论意义和现实指导意义，对喀斯特高原山地区植被建植与恢复具有较强的参考价值，可供生态环境保护与治理方面的科学工作者、教师、学生参考，是一本很有价值的工具书。该书的出版将促进地球关键带植被恢复的研究，因此我很高兴为之作序，并表示祝贺。

北京大学　沈泽昊教授

2019 年 9 月

前 言

全球喀斯特面积约占陆地面积的12%,是地球表层的典型地貌特征之一;中国裸露、半裸露喀斯特地区分布面积超过130万km^2，占国土面积的13%以上；以贵州高原为中心的中国南方喀斯特面积达55万km^2，是中国乃至世界热带、亚热带喀斯特分布面积最大、发育最强烈的区域。该区植被与环境的关系尤其敏感、生态系统较为脆弱、生态环境问题突出、抗外界干扰能力较低，生态恢复中存在的问题具有较强的典型性、代表性、针对性。石漠化是由于脆弱喀斯特生态环境下人类不合理的社会经济活动导致人地矛盾突出、植被结构与功能衰退、水土流失、生物多样性降低、水土资源利用效率下降、土地生产力退化，地表类似于荒漠化景观的演变过程或结果。西南石漠化与西北沙漠化、黄土高原水土流失并列为我国的三大生态灾害，是生态建设中面临的十分突出的地域问题。生态系统退化、水土资源流失、水养调蓄能力降低等生态环境问题较为敏感，成为制约区域经济社会发展的关键障碍因子。

喀斯特高原山地区是比较脆弱的生态系统之一，森林植被一旦遭受破坏则较难恢复，并诱发一系列的生态、经济和社会问题，加剧人地矛盾，制约石山区、深山区、贫困地区和生态脆弱区域的生态文明建设。长期以来，该地区存在不合理的土地开垦和生态破坏活动，导致生态系统逐渐退化，使石漠化治理成果难以得到持续巩固，影响了当地资源的可持续利用和社会的良性协调发展，开展植被建植与恢复具有较强的理论意义和现实意义。作者通过对森林植物群落结构、土壤生态化学计量、优势树种适应能力与对策、植被建植与恢复技术等内容的研究，阐明在生态系统恢复过程中植物与土壤的相关关系，以期为喀斯特地区石漠化综合治理提供理论和实践依据。

本书的研究思路体系是分析植物群落退化及其自然演替动态过程，找出对群落结构维持与功能发挥起关键调控作用的树种适应功能群和生态关键种；分析不同植物群落的结构特征、组成差异及其目标定位，揭示影响森林植物群落更新与恢复的关键要素，提出不同植物群落类型的恢复策略与途径，发展并完善植物群落保护与恢复的生态学理论体系，构建植被恢复技术方案，为植物群落结构优化调控与功能提升奠定理论基础。

本书的理论创新包括：阐明了优势树种适应策略与经济谱，植物叶片性状主要受叶干物质含量、相对水分亏缺和$\delta^{13}C$支配，验证了经济谱的存在，乔木树种倾向于缓慢投资-收益型，灌木树种更倾向于快速投资-收益型，植物功能性状之间存在权衡与协同关系。揭示了优势树种叶片-凋落物-土壤连续体的有机质碳稳定同位素特征，阐明该地区主要植被类型是C_3植物，该地区植被和气候在过去发生极大变化的可能性较低。探讨了优势树种、植物群落两大尺度的土壤养分含量与化学计量变化特征，阐明了养分含量与计量随树种生活型、植物群落演替阶段的变化规律。技术创新包括：划分了植物适应功能群类型，包括厚叶高持水功能群、低资源利用功能群和快速生长功能群，前两者属于缓慢投资方式，最后一类属于快速投资方式，不同功能群具有不同的适应对策。提出了植物群落优化调控对策，在林相选择上，应营造针阔混交林，筛选水分利用效率高的树种并保护好凋落物层，尤其是新鲜凋落物层，提供新碳来源。相关研究是植被建植与恢复关键技术集成的重要基础。

本书可以为地理学、生态学、生态工程、植物学、农学、环境科学、环境工程、水土保持工程、水利工程等领域的科技人员、师生提供参考，也可供在喀斯特等脆弱生态区从事环境保护与治理的决策管理部门和有关工作人员阅读使用。

由于本书所涉及的领域广泛，并且利用、参考的资料较多，加之编写时间仓促、编写人员专业技术水平有限，所以难免存在错误和不当之处，希望相关学者和广大读者批评指正。

喻阳华

2019年9月

目　录

第1章 绪 论

森林是地球表面最大的陆地生态系统，约占地球陆地面积的50%，为人类的生存和发展提供了必要的资源与环境。森林生态系统不仅承载着诸多生态服务功能，如固碳释氧、固土保肥、水源涵养、大气净化、保护生物多样性等，还承载着社会服务功能，如旅游休闲等（刘奕汝等，2018），对维持地球的生态平衡起着至关重要的作用（蔡小溪和吴金卓，2015）。因此，森林生态系统一直是国内外研究热点。随着人口增长和经济发展，木材资源需求量与有限的森林面积间的矛盾加剧，导致森林面积日益减少，森林资源质量与数量逐年下降。植被与土壤作为森林生态系统的重要组成部分，两者的耦合程度直接影响森林生态系统可持续发展。土壤是植物生长发育的主要物质来源（杨佳佳等，2014），土壤养分是植物生长的基础，也是植被恢复的关键（Ouyang et al.，2013），土壤理化性质的改善可以促进植被生长，推动植物群落发育、更替的速度（孟京辉等，2010）；而在植被恢复过程中，土壤理化性质的改善可提高土壤有机质含量，缓解土壤碱化程度，增加土壤微生物数量（韩路等，2010）。植被与土壤相互依赖、相互制约，因此，植被与土壤的相互关系是植被恢复重建的重要理论基础。此外，植物资源的过度利用，造成植物物种数量急剧下降，而物种的变化将影响植物功能性状和功能多样性，制约植物共存与群落构建，影响生态系统的功能（石明明等，2017）。植物功能性状不仅能够反映植物对土壤养分的利用方式（曹科等，2013），还能够在一定程度上表征植物群落结构特征，另外科学的植物群落结构配置、土壤养分利用和恢复是合理安排森林经营活动与植物资源利用的前提。因此，研究植物功能性状对优化植物群落结构配置和土壤肥力保育具有重要现实意义。

1.1 森林土壤质量与生态化学计量学研究

1.1.1 森林土壤质量研究

土壤作为森林生态系统中的重要组成部分之一，为植被生长发育提供必需的营养元素和水分，是植被建植与恢复的主要影响因子（邵国栋等，2018）。土壤养分受不同植被、母岩、地形等自然环境和灌溉、施肥等人为因素的影响，空间异质性表现明显

（Lin et al.，2005；张忠华等，2011），其组成和空间分布影响着土壤生产力的高低，调控着植被的分布和植物群落的组成（张忠华等，2011）。而土壤质量作为土壤为植被生长发育提供良好环境条件能力的指示因子，其水平影响着森林生态系统林木和林下植物的健康状况（方伟东等，2011）。因此，研究土壤质量不仅可为了解土壤养分组成及含量水平提供参考，并且对探究土壤与植物的耦合关系有重要理论意义。

（1）土壤理化性质

1）不同土层

一般而言，在同一土壤剖面上，表层土壤养分含量显著高于中层、下层土壤，而中层、下层土壤间其含量差异不明显（夏汉平等，1997）。土壤有机质、氮、磷、速效钾含量随土层深度的增加而逐渐减少（张国栋等，2014），但不同土层深度的土壤养分含量还受坡度、坡位、海拔和植被覆盖类型等因素的影响。如北京松山自然保护区天然油松林由于根系分布特征，导致土壤全氮含量在下坡位出现了随土层深度加深而先降低后升高的趋势，土壤有效磷由于其本身的特性，其含量在中坡位随土层深度的增加呈先降低后升高的趋势（高培鑫等，2014）。而土壤全钾含量随土层深度的变化规律不明显。但有研究显示，土壤全钾受植被因素的影响，在部分植被类型下，呈规律性变化，如毛竹林地的土壤全钾含量随土层深度的增加明显降低（张国栋，2014），在针阔混交林地和半落叶阔叶林地，其含量随土层深度的增加而增加（王燕等，2010）。有机质多聚集在表层土壤，且表层土壤质地多为粒状或团粒状结构，随着土层加深，土壤质地呈块状或碎块状，因而土壤容重随土层深度的增加而递增（吴鹏等，2011）。相对底层土壤而言，表层土壤疏松，孔隙较大，水分易流失和蒸发，进而土壤总贮水量随土层深度的增加而递增（吴鹏，2011）。土壤孔隙度、毛管持水量、渗透性能随土层深度的增加而降低（吴鹏，2011）。

2）不同植被

大量研究显示，土壤理化性质受植被因素影响明显，不同植被类型、不同树种结构配置下土壤理化性质不一致，即使是同一树种，在树龄不同的情况下，土壤理化性质也会产生差异。总体而言，在不同森林类型下，雨林群落的土壤养分含量较为丰富，受地带因素的影响，不同地带雨林的土壤养分也存在差异（申佳艳等，2017）。如由于气候干旱，平均气温较低，利于地表形成有机质层，山地雨林的有机质、全氮含量高于热带雨林（郑征等，2005）。此外，山地雨林受降水淋溶作用和人为干扰的影响较大，其全钾、全磷、速效钾含量低于热带雨林（申佳艳，2017）。其次是阔叶林，由于森林土壤养分含量受多种因素综合影响，不同区域、不同林分的阔叶林的土壤养分含量高低不同。如江西大岗山的土壤有机质、全氮、全钾、速效磷含量在常绿阔叶林、半落叶阔叶林、针阔混交林等不同林分间无显著差异，但其全磷、速效钾在不同林分间差异显著（王燕等，2010）。不同植被类型对土壤养分的改良状况也会存在差异，如湘西南山地的针阔混交林土壤的有机质、氮元素、钾元素含量就高于单一阔叶林土壤（文仕知等，2011）。关于针叶林土壤理化性质的报道也较多，大多研究结果表明针叶混交林相较于纯林，对改善土壤质量具有明显的优势。如陆梅等（2011）研究昆明山森林公园的4种针叶林的土壤理化性质，表明华山松+油杉混交林的容重、孔隙度、有机质、速效氮、速效钾均大于针叶纯林，有利于提高土壤肥力。此外，不少学者研究了不同树型、不同林龄（王钰莹等，2016）、不同人造林（杨亚辉等，2017）、不同植被恢复模式（庞世龙等，2016）、植被不同演替阶段（孟京辉等，2010）的土壤理化性质，结果表明受多种因素影响，土壤理化性质具有明显的空间异质性，但总体而言，天然林、混交林的土壤质量表现较好。

3）不同坡位坡向

坡向和坡位作为重要的地形因子，影响着光照条件，使地表热量和水分分布不均，进而使土壤理化性质产生差异（严岳鸿等，2011）。大量研究表明，土壤养分在下坡位具有聚集效应（马鹏和陈刚，2013；高培鑫等，2014），这主要是由于下坡位坡度相对较缓，与上坡位、中坡位相比，下坡位土壤降雨截留能力与入渗作用较强，因而使不同坡位上土壤的水热条件产生差异，导致土壤矿化、腐殖化速率不同，进而导致土壤养分积累数量与转化速率不同，土壤养分的差异必将使不同坡位的植物生长发育状况产生差异。植物生长状况的差异将影响植物根系的发达程度，植物根系的分泌物数量和种类与土壤有机质、团粒结构、颗粒黏性密切相关，从而使土壤理化性质产生差异（雷斯越等，2019）。此外，有研究表明坡向对土壤理化性质的影响也是通过植被而产生作用的，这主要表现在阴坡裸地的土壤含水率高于阳坡裸地，而阳坡林地的土壤含水率、土壤养分含量高于阴坡林地（佘波和武晓红，2016）。阴坡裸地光照时长较短，土壤水分蒸发量小，因而含水量较高，而阳坡林地虽然光照时间相对较长，但充足的光照促进植物的生长和根系扩展，发达的根系可加强土壤保水保肥能力，因此阳坡林地的土壤理化性质相对较好。由此可以看出土壤与植物相互影响、相互促进的密切关系。

4）不同海拔

海拔是重要的环境因子，一般而言，随着海拔高度的增加，对流层大气中水分含量将增多，温度呈递减趋势，使植被类型与土壤类型随海拔高度变化发生有规律的变化，进而引起土壤理化性质呈现相同规律的变化（吕世丽等，2013）。多数研究表明，土壤含水量随海拔的增加呈增加趋势，土壤容重随海拔高度的增加而减小，土壤孔隙度随海拔高度的增加而增加（马剑等，2019；任启文等，2019），而张引等（2019）提出随着海拔高度的增加，土壤容重呈先增大后减小的趋势，土壤孔隙度则呈先减小后增大的趋势。由此可见，土壤容重随海拔高度增加而减小的规律，在范围上具有一定的局限性。大量研究指出，土壤养分在不同海拔梯度上表现出明显差异，随着海拔高度的变化，土壤养分表现出不同的变化规律。土壤有机质、全氮、碱解氮含量大致随海拔的升高而增加，但有少数研究表明，土壤有机质的变化规律较为复杂，其含量的最大值并不出现在海拔最高处（彭新华等，2001）。群落类型会影响全氮含量随海拔的升高而增加的趋势。如土壤全氮含量随海拔变化的规律在针阔混交林地波动明显，并且其含量在群落过渡地带出现显著的峰值（王琳等，2004）。研究显示，土壤磷、钾元素含量在海拔的影响下无明显规律，在大部分区域土壤全磷、全钾含量随海拔的升高趋于增加（吴鹏等，2013；张继平等，2014），也有部分学者指出土壤速效磷含量随海拔升高而下降，全磷、全钾、速效钾含量与海拔无明显相关关系（张巧明等，2011）。同一类型土壤的养分随海拔的变化表现出来的规律差异性可能是由于土壤还受群落类型、气候及其他因素的影响，因此，研究土壤养分含量的变化规律应该综合考量土壤的影响因子。

（2）土壤理化性质间的相关性

土壤是生态圈中的综合体，物理性质和化学性质作为衡量土壤质量高低的指标，共同影响着土壤质量，其间必然存在复杂的相关关系。因此，土壤物理性质和化学性质并不是孤立存在的，而是相互作用、相互制约的。也是因为土壤物理性质和化学性质间的复杂关系，大量学者在研究土壤质量时，通常会对土壤理化性质的相关性做详细的分析。其相关性大体上表现出来的趋势是：土壤容重与全氮、全钾、全磷、有机碳等营养元素呈显著正相关关系，土壤容重通过影响植物根系生长、凋落物分解和微生物活动，导致元素在土壤生态过程中的迁移和积累数量产生差异，土壤容重越大，土壤越紧实，不利于植物根系伸展和微生物活动，同时减弱凋落物分解程度，阻碍元素间的交流，进一步减少了营养元素的含量（杨丹丽等，2018）；通常情况下，土壤有机碳与全氮、全磷、速效磷呈正相关关系，有机质是有机碳的主要来源，而氮元素参与有机质的合成，因此，有机质中富有大量含氮物质，这也就是有机碳与全氮呈正相关关系的主要原因；关于土壤有机碳与全钾、速效钾是呈正相关还是负相关关系，目前没有统一的定论，有研究认为有机质与速效钾不存在相关关系，但有机质作为具有两性胶体性质的物质，吸附阳离子的能力较强，加强了土壤的保肥能力和缓冲能力，因而使土壤表面具有较强保持养分的能力，而速效钾作为土壤的主要营养元素，从该角度来看，有机质在一定程度上能够影响速效钾的含量（肖靓等，2011）；土壤的酸碱性与土壤元素的转换、释放以及有效性有密切关系（张晶等，2014），但一部分研究认为土壤 pH 与其余理化性质指标呈正相关关系（杨丹丽等，2018），一部分研究则得出与此相反的结果（贡璐等，2015）。由此可见，土壤 pH 与其余土壤理化性质指标的关系具有一定的区域局限性，同时还与采样土壤的地上植被类型、耕作制度、人为干扰等因素有关系。

（3）土壤质量评价

土壤质量是指土壤在生态系统范围内，维持生物生产力、保护环境质量和促进生命健康的能力，也是土壤肥力质量、土壤健康质量和环境质量的综合度量（杨晓娟等，2012；刘洁等，2017），由此可见，土壤质量是土壤多种功能的综合体现。在进行植被恢复时，客观评估土壤功能，探明土壤养分状况，才能合理选择植被恢复的优势树种，因此，土壤质量评价对植被恢复具有重要现实意义。而土壤作为复杂的功能实体，其质量不能直接测定，但可以选择土壤质量指标对其进行预测（刘占锋等，2006）。土壤性质通常包含物理性质、化学性质和生物性质，因此，在进行土壤质量评价时一般会选择物理指标、化学指标和生物指标；也有学者根据土壤的功能，将土壤质量评价指标分为3类，即水分有效性、养分有效性和根系适宜性三大类指标，水分有效性指标包含土壤水稳性团聚体、容重等，养分有效性指标包含土壤有机碳、全量及有效性元素含量等，根系适宜性指标包含土壤pH、黏粒含量、土层厚度等（Hussain et al.，1999）。尽管如此，土壤质量评价指标体系还是较为庞大，因此，大量学者在选择土壤质量评价指标时会建立最小数据集，筛选出最能反映土壤质量状况的指标（贡璐等，2015）。从以往研究看来，最小数据集主要强调表征土壤理化特性的指标，生物属性的指标多为微生物（Marzaioli et al.，2010；Yao et al.，2013）。

合理选择评价指标是进行土壤质量评价的关键，科学地确定各项指标的权重，计算土壤质量综合指数直接关系到评价结果的客观程度。国内外常用的静态计算方法有灰色关联度（郑敏娜等，2017）、层次分析（赵振亚等，2014）、因子分析（张连金等，2016）、主成分分析（杨丹丽等，2018）、聚类分析（金慧芳等，2018）和模糊数学（赵振亚等，2014）等方法，其中主成分分析法能较为客观地反映土壤质量，因此，主成分分析法是森林土壤质量评价中应用最为广泛的统计方法。比较常用的土壤质量综合指数计算方法还有土壤质量动力学方法，但该方法主要运用于农业土壤质量评价，其运用在森林土壤上的研究较为少见，主要原因是森林生态系统生物多样性丰富，人为干扰较少，土壤质量相对稳定。大多研究通常会选择不同的研究尺度对森林土壤质量进行探讨，如不同植被类型、不同地形（坡向、坡位、海拔）、不同树种配置、不同土层深度，这些尺度大多是根据影响土壤质量的因素进行选择。国内外这类基于单因素、小尺度的土壤质量研究已趋于完善，但影响土壤质量的因素较多，应该加强多因素的研究，较为全面地分析土壤质量影响因素。

综上所述，土壤理化性质的空间异质性较强，导致土壤质量在空间上存在显著差别，这样的分布格局是环境因素和人为因素共同作用的结果。在自然状态下，环境因素占主导作用，但人为干扰的作用也不可忽视，强烈的人为干扰会使土壤功能退化，土壤质量急速下降，但是合理的管理方式可利于土壤养分积累，改善土壤质量状况。因此，在进行森林植被恢复时，要客观了解不同植被恢复措施对土壤的影响，及时调整恢复措施，确保土壤资源可持续利用。

1.1.2 森林生态化学计量学研究

在生态系统中，各组分均是元素按照一定比例组成的，而生态化学计量学则是从元素比例的角度出发，研究生态过程中多重化学平衡关系（Elser and Sterner et al.，2000），着重强调活有机体主要组成元素碳、氮、磷化学计量特征之间关系的学科（Elser et al.，1996）。由此将生态系统中不同层次的研究联系起来，为生态学领域建立了统一的理论体系，从而成为研究生态学的重要技术方法（Sterner et al.，2002；Zeng and Chen，2005）。

自 Elser 和 Sterner 等（2000）提出生态化学计量学的概念以来，生态化学计量学最早应用于水生生态系统，随后在生态系统限制养分的判断、C∶N∶P 与生物生长率的关系以及验证生态系统中生态化学计量学特征是否恒定等研究领域积累了大量经验（Schindler，2003；Elser and Sterner et al.，2000；Matzek and Vitousek，2009）。此后森林生态系统的生态化学计量研究在国内外得到了快速的发展，起初森林生态系统的生态化学计量研究主要集中在区域碳氮磷比特征及其影响因素方面，近些年森林生态系统的生态化学计量研究则侧重于个体水平。

碳、氮、磷元素是森林土壤生物地球化学循环中养分元素循环和转化的核心，是整个森林生态系统演替过程的关键因素（庞圣江等，2015）。生态化学计量学的出现为研究森林生态系统中的植被变化动态和土壤养分循环及平衡机制提供了一种新的思路和技术手段，因此目前的研究已将生态化学计量应用于植物及凋落物与土壤碳氮磷比、土壤营养结构、养分限制等方面，且取得了丰硕的研究成果（段春燕等，2018）。

（1）森林生态化学计量学特征

有学者将生态化学计量学特征分为全球与区域生态系统、功能群、个体水平 3 个尺度（曾冬萍等，2013），到目前为止，关于全球与区域尺度的生态化学计量学特征的研究取得了丰硕的成果。从表 1-1 可对比看出，生态化学计量学特征在不同区域、不同生态系统之间存在差异，全球森林植物、凋落物、土壤的 C∶N 值均高于中国森林生态系统，这表明与世界其他地方相比，中国森林生态系统的 N 含量较低。中国桂西北和黔西北两大喀斯特区域的植物、凋落物 C∶N 值均低于中国植物、凋落物的 C∶N 值，桂西北喀斯特区域的土壤 C∶N 值较全国平均水平高，黔西北喀斯特区域的土壤 C∶N 值与全国水平接近，表明喀斯特区域植物和凋落物中 N 含量较高，而土壤中的 N 含量较低，指示喀斯特区域土壤 N 元素流失量较大，尤其是桂西北喀斯特区域。中国森林生态系统的 C∶P、N∶P 值均高于全球森林生态系统的 C∶P、N∶P 平均水平，但中国桂西北和黔西北喀斯特区域森林生态系统的 C∶P、N∶P 值显著低于中国森林生态系统的平均水平，这说明与全球森林生态系统相比，中国森林生态系统总体上 P 元素含量较低，但中国两大喀斯特区域的 P 元素含量却表现出一定的优势，这在一定程度上证实了中国森林生态系统的 P 元素在空间分布上存在较大的差异性。尽管在区域尺度上生态化学计量学特征表现出明显的空间异质性，但同一区域，不同生态系统的 C∶N、C∶P、N∶P 值的大小大致表现为凋落物＞植物＞土壤，除桂、黔喀斯特区域 N∶P 值为凋落物＜植物。

表 1-1 区域尺度生态化学计量特征对比

对象	区域	C∶N	C∶P	N∶P	参考文献
植物	全球森林	37.1	469.2	12.6	McGroddy et al.，2004
	中国森林	28.5	513	18	Wang，Wang and Li et al.，2011
	桂西北喀斯特区森林	19.8	356	18	曾昭霞等，2015
	黔西北喀斯特区森林	20.96	245.47	11.7	
凋落物	全球森林	57.3	1 175.6	20.3	McGroddy et al.，2004
	中国森林	44.8	1 132.5	25	Wang，Wang and Li et al.，2011
	桂西北喀斯特区森林	31.4	440	14	曾昭霞等，2015
	黔西北喀斯特区森林	23.61	256.96	11.09	
土壤	全球森林	12.4	81.9	6.6	Cleveland and Liptzin，2007
	中国森林	10-12	136	9.3	Tian et al.，2010
	桂西北喀斯特区森林	15.3	61	4	曾昭霞等，2015
	黔西北喀斯特区森林	9.05	26.28	2.83	

国内外学者在功能群尺度的生态化学计量学特征方面也积累了大量的研究经验，Han 等（2005），McGroddy 等（2004），Wang 等（2011a），Ren 等（2007）从不同生活型方面对森林生态系统的生态化学计量学特征进行了比较。总体来看，区域尺度针叶林的 C∶N 值高于阔叶林，但 C∶P、N∶P 值低于阔叶林，常绿林的 N∶P 值高于阔叶林，但在局部地区也会产生差异。

不少学者在个体尺度上对生态化学计量特征的研究开展了一系列的探讨。张雨鉴等（2019）对滇中亚高山森林云南松林、华山松林、常绿阔叶林、高山栎林、滇油杉林 5 种乔木层各器官生态化学计量特征进行了分析，表明生态化学计量在根和叶中最高，在枝干中最低。程瑞希等（2019）研究青海省森林林下草本层化学计量特征发现，地下部分的 C∶N、C∶P、N∶P 均高于地上部分。孙雪娇等（2018）分析了雪岭云杉不同器官 N、P 化学计量特征，结果认为 N∶P 在各器官中的大小依次为根（27.61）＞叶（22.66）＞茎（20.25）。

生态化学计量特征除了在区域尺度、功能群尺度和个体尺度表现出一定的规律外，在时间序列上也表现出特定变化规律。关于时间序列上生态化学计量学特征的研究主要是从植物不同生长期、不同演替类型和不同演替阶段进行探讨。孙雪娇等（2018）研究雪岭云杉幼龄、中龄、近熟、成熟和过熟 5 个生长期 N、P、K 的生态化学计量特征，结果表明，随着树龄的增加，叶和茎的 N∶P、N∶K、P∶K 值先增大后减小，根的 N∶P、N∶K 值逐渐减小，P∶K 值无显著变化规律。刘万德等（2015）对云南普洱季风常绿阔叶林优势物种不同生长阶段叶片 C、N、P 化学计量特征进行探讨，发现 N∶P、C∶P 值在不同生长阶段均呈逐渐降低的趋势，而 C∶N 值则呈现先升高后降低，最后趋于稳定的趋势。从更长的时间尺度上来看，植物的演替类型与演替阶段对生态系统的生态化学计量学特征也会产生深刻的影响。银晓瑞等（2010）分析内蒙古典型森林不同恢复演替阶段植物养分化学计量学特征发现，恢复阶段的群落与退化阶段的群落的 N、P 元素含量存在差异，进而使生态化学计量特征的变化趋势不一致。

（2）森林生态系统碳氮磷比的影响因素

森林生态系统的生态化学计量学特征受一些环境因素与非环境因素的影响而发生不同规律的变化。温度是影响生态化学计量学特征的重要因素之一，研究森林生态系统的生态化学计量学特征有助于提出植物对气候变化的适应对策。Reich 和 Oleksyn（2004）对全球尺度上 C∶N∶P 的变异性进行了探讨，在温度对生态化学计量学特征的影响机制上提出了不同的假说。温度-生物地球化学假说认为随着气温升高，植物的 C∶N 和 C∶P 会降低；而温度-植物生理假说和土壤底物年龄假说则认为随着气温升高，植物 C∶N 和 C∶P 会升高，并发现随着纬度降低和年均温度升高，全球 1 280 种植物叶片 N、P 含量降低，N∶P 升高。这与王晶苑等（2011）的研究结果相反，该研究表明植物叶片的 N∶P 与月平均气温呈显著负相关关系，而叶片的 C∶P 则基本不受月平均气温的影响。纬度的变化也会使生态化学计量学特征发生变化，如 McGroddy 等（2004）研究全球森林生态系统的 C∶N∶P 特征发现，无论是植物叶片还是凋落物的 N∶P 均随纬度的升高而降低。森林作为一个庞大的生态系统，森林生态系统的生态化学计量学特征在不同的植物类型下也会产生差异。王晶苑等（2011）选择中国不同温度带下 4 种森林类型的主要优势植物为研究对象，对其 C∶N∶P 化学计量学特征进行分析后认为，植物活体和凋落物的 C∶N∶P 在亚热带常绿阔叶林最高，在温带针阔混交林最低。生境的特殊性同样会使影响区域生态化学计量学特征的主要因素产生差异，某些生境条件下生态化学计量学特征可能主要受降水的影响，而某些生境条件下则主要受温度的限制，也有部分生境的生态化学计量学特征由降水和温度共同影响（He et al.，2006；He et al.，2008）。部分研究表明，水热条件、成土因素也是影响生态化学计量学特征的关键因素（Tian et al.，2010）。除了上述因素外，人为干扰也是使生态化学计量比产生差异的原因之一，强烈的人为干扰通常会对生态化学计量学特征产生影响，使生态过程中 C、N、P 元素的循环受到破坏，从而造成生态化学计量学特征的差异。

（3）森林生态系统组分之间碳氮磷比的关系

植物、凋落物、土壤是森林生态系统的重要组成部分，是森林生态系统进行物质循环与能量流动的连续体。因此，森林生态系统内的碳氮磷循环也是在植物、凋落物、土壤之间进行的，植物活体内 C∶N∶P 的稳定性会影响到凋落物与土壤中养分元素的含量，也会对植物养分的有效性产生反馈（王绍强和于贵瑞，2008）。土壤有机质和养分的补给来自分解凋落物的归还（马文济等，2014），与此同时，土壤是植物正常生长发育所需养分的主要来源，植物光合作用之后将部分 C 转移到土壤中，并通过凋落物这一途径将 C 和养分逐步补偿给土壤（王维奇等，2011）。由此可见，凋落物是土壤与植物进行物质交换的枢纽，影响着土壤养分供应量、植物养分需求量、凋落物分解过程中养分的归还量和对养分的储备量。也正是由于植物、凋落物、土壤这一连续体的三部分相互影响、相互作用，使得三者之间具有明显的相关性。

森林生态系统中的C、N、P元素是在植物、凋落物、土壤之间进行转换的，其间C、N、P 元素计量学特征的相互关系可在一定程度上反映森林生态系统养分循环效率和养分利用效率（王绍强和于贵瑞，2008），也有助于了解养分之间的耦合关系。植物、凋落物、土壤 C∶N∶P 之间的差异代表了生产者为维持生态平衡面临养分竞争的大小，凋落物和叶片 C∶N∶P 之间的差异反映了叶片衰落期间养分的再吸收效率（王绍强和于贵瑞，2008），植物与土壤C∶N∶P之间的差异则反映了土壤养分的供给能力和植物对养分的吸收能力，凋落物与土壤 C∶N∶P 之间的差异则代表了凋落物在分解过程中养分的归还数量和土壤对养分的积累能力。因此，植物、凋落物、土壤 C∶N∶P 具体呈正相关关系还是负相关关系，取决于一定区域范围内或某一植物类型下这一连续体养分供给、养分吸收、养分归还的协调性。

（4）森林生态系统碳氮磷比的指示作用

生态化学计量学特征常用在判断限制性养分、植物生长率和碳固定效率中。在植被恢复建植过程中，准确判断植物的限制性养分是关键技术之一。自 Aerts 和 Chapin（1999）提出叶片 N、P 元素的缺乏可用叶片 N∶P 来反映之后，国内外对生态系统中 N∶P 这一化学计量指标开展了大量的研究。随着研究的深入，部分学者认为诊断养分限制的指标因为研究对象的不同，其适用性和敏感性会产生差异，如 Koserselman 和 Meuleman（1996）的研究表明，就群落水平而言，当N∶P大于16时，该群落受P元素限制，当N∶P小于14时，则受N元素限制。此外，Zhang 等（2004）在施肥实验研究中发现，N∶P大于23时受P元素限制，N∶P小于21时受N元素限制。但曾冬萍等（2013）则认为在同一群落内，不同物种受不同元素的限制，N∶P不能用于判断物种水平的限制性养分。也有研究在施肥实验中发现，施加 P 肥或者同时施加 N 肥和 P 肥，群落的 N∶P 并没有显著的变化，因此认为，N∶P不能用作判断生态系统内的限制性养分（Güsewell and Bollens，2003）。由此可见，不同植物、不同群落判断养分限制的生态化学计量学值的标准存在差异，在今后的科学研究中应加强了解N∶P在判断限制性养分中的适用机制。

1.2 植物功能性状与适应对策研究

1.2.1 植物功能性状

植物功能性状是指植物在长期生长过程中所形成的一系列植物属性，这些属性能够单独或联合指示植物对环境变化的响应，指示植物对特定生境的适应机制，并能对生态系统过程与功能产生强烈影响。基于植物功能性状的研究可以揭示植物对不同环境的适应策略（康勇等，2017）、阐明在不同自然干扰和人为干扰环境下群落结构构建机制与途径（李丹等，2016）、从功能生态学的角度深入理解植物群落演替（刁新强等，2011）、预测植物及生态系统对全球变化的响应（李乐等，2013）、在生态恢复的规划和合理布局等方面具有重要生态意义（张家荣和刘建林，2015）。20 世纪末期，在植物期刊中才正式出现"功能性状"这一提法，随着科技发展和研究逐渐深入，对植物功能性状的研究已经从单一的个体尺度延伸到个体至生态系统不同水平，从单一学科向多学科交叉渗透和多方向、多领域发展，从形态描述向功能性状定量测量、空间建模等方向发展，延伸到生态学领域的各个阶段，并成为探索植物与环境的关系、预测全球气候变化（龚春梅等，2011）、探究生物多样性丧失对陆地生态系统影响的重要工具（张杰等，2018）。

（1）植物功能性状的分类

根据植物生长对策，植物功能性状分为营养性状（vegetative traits）和繁殖性状（regenerative traits）。根据空间位置，分为地上性状（aboveground traits）和地下性状（belowground traits）。根据与生态系统的关系，分为影响性状（effect traits）和响应性状（response traits），其中：响应性状反映植物对环境因子的响应，影响性状决定植物对生态系统功能的影响，二者在一定程度上是相互重叠的（Lavorel，2002）。根据测量的难易程度，分为软性状（soft traits）和硬性状（hard traits），其中：软性状是指相对容易获得和量化的特性，如叶面积、叶片厚度、树高等；硬性状是指那些难以在诸多地区和大量植物中获得，但能更准确反映植物对外界环境变化响应的性状，如叶片光合速率、植物耐寒性；软性状和硬性状是相互联系的，在大尺度研究中可选用合适的软性状来代替硬性状（Hodgson，1999）。在孟婷婷等（2007）综合归纳的全球植物功能性状分类系统的基础上，对植物功能性状的分类体系进行补充（见表 1-2）。

表 1-2　植物功能性状分类体系[在孟婷婷等（2007）基础上修订]

<table>
<tr><th>一级性状</th><th>二级性状</th><th>三级性状</th><th colspan="2">四级性状（属性）</th></tr>
<tr><td rowspan="10">植物营养性状</td><td rowspan="10">全株植物性状</td><td>生长型</td><td colspan="2">乔木、灌木、丛生乔木/小乔木、垫状、藤蔓植物、木质寄生植物、附生植物、阳生植物、肉质植物、杂草、禾草、攀援植物、水生植物、苔藓、蕨类、地衣、红树植物、根寄生</td></tr>
<tr><td>生活型</td><td colspan="2">高位芽植物、地上芽植物、地面芽植物、一年生植物、沼生植物、水生植物</td></tr>
<tr><td>量化数据</td><td colspan="2">植物高度、树冠面积、冠长比、胸径、基径</td></tr>
<tr><td rowspan="3">克隆性及地下储藏器官</td><td colspan="2">非克隆</td></tr>
<tr><td>地上克隆</td><td>匍匐芽、芽生、其他芽</td></tr>
<tr><td>地下克隆</td><td>根状茎、块茎、鳞茎、不定根、主根芽</td></tr>
<tr><td>光合系统</td><td colspan="2">叶光合、茎光合</td></tr>
<tr><td>光合途径</td><td colspan="2">C_3、C_4、CAM</td></tr>
<tr><td>棘刺</td><td colspan="2">有、无</td></tr>
<tr><td>可燃性</td><td colspan="2">枝、小枝、叶含水量、冠层结构、表面积、体积比、立枯物、可挥发油</td></tr>
</table>

一级性状	二级性状	三级性状	四级性状（属性）
植物营养性状	枝干性状	基本类型	直立茎、缠绕茎、攀援枝、平卧枝、匍匐芽
		品种分类	茎卷须、茎刺、根茎、块茎、鳞茎、球茎
		量化数据	茎比密度、小枝的干物质含量和干燥时间、茎鲜质量、茎干质量、木质密度、导水率、出叶强度、抗压强度、抗弯强度、韧性
		树皮厚度	可见橡胶或树脂
		树皮脱落	每年脱落、非每年脱落、每年大块脱落、无大块脱落
		分枝	单轴分枝、合轴分枝、假二叉分枝
	地下性状	量化数据	比根长、细根直径、细根比例、比根面积、根生物量、最大根深、总根长、根幅、根组织密度、根长密度、根鲜重、根干重、根表面积、根体积、根冠比、根氮含量、根磷含量、根钾含量、根有机碳含量、细根生命周期、细根周转率、细根木质素、根系活力与酶活性、根阳离子交换量、根深分布和95%根深
		养分吸收策略	固氮植物、内生菌根、外生菌根、石南状植物、毛状根束、兰科植物菌根、根半寄生、异养真菌、全寄生、肉食性、特异性热带策略、无特异性吸收策略
	叶性状	类型	阔叶、鳞叶、针叶、无叶
		大小	极微、极细、极小、小、中等、大、很大
		排列方式	单叶、复叶
		量化数据	比叶面积、比叶重、叶干物质含量、氮含量、磷含量、叶的物理强度、叶对霜的敏感度、叶寿命、气孔导度、蒸腾速率、叶组织密度、针叶长
		质地	膜质、皮革质、坚硬皮质、肉质多汁
		厚度	薄、中等、厚
		硬度	高、低
		绒毛	绒毛分布于远轴面或近轴面或两面均有
		蜡质	蜡质表皮有、无
		次级化合物	有、无
		芳香性	有、无
		滴水叶尖	有、无
		叶缘	全缘、锯齿、浅裂、深裂
		外卷叶	有、无
		二型性	二型性、非二型性
		直立性	近乎直立、非直立
		叶柄长度	短、长
		针叶横截面	卵圆形、正方形、三角形
		叶序	对生、互生、轮生
		下生气孔	有、无
		叶候	常绿、雨绿、夏绿

一级性状	二级性状	三级性状	四级性状（属性）
繁殖性状	花性状	花序类型	圆锥花序、总状花序、伞状花序、聚伞花序、团伞花序、轮伞花序、穗状花序、头状花序、葇荑花序、单生花
		花序位置	顶生、腋生、与叶对生
		开花物候	春季开花、中夏开花、春季—中夏开花、秋季开花、中夏—秋季开花
		花性	单性、两性、杂性
		传播体扩散模式	无辅助传播、风传播、动物传播、水传播、发射传播、刺毛收缩
	种子性状	扩散物候	春季果实扩散、中夏果实扩散、秋季果实扩散
		种子颜色	黑、白、黄、棕色、紫、红等
		种子结构	种皮、胚、胚乳
		传播方式	自体传播、风力传播、水传播、鸟传播、蚂蚁传播、哺乳动物传播
		量化数据	种子质量、种子含水量、种子寿命、种子大小、百粒重、萌芽率、抽条率、较大干扰后的再萌芽能力、种子荧光、传播体大小与形状
		种子休眠	生理休眠、形态休眠、形态生理休眠、物理休眠、复合休眠
		种子形状	椭圆形、肾脏形、扁圆形
		种皮	假种皮、外种皮
		种皮纹理	穴、沟、网纹、条纹、凸起、棱脊
		果实类型	浆果、长角果、翼果、孢子、蓇葖果、梨果、瘦果、胞果、坚果、颖果、荚果、核果、球果
			干果、肉质果
			裂果、不裂果
		果皮	外果皮、中果皮、内果皮
		晚熟	是否晚熟

（2）主要功能性状指标、含义及其意义

1）叶片性状

叶片是植物对环境变化最敏感、可塑性较大的器官，是植物光合作用的主要器官，其功能性状特征变化能够很好地反映植物对环境变化的响应。

叶片厚度（leaf thickness）是指垂直于叶面方向上的叶片的厚度，叶片厚度的变化可以反映植物的水分含量及生长状态（郭琳等，2009），叶片越厚，表明植物抵抗低温、紫外线等不利因素的能力越强，其自身能量消耗越低（王娜等，2016）。

叶面积（leaf area）是指叶片与外界接触面积的大小，叶面积的大小及其分布直接影响着植物对光能的截获，进一步影响植物光合作用与干物质积累。叶面积大，叶片光合作用能力强；叶面积小，表明叶片光合作用能力弱，但抵御或避免恶劣环境的能力较强（黄卫东等，2004）。

比叶面积（specific leaf area）是单位干重的鲜叶表面积，代表植物体投入单位质量干物质所获得的捕光面积，指示植物光合速率、相对生长率和营养利用效率等功能

（Wilson et al.，1999）。低比叶面积的植物能更好地适应资源贫瘠、干旱的环境（吕金枝等，2010），高比叶面积的植物生长速率较高，但养分利用率低、“防御性”投入较少、叶片寿命较短（Cornelissen et al.，2003）。

叶干物质含量（leaf dry matter content）是叶片干重与叶片鲜重的比值，可以指示叶片建成投入的多少。在干旱、资源贫瘠的环境中，植物通常具有较高的叶干物质含量，叶干物质含量增加，使叶片内部水分向叶片表面扩散的距离或阻力增大，降低了内部水分散失，增强了植物的抗压迫能力。其与比叶面积综合反映植物利用资源的能力，以及植物适应环境的生存策略。较比叶面积，叶干物质含量具有更易于测定的优点。

叶片寿命（leaf lifespan）是指叶片从萌芽到衰老凋落的时间长短，是表征植物行为和功能的综合性指标，能够反映植物在长期适应环境的过程中，为获得最大光合生产及维持高效养分利用所形成的适应策略（张林和罗天祥，2004）。在叶片整个寿命过程中，叶片光合作用能力随着叶片的展开而增大，直至叶片完全展开达到顶峰，再随着叶片衰老而下降（Gower et al.，1993）。

叶片光合速率（leaf photosynthetic rate）是指在单位时间、单位面积内植物叶片在光合作用中固定的 CO_2 或释放的 O_2 或积累的干物质量。净光合速率为光合作用速率与呼吸速率的差值。叶片光合速率与作物的产量密切相关（张贤泽等，1986）。通常，随着胁迫增加，叶片光合速率降低（郭延平等，2003），且随着胁迫时间延长，光合作用降低速度越快（张海燕等，2108）。

叶片含水率（leaf water content）是叶片水分含量（叶片鲜重—叶片干重）与叶片鲜重的比值，是大气干燥度、土壤供水能力和作物耐旱能力综合作用的体现（王秋玲等，2015），其含量的高低可以反映植物对低温环境的响应（孙国胜等，2013）。

2）根性状

根是植物吸收水分和养分的重要器官，对土壤环境变化的感知较为敏感。根系形态结构、大小、分布范围等与植物对土壤养分的吸收和利用有显著关系（张旭东等，2016），根系活动直接影响植物生长和生理活动过程（Comas，2004），研究植物根系与土壤水分、养分及其他土壤理化性质的关系，可揭示树木在不同立地条件下的响应和适应策略（张小全和吴可红，2001），对制定土壤结构改良措施具有重要的科学价值（孙一惠等，2017）。

细根生物量（fine root biomass）是指植物细根部分某一时刻单位面积内有机质的总量，其值越高表明植物吸收养分和水分的能力越强（王琳等，2018）。细根生物量仅占林分根系总生物量的3%～30%（Vogt et al.，1995），但生理活性较强，具有较强的养分及水分吸收能力，在树木养分分配和循环中起着十分重要的作用（单建平和陶大立，1992）。

比根长（specific root length）是指细根单位重量的根长，能够综合反映植物吸收资源的能力与生态适应性，通常比根长较高的植物，具有较多的细根、较大根面积和较低的根组织密度，以此高效利用土地资源进而快速生长（Eissenstat，1991）。

根冠比（root-shoot ratio）是指地下生物量与地上生物量的比值，利用根冠比的季节动态和影响因素，可以精确地估算地下生物量和地下碳储量，对提高陆地生态系统模型的模拟精度以及生态系统碳储量估算的准确性具有显著意义（李旭东等，2012）。

3）茎干性状

茎是联系根和叶的纽带，是支撑地上组织、保存水分和养分以及传导树液等的重要营养器官（Chave et al.，2009），直接决定各器官的空间布局（胡珀和韩天富，2008）。

比茎密度（specific stem density）为茎干干质量与茎干体积之比，与植物物种的形态、机械和生理生态特性相关，是表征维持植株体结构稳定性的重要指标。比茎密度高，能较好地维持树体结构，但生长易受到限制；比茎密度低，具有较高的生长速率，但树体结构不稳定且耐阴性降低（Gelder et al.，2006；马晓瑜等，2014）。

木材密度（density of wood）是单位体积木材的质量，与支撑树冠重量、提高水分输导效率、储存和传递养分、抵抗病原生物等密切相关（Zheng and Martinez，2013）。木材密度低的植物具有较快的生长速率、较高的水分疏导效率及死亡率（King et al.，2005；2006）。

出叶强度（intensity of the leaf）是单位小枝体积的叶片数量（或小枝单位长度支撑的叶片数），用以分析叶片大小与叶片数量的关系（Kleiman and Aarssen，2007）。

4）种子性状

种子是植物生活史中最易于移动的阶段，是植物遗传与变异的载体，对延续物种起着重要作用，种子的大小、性状及数量等与植物的扩散、传播和生存密切相关（刘万代等，1998）。其功能性状的研究对深入认识植物生物学特征、资源的保育与利用都具有重要意义（杨期和等，2006）。

种子传播方式是植物在长期适应环境和自身进化过程中，不同的植物种子所形成的不同传播途径与扩散方式（朱金雷和刘志民，2012）。种子传播途径对植物的繁殖、分布和进化具有很大的影响（白成科等，2013）。

根据遗传基础不同，种子大小划分为起始种子大小和母体种子大小。起始种子大小即萌发种子的大小，母体种子大小是成株个体产生的平均种子大小（张世挺等，2003）。种子大小受遗传因素和环境因素的控制和影响（Haig，1989）。种子大小可以反映植物幼苗对光能的获取能力，一般种子较大的物种具有较大的幼苗、较好的定居和生长能力（Gross，1984）；种子大小还与植物生长型密切相关，一年生植物与多年生植物相比繁殖次数多，其大量的小种子可在更大的空间进行扩散进而躲避风险，增大了繁殖成功率，形成种子库（Thompson，1987）。

种子休眠（seed dormancy）是指在一定时间内，具有活力的种子在任何正常的物理环境因子条件下不能完成萌发的现象（Baskin and Baskin，2004；Finkelstein et al.，2008），种子休眠能够保证物种在恶劣环境中存活，防止在不适宜的环境中萌发（付婷婷等，2009）。

5）养分元素

碳、氮、磷、钾元素含量的多少直接影响着植物的生长和各种生理调节机制，是植物生长发育必不可少的营养元素。

碳是植物结构性元素，主要来源于空气中的二氧化碳，是植物干物质重要组成元素，决定着植物的形态建成和植物对养分的获取，植物体内碳的合成依赖于叶片的光合作用能力（王慧等，2017）。在不利环境下，植物叶片碳含量可直接反映其碳同化能力，同时间接反映植物适应恶劣环境条件的能力（Vile and Garnier，2006）。

氮是植物进行能量、物质及各种生理活动的生命元素，是建造植物体的结构物质和调节物质，同时是核酸、磷脂、叶绿素等化合物的重要组成成分，植物体内75%的氮都集中在叶绿体内，与植物光合作用有着密切联系（Evans，1989）。其含量的高低与植物叶绿素、叶面、叶光合速率、光呼吸等有着显著的关系（赵新风等，2014），进一步影响植物的产量。缺氮时，植物会表现出生长缓慢、植株矮小、叶片薄小发黄等症状（徐梦莎等，2017）。

磷含量仅次于氮和钾，一般在种子中含量较高，直接参与光合作用中光合磷酸化和碳酸化，促进植物生长发育和新陈代谢（郭延平等，2003），有助于增强植物抗病性，促进植物早熟、高产和形成优质产品（陈钢等，2007）。

钾在碳水化合物代谢、呼吸作用以及蛋白质作用中起着重要作用，能够促进光合作用、糖分转换和运输，增加作物的产量（辛柳，2015；康利允等，2018），且能增强细胞对环境条件的调节作用，提高作物抗逆性。钾供应充足时，作物水分利用效率高（曲桂敏等，2000）；缺钾时则减弱光合作用（王玥琳等，2018）。

1.2.2 植物适应性研究

（1）水分生理特性研究

基于植物叶片水分生理指标的观测，可以预测植物对水分环境变化做出的响应，因而植物水分生理特性是植物水分关系研究的重点内容，水分生理的这种可塑性使植物在群落演替早期能够忍受干旱生境（史刚荣等，2006）。植物的蒸腾速率和水势可用于判断和预估植物水分亏缺（Levitt，1972），不同水分灌溉条件下梭梭蒸腾流的日变化曲线不同，可能呈现出单峰型或双峰型，表明其蒸腾作用呈现不同的变化方式（解婷婷等，2008）。水分生理特性可以揭示植物对当地环境的生长适应能力和生存竞争能力，可为植被建设、保护和经营提供依据，不同林龄的乌柳叶片水分生理参数具有差异，导致植株可利用水源和植物自身生理状态产生差异，进而产生保守型、挥霍型和稳定型等水分利用策略（刘海涛等，2012）。分析野外环境中植物多个水分生理指标的变化特征，可为干旱条件下植物的保护和恢复提供基础数据和理论支撑。不同生境的植物其清晨水势、日均径流量和水分利用效率不同，体现了植物从相邻细胞或土壤中吸收水分以维持自身生理活动的能力大小（曾凡江等，2009）。王海珍等（2009）比较了塔里木河上游胡杨和灰杨的光合水分生理特性，表明胡杨和灰杨均具有较强的水分吸收与减少水分丧失的能力，但胡杨调节气孔导度来控制蒸腾失水的能力更强，对干旱环境的生态适应性程度更高。因此，植物的水势、相对水分亏缺和相对含水量等水分生理特性不同，对干旱胁迫的响应和水分利用效率不同，在群落构建时应结合植物生理指标进行树种选择与搭配，合理分配区域间用水量和生态用水。

研究植物水分状况有助于探讨植物对干旱环境的适应机制。斯琴巴特尔和秀敏（2007）的研究表明蒙古扁桃细胞束缚水与自由水的比值大、渗透调节能力和细胞壁弹性调节能力强，说明蒙古扁桃抗脱水能力和维持膨压的能力较强，也支撑了束缚水含量越高、束缚水与自由水比值越大则植物抗旱能力越强的原理。正常水分条件下海滨桤木的叶片水势高于薄叶桤木，引起气孔关闭的叶片水势临界值较高。干旱胁迫时薄叶桤木的叶片水势下降幅度低于海滨桤木，这一研究可反映植物对干旱生境的响应与抗旱性，揭示干旱胁迫的响应机制，对构建持续稳定的生态林体系具有重要的理论指导意义（李秀媛等，2011）。在相同生态环境条件下，植物水势越低，越能忍耐和抵抗干旱，吸收土壤水的能力越强。清晨水势可表征植物水分恢复的状况，判断水分亏缺程度，李华祯等（2006）据此判断树种的抗旱性。郭自春等（2014）研究了策勒绿洲外围6种优势防护林植物在不同灌溉量下的水分及光合生理响应特征。水势也可作为引种的依据（鲁建荣等，2013）。由上可知，这些关键的植物性状可以解译植物生长和环境适应的重要信息，反映不同植物对生境的适应策略，取决于树木对各个环境因子长期作用的结果和自身的遗传特性，例如湿度对杜仲负离子含量的影响最大，而气孔导度则对其光合作用影响最大（张玲玲等，2012）。胡杨不同形态叶片的水分生理特性不同，锯齿卵圆形叶枝条导水能力受环境扰动较小，披针形叶枝条导水力的稳定性低，易受环境变化的干扰，原因可能与枝条结构及其叶片所具有的弹性模量大小及保水能力相关（白雪等，2011）。王庆彬等（2009）以光合速率、蒸腾速率、水分利用效率、水分饱和亏缺、叶片水势、12 h的失水速率等指标构建评价体系，利用模糊数学函数对黑土区8种树种的适应性及抗旱性进行了综合评级与排序。干旱胁迫下，柠条锦鸡儿的蒸腾日变幅减小，日均蒸腾速率显著降低，束缚水与自由水的比值增大（李彦瑾等，2008）。李昆等（2011）用水分生理特性评价树种的生态适应性。植物的水分状况可通过修枝等措施进行调控，亓玉飞等（2011）研究表明适当修枝使杨树树干液流始终保持在一定的低水平范围，修枝后杨树的单叶水分生理能力得以显著提高，但是相关方面研究的公开报道甚少。

（2）光合生理生态特性研究

1）光合作用概述

植物光合作用是地球上最重要的化学反应过程（侯慧芝等，2019）和基础生理活动，提供植物生长发育所需要的物质和能量，是影响植物产量和品质的重要因素之一（张玉等，2015；杨志晓等，2015；Muraoka et al.，2008）。全球气候和环境变化的大背景，表现出平均气温升高和降水时空格局变化，导致土壤水分的变化加剧，在一定程度上限制了植物的光合作用和生物生产力。为适应气候和环境的变化，依据植物所处的物候期确定土壤、水分、光照、温度等的适宜范围和关键阈值，能够更好地为探索区域适应性措施提供科学依据（郎莹和汪明，2015）。植物通过长期过程的进化，形成自身特有的需光特性与规律（贺燕燕等，2018）。

光合作用的研究内容主要有：①考察植物暴露在不同环境条件下的光合作用分析（如遮阴等）；②考察影响光合作用的因素，如控制二氧化碳浓度、辐射强度、水分盈亏等；③考察施肥条件、污染状况下植物光合速率变化规律；④考察光合作用日变化、月变化和年变化规律。测定指标主要有叶绿素浓度、营养元素浓度、光合速率、气孔导度、胞间二氧化碳浓度、环境二氧化碳浓度、蒸腾速率、气孔阻力、暗呼吸速率、光合有效辐射、大气温度、叶面温度、大气相对湿度、光饱和点、光补偿点、水分利用效率等。但就光合作用参数所揭示的信息而言，除了用于研究植物对自然环境变化的生态适宜性（朱军涛等，2011），以及考察植物的耐阴能力（于晓霞和阮成江，2011）等外，主要集中在某一特定环境下的植物生长速率评价。光合作用数据在群体效应分析方面较为少见，亦即不同群体的光合速率有何差异的研究较为鲜见。将植物功能群划分与光合作用结合起来，既可作为植物功能群划分的依据，又可作为植物功能群划分结果好坏的评价和判断依据。

2）逆境胁迫下的光合生理生态特性变化

病毒侵染能够导致光合作用发生改变，引起光合速率明显下降，叶绿体结构受到破坏，叶绿素含量减少，光合电子传递活力降低，光合磷酸化作用受到抑制（王春梅等，2000）。病原菌的这种抑制作用可能是由于气孔导度下降引起的（郭兴启等，2000），也可能是受到光合电子放氧复合体活性降低、PSⅠ与 PSⅡ电子传递速率降低等非气孔限制因素的影响（李文瑞等，1999）。绿化植物在短期沙尘处理后叶片生理指标的变化结果表明植物叶片的光合作用被普遍抑制（陈雄文，2001）。谭伟等（2011）考察了生长季使用除草剂对叶片光合机构的影响，结果表明除草剂使用不当会导致净光合速率下降，叶片光合系统Ⅱ最大光化学效率、性能指数、色素含量等降低，造成叶片反应中心和放氧复合体破坏。

植物对干旱胁迫条件的响应已成为逆境研究的热点，同一作物不同品种的抗旱能力存在差异（欧立军等，2012）。土壤干旱胁迫会引起沙棘叶片光合速率下降，但是不同的土壤相对含水量，光合作用的主要限制因素不同（裴斌等，2013）。植物受到干旱胁迫时光合作用被限制，净光合速率下降（李佳等，2019）。水分胁迫导致小麦光合速率下降（李彦彬等，2018）。干旱导致玉米光合作用下降，但是不同水分胁迫程度下导致光合速率下降的原因不同，轻度、中度干旱胁迫为气孔限制因素，重度干旱胁迫为非气孔限制因素（张仁和等，2011）。干旱胁迫发生后，植物首先通过关闭气孔降低蒸腾强度，进而组织 CO_2 进入叶片，通过气孔因素和非气孔因素共同影响玉米光合作用（许大全，2002）。快速水分胁迫处理使番茄叶片光饱和点降低、光补偿点增加，缩小了番茄叶片利用光能的有效范围，也使叶片最大光合能力降低、暗呼吸速率增加，表明快速水分胁迫导致气孔迅速开放，光合诱导初始阶段消失（韩国君等，2013）。干旱胁迫降低了小麦幼苗叶片的蒸腾拉力，耐旱型品种可通过提高根系活力、保持较高的根系生长量来补偿根系吸收面积的下降和叶片蒸腾拉力的降低，使根系保持较高的吸水能力，维持较高的叶片含水量和叶面积，保持较高的光合速率，缓解干旱对生长的影响（马富举等，2012）。土壤相对含水量在46.3%～81.9%范围内时，山杏具有较高的光合效率（吴芹等，2013）。水分胁迫降低作物产量的一个原因就是光合作用降低导致光合产物减少（高阳等，2013）。

3）影响光合速率的因素

光照强度是影响植物光合作用的主要环境因素（魏明月等，2017）。弱光下，光合速率降低；强光下，产生光合抑制即光合“午休”（谭会娟等，2005）；叶片在光合作用过程中对光强的变化能够阐明对环境变化的适应能力（Wang et al.，2007）。水分条件限制植物光合同化及个体生长发育（Xu and Li，2008）。不同海拔塔里木沙拐枣的光补偿点、光饱和点、最大净光合速率、羧化效率等均差异显著，表现为高光合、低蒸腾类型（朱军涛等，2011）。植物在长期的进化过程中，不断与环境相互协调，形成一系列适应恶劣生境条件的机制（Zhao et al.，2006）。番茄叶片随着叶龄增加，净光合速率、蒸腾速率和气孔导度逐渐下降，水分利用效率表现为先上升后下降的规律（陈凯利等，2013）；叶龄大小影响叶片的光响应特征参数（商天其和孙志鸿，2019）。刘华等（2009）在国家林业局天山森林生态系统定位站内，测定 3 种生境对野生天山雪莲光合生理生态特征的影响，表明其对变化的温度和光强有显著的生态适应性。栝楼雌雄植株的光合、蒸腾特性均受到气候因素的影响，但同一气候因子对不同性别植株的影响各异，而且不同生长发育阶段对同一气候因子的响应也不相同（刘芸等，2011）。生长环境会影响光合作用，包括直接或间接影响外来基因交流或生长和生长过程（Sun et al.，2009）。大气 CO_2 浓度升高可能使绿豆生长后期 PSⅡ反应中心结构受到破坏，致使叶片的光合能力降低，但是不同的植物种类对高 CO_2 浓度的反应各异，高 CO_2 浓度下气孔关闭的原因可能是高 CO_2 浓度使质膜透性增加和 CO_2 使细胞内溶质酸化（郝兴宇等，2011）。使用肥料会对植物酶活性产生影响，进而影响其生长和产量（Mohammad and Naseem，2006）。叶片营养元素浓度会影响净光合速率（孔芬等，2017）。从机理上看，引起光合速率降低的因素究竟是气孔因素还是非气孔因素，可以依据叶片胞间 CO_2 浓度和气孔限制值的变化方向来判断，其中胞间 CO_2 浓度是关键因子（Farquhar et al.，1982）。胞间

CO_2浓度和气孔限制值是区分净光合速率降低的气孔因素或非气孔因素的主要依据（李潮海等，2007）。

（3）林窗研究

林窗是森林内普遍存在的干扰方式之一，通常指由一株或数株冠层树木死亡或倒伏后，森林冠层空间在地面的垂直投影区域，林窗形成是植被中存在的一种典型的中小尺度的干扰现象，林窗大小影响着林窗内的光照强度、大气湿度等环境因子，对林窗内的幼苗更新具有重要影响（崔宁洁等，2014），其实质为一种小生境，诸多学者围绕林窗开展了微气候、微环境、幼苗更新、林窗更新等研究（崔宁洁等，2014；李苏闽等，2015；吴甘霖等，2017）。林窗面积大小影响物种丰富度（Kambiz et al.，2012；Vargas et al.，2013）、树种更新能力（许强等，2014）等。对林窗影响因素的研究也引起了学者们的重视，如树高（高度级）、年龄等（Katharine and Thomas，2010）。

林窗形成对微环境的影响作用较大。林窗最显著、最重要的作用是引起森林中光照环境发生巨大改变，它不但可以增加光到达森林下层的持续时间，而且还可以增加小生境内的光照强度，因而林下的光照强度明显小于林窗内（王卓敏和薛立，2016）。大林窗中心比小林窗或郁蔽层可受到更多的光照（彭少麟，1996），通常林下光合有效辐射是全光照的1%～2%，而在200 m^2林窗中心则为9%，在400 m^2林窗中心则可以达到20%～35%（Chazdon and Pearcy，1991）。此外，林窗不但能够导致光照强度的增加，同时也能改变林窗内的温度变化。安树清等（1997）在南京紫金山次生林内的研究表明林窗内气温、湿度的日变化比其空间变化更明显，林窗与林下的温度、湿度差异明显，且群落的温度、湿度时序变化均呈单峰型；张一平等（2000，2001）在西双版纳次生林林窗的研究发现林窗不同区域所受太阳辐射不同，加上林缘热力效应的综合作用，使林窗中存在明显气温差异，尤其是极端高温差异显著；林窗可导致森林内局部湿度的异质性，其强度与林窗的大小及干湿季节有关（张一平等，2002）。林窗还通过两种机制使临时资源的有效性增加：一是消费者的数量降低进而减少了原来树木对资源的吸收和利用，二是林窗内微环境加速有机质中养分的分解或矿质化（Canham，1989）。树倒丘和树倒坑改变了林窗内的土壤养分状况，从而影响着不同树种的更新（安树清等，1997）。综上所述，林窗对微环境的温度、湿度、光照和养分状况等产生显著影响，这些影响进而对幼苗更新产生不同的作用。

林窗在促进幼苗更新中具有重要作用，产生这种现象的机制可以归结为上述微环境的改变。林窗内各树种的不同个体在对林窗资源利用和竞争中形成了各自生态位的分化，组成树种的特征也会随之改变（吴宁，1999）。林窗内树种的更新密度一般大于非林窗的密度，林窗内树种的增加使林窗内的多样性指数明显高于林下（刘庆和吴彦，2002）。茂兰喀斯特森林内的林窗提高了树种种子萌发率和幼苗存活率，平均存活率高于50%（龙翠玲和余世孝，2007）。陕西省子午岭地区天然次生林内，小于100 m^2的林窗对辽东栎幼苗的出芽率没有影响，林冠下幼苗密度显著高于林窗内，林冠下生境促进辽东栎幼苗的萌发（胡蓉等，2011）。王桉林林窗间伐 3 年后林窗内有较高的王桉更新密度，一般面积较大的林窗更新效果更好，较小林窗内的更新在一些地段和年份死亡率较高（王中磊和高贤明，2005）。另外，林窗还可以促进更新幼苗的生长和生物量的积累（张象君等，2011）。马莉薇等（2010）发现林窗内中栓皮栎更新幼苗的生长状况和生物量积累均优于林冠下。林窗内更新幼苗是维持森林群落稳定的基础，林窗内的生物种类组成、群落结构与生态系统稳定性功能也与林内显著不同（王伯荪等，1995）。因此，开窗经营成为一种重要的森林经营措施，是结构化森林经营的重要手段。以林窗更新为出发点的研究，是提高幼苗密度和多样性的重要手段。

（4）树种适应性研究

诸多学者研究了树种对生境的适应性，主要集中在水分和光照两个方面，多从生理生态学的角度入手。弱光环境下 4 种植物（团花树和滇南插柚紫两个树种幼苗喜光，滇南红厚壳和玉蕊两个树种幼苗耐阴）的比叶重、光合能力、光饱和点、光补偿点、暗呼吸速率、叶绿素 a/b 值较低，叶绿素含量则较高，表明树种的生理生态特性决定了其演替状况和生境选择的假说；单位干重叶的光合能力和呼吸速率并未表现出利于光适应的可塑性，说明 4 种植物的生理适应能力均较差（冯玉龙等，2002）。通过模拟实验研究了干旱胁迫后江孜沙棘、锦鸡儿、砂生槐和唐古特莸 4 种青藏高原灌木树种叶片中丙二醛、超氧化物歧化酶、过氧化物酶活性、脯氨酸含量和可溶性蛋白含量的变化，综合评价结果表明水分胁迫条件下抗旱性强弱顺序为唐古特莸＞锦鸡儿＞江孜沙棘＞砂生槐（潘昕等，2013）。锥栗、水青冈和青冈 1 年生幼苗对不同光照环境产生不同程度的形态适应，它们的生长指标随着光照环境的变化程度表现为锥栗＞水青冈＞青冈。光照减弱，3 种植物幼苗的苗高、地径、主根长均呈现下降趋势，3 种幼苗全光下质量指数均大于遮阴处理（汤景明等，2008）。沙地柏、长梗扁桃、蒙古莸、东北木蓼 4 种风沙区固沙造林树种普遍具有叶片小、具表皮毛和栅栏组织发达等典型旱生结构特征以及低水势、束缚水高等抗旱生理指标（符亚儒等，2005）。热带雨林蒲桃属 3 个树种幼苗在演替早期树种光合能力和光合可塑性最大，中期次之，后期树种光合能力最弱且在强光下受到显著抑制，但强光下 3 个树种均未出现长期光抑制和光破坏（齐欣等，2004）。

陈洪松等（2013）在综述西南岩溶山区水源涵养型植物群落如何优化配置时，认为应以大气-植被-土壤-岩石系统为研究对象，把水分运移过程与植物的水分利用方式有机结合起来，综合运用土壤物理学、生态水文学、植物生理学和岩溶地质学等多学科的研究手段来探讨表层岩溶带的水文调节功能与主要影响因素，揭示小流域尺度水文与植被过程的作用机理。当前，植被恢复虽然取得了一定的成绩，但还缺乏进一步的理论探索和系统的研究成果，未来需要进行定量化、系统化和持续性的研究（段爱国，2008）。

1.3 植物功能群研究

1.3.1 基本概念

（1）功能群

功能群的基本含义为在生态系统中具有相似功能的物种组合，也就是对某些环境因素具有相似响应或对某些生态过程具有相似作用的物种集合（Cummins，1974；Blondel，2003），包括反应功能群和效应功能群。反应功能群是特定环境因素（如资源可利用性、干扰或气候变化等）具有相似反应的物种组合，而效应功能群则是对一个或几个生态系统功能具有相似影响的物种集合。

（2）植物功能群

植物功能群是具有确定的植物功能特征的一系列植物的组合，是生态学家为研究植被对气候变化和干扰的响应而引入的生态学概念（孙慧珍等，2004），每一个植物功能群都包含许多生理上相似的物种（Teresa et al.，2011），植物功能群的研究可揭示基于植物功能群特征的物种集合与反应的基本规则。植物功能群与土地利用方式紧密相关（放牧、刈割、用护根覆盖、火烧、弃耕），如草地管理过程中使用机械装置导致物种组成改变（Juliane et al.，2011）。目前，关于植物功能群的分类多局限在陆生植物尤其是草本植物上，水生植物的功能群分类较为鲜见（Michelle，2011）。

（3）植物能量功能群

植物能量功能群是在对植物热值进行分析测定的基础上，依据植物的能量属性——单位质量干物质在完全燃烧后释放出来的热量值，采用人为分段的方法进行植物功能群划分（包括高能值植物功能群、中能值植物功能群和低能值植物功能群）（鲍雅静和李政海，2008）。

1.3.2 功能群划分方法及研究

（1）植物功能群划分

植物功能群的划分有不同的方法和途径。Gitay 和 Nobel（1997）指出了 3 种类型的分类途径：主观途径、演绎途径和数量分类途径。

功能群划分通常包括 5 个步骤（Fonseca and Ganada，2001）。①定义：通常有效应功能群和反应功能群两种定义。②选择物种集：也就是确定选择哪些物种用于划分功能群。③选择所关注的功能：生态系统的功能很多，研究不同的功能作用，就可以划分不同的功能群，因此在进行功能群分类之前，首先应确定以哪些功能为基础。④选择性状集：在确定关注的功能后，选择能够反映相应功能的指标，如形态结构、生理生态等，构建指示生态过程的功能性状数据库。⑤功能群分类：在构建功能性状数据库的基础上，就可以选择不同的分类途径和方法进行划分。

（2）植物功能群的研究

韩梅等（2006）对中国东北样带羊草群落 C_3 和 C_4 植物功能群生物量及其对环境变化的响应进行了研究，结果表明：不同光合途径（C_3、C_4 和 CAM）的植物从叶片组织结构到生理功能，从生态适应到地理分布均表现出对不同水、热、光环境的响应，是理想的植物功能群分类。郑淑霞和上官周平（2007）把乔木、灌木和草本植物作为不同的功能群，得出这样的结论：随着气候干旱的加剧，乔木、灌木和草本植物的比叶重均呈增加趋势。孟婷婷等（2007）论述了植物功能性状与环境和生态系统功能的关系。胡楠等（2009）采用群落生态学的调查方法，在伏牛山南坡设置 66 个典型样方，根据调查结果，通过计算重要值，选取优势度相对较大的灌木树种进行种间联结及相关性分析，以 χ^2（卡方）检验为基础，结合联结系数和共同出现百分率来测定灌木优势种间的联结性，根据优势种间的联结性及其在海拔梯度上的变化异同来划分植物功能群，把灌木优势种划分为 7 组植物功能群。邓福英和臧润国（2007）以物种的 7 个功能特性因子（生长型、分布的海拔高度、分布的林型、木材密度、喜光性、演替地位和寿命）和 9 个林分结构因子（相对生物量、相对胸高断面积、相对树高、相对密度、相对频度、相对冠幅、相对更新数、相对死亡数和相对萌生数）为基础，应用数量化分析的方法，对海南岛典型的热带山地雨林天然林群落进行了功能群的划分，将其划分为 6 类功能群。

1.3.3　功能特性因子的选择

功能群是对环境因子有相似响应，在生态系统或者生物群区中起相似作用的所有植物种组合，这种相似性的基础就是它们趋于分享一套关键的植物功能性状。为此，建立功能分类的第一步是确定生态系统中对环境因子产生反应或者对生态系统功能发生效应的植物特征。这些功能特征依赖于许多因子的变化而变化，包括生活型、土壤群落、季节和养分等。

（1）生活型

生活型是植物对环境条件适应后在其生理、结构，尤其是外部形态上的一种具体反映，是植物对综合环境条件长期适应的结果，具有一定的稳定性。相同生活型反映了植物对环境具有相同或相似的要求和适应能力。一个地区的植物生活型谱的组成与生态环境的多样性密切相关，可以提供群落对特定环境因子的反应、空间利用和种间竞争等方面的信息，可以阐明群落的演替动态、环境对群落的影响和群落对环境变化的反映等，体现植物在生态系统中对不同气候和生态系统的响应特性。

（2）土壤群落

虽然土壤群落影响诸多功能，比如养分分解和循环，但在植物生物多样性和生态系统功能研究中通常被忽略，较少有研究将植物和土壤群落组合联系起来（Carolyn et al.，2011）。尽管土壤在全球生物多样性中占据较大比例，但分解者多样性和生态系统功能的关系却鲜为人知，分解者被证实会影响植物生长（Nico et al.，2011），而生物多样性在异质性环境生态系统功能中发挥着重要作用，其中土壤异质性又是生态系统反应的调节器（Pablo et al.，2011）。土壤微生物生理功能群指执行着同一种功能的相同或不同形态的土壤微生物（Kennedy and Smith，1995），如纤维素分解菌、固氮细菌、硝化细菌、氨化细菌通常与土壤碳、氮循环密切相关，微生物功能类群不同，其转化的有机物质也不同（王国惠和于鲁冀，1999），各主要功能群构成了恢复生态系统物质循环的主要动力，因此微生物成为土壤质量变化最敏感的指标之一，进而影响植物功能群类型，在植物功能群研究中越来越受到重视（刘占锋等，2006）。

（3）季节

氮是苔原生态系统植物生长的重要资源，物种差异在摄入氮分配上具有调节群落组成和生态系统生产力的重要特征。Klaus 等（2012）在秋季采用 ^{15}N 标记受矮小灌木、苔藓、绿豆控制的亚寒带荒地苔原，并于 10 月、11 月、4 月、5 月、6 月分别调查生态系统分区，发现土壤细菌于 10 月获得 65%±7%的氮示踪，但在春季降至 37%±7%，春季冰雪融化后的 4 月发生重要的氮逆转，只有常绿矮小灌木在 5 月前表现出活跃的 ^{15}N 获取，揭示了所有功能群都具有较高的获得氮的潜能，并在春季前转化为可用态。此外，草地植物功能群对时间尺度也表现出变化（Tomoyo et al.，2012），冬季寒害强烈影响植物功能群叶片生长，因此采用预防结冰和提高温度来控制小气候变化将交互影响植物生长，这是生态系统水分梯流的结果（Christine and Margot，2012），同时也证明季节影响植物生长过程中对温度等的需求。

（4）养分

阿尔卑斯山植物功能群对施肥产生相应反应（Onipchenko et al.，2012）；二氧化碳对植物功能群利用有效氮产生影响（Benjamin et al.，2012）；采用植物功能群移除试验发现，不同养分的浓度变化不一样（Kong et al.，2011）；功能群组成和氮肥管理是大草原生物能生产的重要措施（Meghann et al.，2012）；养分和土壤条件是交互作用的，土壤有机碳、速效氮含量和碳氮比与土壤微生物群落功能多样性密切相关（侯晓杰等，2007），说明养分条件对植物功能群的影响较大。

1.3.4 功能群与不同环境因子和干扰类型的关系

（1）功能群与环境因子的关系

植物因环境条件的变化而产生一系列形态、生理及生态特性上的响应，并形成相应的适应对策，表现出一定的功能策略（Noble and Gitay，1996）。在长期的进化过程中，各种各样的植物演化形成了多种多样的繁杂结构和功能特征，这些特征是植物生命活动中不可缺少的生存条件，在这些特征形成的过程中植物也对生态系统产生重要影响。学者们对大量植物分布、生态对策与环境因子的分析中，发现环境条件与植物功能群对应，研究植物功能群的生理生态学特征对环境变化的响应是最本质的基础内容，探讨植物的这些功能特性对环境因子的适应性和生态对策是生态学研究由表面现象向内部生理机制转变的突破口（Duarte et al.，1995）。

植物对环境因子如光照、温度以及水分等的反映形成各种表现，在生活型上表现为乔木、灌木、草本、棕榈、藤本和附生植物；在生理特征上表现出 C_3、C_4 和 CMA 等光合碳同化途径、固氮和非固氮等营养代谢特征；在代谢节奏上表现出物候节律、休眠、短命植物等生态适应；在繁殖对策上表现为有性生殖和无性繁殖及有性繁殖中的种子大小、形状、数量、种子库以及传播方式；在生态型上则出现水生、中生和旱生及强旱生植物；在生活史上表现为一年生植物、二年生植物及多年生植物等。一些重要的生态因子如光照、温度、水分、二氧化碳浓度以及由此决定的土壤、植被与生态系统等在自然界中本身就存在一种梯度序列，这可从经度、纬度和海拔高度等空间变化中得到反映。

（2）功能群与不同干扰类型的关系

郑伟等（2010）在确定喀纳斯景区草甸群落放牧干扰的基础上，研究放牧干扰下草甸群落的功能群多样性和群落结构，利用功能群重要值、功能群丰富度、功能群和群落生物量变异系数、群落结构变异系数及群落生态优势度指数，比较分析了不同干扰强度阶段功能群组成结构和群落结构的变化。结果表明：随着放牧干扰强度的增加，群落优势功能群多年生杂草逐渐被多年生丛生禾草和一、二年生杂草所取代，多年生根茎禾草与豆科牧草等不耐践踏和采食的功能群逐渐消失，功能群多样性显著降低，不合理的放牧干扰显著降低了群落稳定性。放牧食草动物对草地生物多样性产生影响，建议提高植物多样性，特别是植物功能群多样性，既可减少食草动物的选择专一性，又可提高草地物种的可利用性（Wang et al.，2011）。此外，放牧还会影响植物功能群类型（Bermejo et al.，2012；Alexandra et al.，2011），说明过度放牧对植物功能群干扰较大。研究热带雨林功能群的学者相对较多。人工采伐和刀耕火种是热带雨林中最重要的两种人为干扰方式。在热带雨林研究中，以演替位置划分的功能群是目前最常用的一种划分方式，受干扰后的热带雨林出现的一个极其明显的现象是先锋物种突然消失。受干扰的生境中，先锋物种增加与林下光照有很强的相关性，比较适合监测和定量热带雨林的干扰。然而，由于物种生活史的连续性，先锋物种与后期演替物种很难清楚地区分（Slik et al.，2003）。

1.3.5 植物功能群研究展望

（1）功能多样性与类型划分研究

植物功能群研究越来越受到研究者的重视，但现存问题是大多数研究者选用的研究对象是人工组成群落，其研究重点为功能群在生态系统中的营养作用，只有一小部分研究直接检验了功能多样性和功能组成在多样性中的应用，更少的研究专注于多样性的功能型组成。造成以上结果的部分原因是物种多样性、功能多样性及功能组成在实验中造成的影响难以区分，并且它们的相对贡献也受实验设计的影响。虽然国内外学者已经意识到功能多样性是解释多样性影响生态系统功能的关键因素，但仍没有统一的标准和方法来定量研究；功能群的界定和区分、多样性的计测都存在诸多困难。这一局面造成的后果是，物种多样性仍不恰当地被用来代替功能多样性。在研究生物多样性与生态系统关系时不能只单独地处理物种多样性的问题，这种由物种丰富度或香农-威纳指数所衡量的方法忽略了物种组成因素。因为任何生态系统的物种组成，其功能特征在维持具有决定性的生态系统过程和生态系统服务功能上，至少和物种的数量有同样的作用。在这一领域，今后的研究重点是建立标准的方法来定量功能多样性、界定和区分功能群类型，从而使功能群组成与生态系统功能之间关系的研究得到进一步认识和发展。

（2）研究领域和尺度亟待拓展

植物功能群的研究思想，对揭示森林演替机制、生物多样性与生态系统功能的关系以及生物多样性对景观破碎化、环境异质性、自然干扰和人为干扰、全球气候变化等的响应和适应机制提供了一个全新的途径，但目前在研究领域、尺度、数据规范性和系统性等方面存在诸多局限。今后在以下方面要加强研究：①目前大量工作集中在对草本植物的研究，应加强对水生植物、木本植物尤其是森林的研究；②目前研究尺度以区域水平为主，应加强基于生态系统、景观及以上尺度的研究；③大多数有关植物功能群的研究集中在我国北方地区，在生物多样性较高的南方热带地区应加强研究。为此，亟须开展热带森林、兼顾多尺度、系统的植物功能群研究。

（3）植物功能群用于全球变化的研究

功能群把植物生理生态、形态特征与群落和生态系统有机结合在一起，成为联系它们的桥梁。当前，极端气候的频次和密度加大，例如全球气候变暖，使对流层辐射强度持续增加，大气被温室气体包围（John et al.，2011）。应用植物功能群的方法研究全球变化是当前生态学研究领域的热点和难点问题之一，该方法可用于探求全球变化中不同尺度上植物特别是森林与环境因子的相互作用，研究和预测生态系统对人为干扰引起的全球变化响应。以植物功能群为单位代替具体物种，不仅可以获得对全球变化的信息响应并节省时间，而且利于认识不同功能群在自然状态下对温度、水分、光照、地形等因子的生理生态反应，较好地认识和预测物种与人为干扰引起的环境变化和生态系统过程的响应关系。除此之外，开展植物功能群的研究还可系统结合基础生态学、植物群落学和景观生态学的一些概念与方法，在全球变化生态学的理论问题上具有重要意义和创新。同全球变化相联系，功能群可用于描述：①植物与环境因子之间的相互影响；②植被在生态系统中所发挥和扮演的功能；③植物个体、种群对环境影响所作出的响应。因此，植物功能群将植物形态学、群落学和生态过程有机联系起来，为研究全球气候变化提供了一个非常好的工具和手段。

（4）移除实验是功能研究的重要手段

功能群移除实验是研究功能群的重要手段之一，Jennie 和 Roy（2011）研究了功能群移除 7 年后生物量补偿和植物的反应，目的是研究物种/功能群对关键生态系统过程的影响。目前已经开展了许多工作（孙德鑫等，2018），其中大部分是基于人工建群实验，主要通过从已经建立的天然或半天然群落中去除一种或几种物种/功能群，构建群落的多样性梯度，研究不同多样性水平与生态系统功能的关系、不同物种/功能群的缺失对生态系统功能与过程的影响等问题（李禄军和曾德慧，2008），该方法可解释多样性与生态系统功能关系的重要性（胡楠等，2008）。

1.4 森林植被恢复与调整研究

1.4.1 立地评价

不同立地类型对小生境具有显著影响，进而会影响树种的分布和生长等规律。丘顶、丘面、坑壁、坑底和完整立地 5 个微立地的土壤温度、土壤含水量、空气相对湿度和光合有效辐射具有差异，倒木体积、胸径等与坑深度、坑长度、丘高度和丘宽度等具有相关关系，不同微立地之间物种丰富度为立地＞坑＞丘（杜珊等，2013）。黄土高原水蚀风蚀交错区六道沟小流域内分布的坡地与坝地树干液流速率不同，前者显著低于后者，坝地旱柳平均液流速率和树干液流量分别是坡地的 1.4 倍和 3 倍；不同立地的土壤质地不同，影响了土壤蒸发、渗漏强度和持水能力（彭小平等，2013）。刺槐和小叶杨是沟谷台地和沟间坡地上的典型树种，水分条件较好的沟谷台地上生长的两种树木叶最大水力导度和叶水力脆弱性明显高于水分较差的沟间坡地，叶表皮导度和 PV 曲线参数也表现出相同的规律，通过不同植物组织水力结构和抗旱性的综合研究，可揭示这两个树种形成“小老头”树的原因（李俊辉等，2012）。黑龙江省带岭林区成熟龄红松活立木树干根部腐朽程度与其胸径及各样地土壤理化指标之间具有较强的相关性，与土壤含水率显著正相关，而与坡上和坡下距离根部 5 m 处土壤各理化特性无显著相关关系（孙天用等，2013）。

立地质量的分类及评价也被广大研究者所关注。张喜（2003）从贵州喀斯特山地气候、母岩-地貌-土壤系统、坡耕地土壤特性、水土流失和石漠化及现有森林植被等方面阐述了对喀斯特山地坡耕地立地的影响，据此将贵州喀斯特山地坡耕地划分为 3 区 10 亚区 16 小区。高华端（2004）在贵州省花江喀斯特峡谷示范区内，按照贵州省陡坡退耕地立地分类的原则和分类系统，以岩组类型划分示范小区、陡坡等级划分类型组、土被连续性或土层厚度划分立地类型，共划分为 2 个立地小区、8 个立地类型组和 20 个类型。张勇等（2014）以江苏省连云港市云台山的 22 个宜林荒山地段作为研究对象，选取坡位、坡向、坡度、海拔、土层厚度、容重等 16 个立地因子，按宏观因子和微观因子分别进行立地质量分类及评价，再进行综合评价，最终划分为 5 种类型。徐罗（2014）选用天然云冷杉针阔混交林 26 块皆伐样地和 195 株云冷杉解析木，引入天然林竞争地位指数，构建了以金沟岭地区云冷杉针阔混交林为例的天然林立地质量评价系统，并就两个立地类型分树种评价。

1.4.2 树种选择与配置

退化生态系统是指因受到自然或人为的干扰力而逐渐偏离自然状态的生态系统，对其进行恢复是在恢复生态学、群落学和植物演替理论等支撑下的工程实践活动。因此，恢复树种的选择和配置是恢复生态学中重要的理论和技术体系。退化生境养分、水分条件较差，根据生态适宜性原则选择先锋树种是这一技术体系的主要构成部分。先锋树种的选择是生态恢复的关键技术之一，树种选择的首要条件是符合适地适树原则和前提下，具备较强的抗旱能力和抗病虫能力，且对林分内的土壤温度、湿度具有向好的改善，为后续树种拓展生存空间，实现恢复物种的多样化和生态演替的良性循环（朱宁华和谭晓风，2008）。先锋树种占据演替早期的生态位，与其他树种相比能够适应早期的环境（张明等，2008），因此应充分发挥其先锋开拓作用，为后期植被恢复奠定基础。

就物种的选择，学者们进行了诸多富有成效的研究。郭鑫（2010）在呼和浩特市 122 种园林植物资源调查的基础上，确定主要指标因子并采用层次分析模型，根据层次包含的逻辑关系把它们构成一个有层次关系的有机整体，构建评价指标体系，在对园林植物进行综合评判和分级的基础上，筛选出 9 种骨干树种。周刚（2008）根据湖南省内主要母岩类型，测定了不同厚度的水土流失地上乡土树种的生态适宜性，运用数量化论和模糊聚类分析，采取定量与定性相结合的方法，对湖南省水土流失地常见造林树种的生态适宜性进行评价和筛选，配置成各组合模式。适地适树是保证造林成活的先决措施之一，选择树种应考虑生态学特性和经济学特性。袁宇美（2008）在对皖北、皖中和皖南三大区域的土壤和立地类型进行调查、分析的基础上，依据与生境条件相适应的原则选择树种，兼顾经济效益和生态效益，对三大区域均筛选了最佳宜林树种。这些方法的共同点都是从植物功能角度出发，并剖析与环境因子的相关性，这为我们今后从事相关研究提供了技术参考。但是，这些研究多是集中在物种水平，最后虽然提出配置模式，却未真正体现群落的特征，如何将这些研究成果拓展到群落尺度，甚至上延至生态系统水平，可作为今后研究的方向之一。

1.4.3 模式识别技术

模式识别技术是建立在高等数学、计算机、统计学、系统学和自动化学等学科基础上的一门新兴技术，它的关键是找到一组有典型代表性的共同特征或属性，并对这些特性进行定性与定量的描述，解译客体的结构。模式识别技术在森林生态系统研究中取得了广泛应用。陈尔学等（2007）对高光谱数据森林类型统计模式识别方法进行比较评价，甘敬等（2007）的研究表明林分层次结构、病虫害程度和土壤厚度可作为森林健康快速评价的指标。图像型森林火灾监测技术由图像识别结果判断是否发生火灾，将大火控制在萌芽状态（梁青，2011）。蔡晓铭（2008）通过模式识别技术对云南松林分的立地条件因子进行聚类，姚建（2004）运用聚类方法得到岷江上游地区生态环境脆弱性的驱动力，刘庄等（2006）以层次分析法和模糊模式识别为基础建立了生态承载力综合评价模型。

1.4.4　退化森林生态系统修复与调整

林分密度调控是植被调整的核心之一。有学者曾指出“林分密度是评定某一立地生产力的，仅次于立地质量的第二因子”。若林分密度过大，一方面林内光照严重不足，林下将因无草本及灌木出现而成为光板地；另一方面，密度过大将导致“小老树”的形成，不利于经济效益的发挥，在造成土地资源浪费的同时也会造成林木树干弯曲，降低林木出材率和材质，也不利于水土保持效益的发挥（孙鹏森等，2001；张建军等，2002；张永涛等，2003；移小勇等，2006；张建军等，2007）。只有合理的密度才能使林分充分发挥效益（王克勤和王斌瑞，2002；王百田等，2005）。关于密度效应研究的文献较多（Missaoui1 et al.，2005；玉宝等，2010；郭建斌等，2010；J. Luis et al.，2011；Zhang et al.，2012；Lei et al.，2012），但尚存在争议，例如有人认为密度调控指数为–3/2，即所谓的–3/2 自疏法则（Yoda et al.，1963），有人认为该值为–4/3，即所谓–4/3 自疏法则（Enquist et al.，1998）。

生态系统修复应将重点放在对受损的能量获取、养分循环和水文过程的修复上，而不仅仅是去恢复已经流失的资源（Steven，1999）。实现森林可持续经营的基础是拥有健康稳定的森林，培育健康稳定的森林是现代森林经营的首要目标。系统的结构决定系统的功能，要抓住这一主线，围绕经营目标，通过调整林分的空间格局、竞争状态以及林分组成使林分的结构尽可能地趋于合理（惠刚盈等，2010）。就退化森林生态系统恢复而言，植被是关键、配置是核心、调控是手段、监测是验证。退化群落恢复的实质是群落进展演替（喻理飞等，2000），是采用人工辅助手段促进退化森林生态系统朝物种多样性更丰富、结构更复杂、系统抵抗外界干扰能力更强的方向发展。对森林植被恢复的研究，学者们已开始注重对不同恢复阶段的生物学过程进行研究（喻理飞等，2002；魏媛等，2009；兰雪等，2009），旨在为森林恢复的选择提供依据。但这些研究的核心是采用空间替代时间的方法，分析不同演替阶段群落物种组成和多样性的变化，揭示群落环境变化和生物多样性的关系（马姜明等，2007），对森林群落进行抚育改造的研究较为鲜见。针对不同的森林结构类型，还未形成一套完整的退化森林恢复与经营的理论和策略，人为因素在退化森林生态系统恢复过程中所能发挥的潜力还很大。

虽然建植和恢复森林能够提高生态系统服务功能和加强生物多样性保护，但不能与原始林在布局和结构上相匹配（Robin，2008），这是森林生态系统修复的难点，这可能同长期形成的森林与土壤关系被打破有关。土壤退化导致有机质减少，不能蓄积降水，进而诱发侵蚀现象（Aloys et al.，2009）。修复土壤有机碳库是一种修复立地的措施（Girmay et al.，2008），有学者采用污泥和木屑联合作用改良土壤，以提高立地生产力（Alain et al.，2001）。因此，土壤条件是植被恢复成功的重要因素（Günter et al.，2009）。但也有人认为，与其一味地造林，不如让自然生态系统休养生息，那样能够更好地适应当地环境，同时为可持续长期造林提供更佳的机会（Cao et al.，2010），可以说恢复目标之一是恢复植被干扰前的种群动力学（Carolina and Carlos，2009）。国内也有学者根据土壤条件培育先锋树种，达到以植物改良土壤生境的作用，研究表明在旱季，先锋树种林分对林地土壤温度和土壤湿度两方面能起到两性作用（朱宁华和谭晓风，2008），先锋树种的单位面积最大净光合速率、单位干重最大光合速率和单位干重暗呼吸速率显著大于非先锋树种（张明等，2008）。稳定性是评价植物群落结构与功能的一个综合指标（高润梅等，2012），多样性高的群落抵抗外界波动的能力强（丁惠萍等，2006）。在植物群落建植时，应提高生态环境抵抗干扰的能力（张继义和赵哈林，2003）。

参考文献

[1] 安树清，洪必恭，李朝阳，等. 紫金山次生林林窗植被和环境的研究[J]. 应用生态学报，1997，8（3）：245-249.

[2] 白成科，曹博，李桂双. 植物种子传播途径与基因组值和千粒重的相关性[J]. 生态学杂志，2013，32（4）：832-837.

[3] 白雪，张淑静，郑彩霞，等. 胡杨多态叶光合和水分生理的比较[J]. 北京林业大学学报，2011，33（6）：47-52.

[4] 鲍雅静，李政海. 基于能量属性的植物功能群划分方法探索——以内蒙古锡林河流域草原植物群落为例[J]. 生态学报，2008，28（9）：4540-4546.

[5] 蔡小溪，吴金卓. 森林土壤健康评价研究进展[J]. 森林工程，2015，31（2）：37-41.

[6] 蔡晓铭. 聚类分析在一平浪云南松立地条件评价中的应用[D]. 昆明：西南林学院，2008.

[7] 曹科，饶米德，余建平，等. 古田山木本植物功能性状的系统发育信号及其对群落结构的影响[J]. 生物多样性，2013，21（5）：564-571.

[8] 陈尔学，李增元，谭炳香，等. 高光谱数据森林类型统计模式识别方法比较评价[J]. 林业科学，2007，43（1）：84-89.

[9] 陈钢，吴礼树，李煜华，等. 不同供磷水平对西瓜产量和品质的影响[J]. 植物营养与肥料学报，

2007，13（6）：211-214.

[10] 陈洪松，聂云鹏，王克林. 岩溶山区水分时空异质性及植物适应机理研究进展[J]. 生态学报，2013，33（2）：317-326.

[11] 陈凯利，李建明，贺会强，等. 水分对番茄不同叶龄叶片光合作用的影响[J]. 生态学报，2013，33（16）：4919- 4929.

[12] 陈雄文. 植物叶片对沙尘的短时间生理生态反应（英文）[J]. 植物学报，2001，43（10）：1058-1064.

[13] 程瑞希，字洪标，罗雪萍，等. 青海省森林林下草本层化学计量特征及其碳储量[J]. 草业学报，2019，28（7）：26-37.

[14] 崔宁洁，张丹桔，刘洋，等. 马尾松人工林不同大小林窗植物多样性及其季节动态[J]. 植物生态学报，2014，38（5）：477-490.

[15] 单建平，陶大立. 国外对树木细根的研究动态[J]. 生物学杂志，1992，（4）：46-49.

[16] 邓福英，臧润国. 海南岛热带山地雨林天然次生林的功能群划分[J]. 生态学报，2007，27（8）：3240-3249.

[17] 丁惠萍，张社奇，钱克红，等. 森林生态系统稳定性研究的现状分析[J]. 西北林学院学报，2006，21（4）：28-30.

[18] 杜珊，段文标，王丽霞，等. 红松阔叶混交林中坑和丘的微立地特征及其对植被更新的影响[J]. 应用生态学报，2013，24（3）：633-638.

[19] 段爱国. 干热河谷主要植被恢复树种蒸腾耗水特性及适应机制评价[D]. 北京：中国林业科学研究院，2008.

[20] 段春燕，徐广平，沈育伊，等. 桂北不同林龄桉树人工林土壤生态化学计量特征[J]. 林业资源管理，2018，（6）：117-124.

[21] 方伟东，亢新刚，赵浩彦，等. 长白山地区不同林型土壤特性及水源涵养功能[J]. 北京林业大学学报，2011，33（4）：40-47.

[22] 冯玉龙，曹坤芳，冯志立，等. 四种热带雨林树种幼苗比叶重，光合特性和暗呼吸对生长光环境的适应[J]. 生态学报，2002，22（6）：901-910.

[23] 符亚儒，麻保林，王子玲，等. 陕北风沙区 4 种乡土树种适应干旱环境的特性及利用前景[J]. 中国沙漠，2005，25（3）：386-390.

[24] 付婷婷，程红焱，宋松泉. 种子休眠的研究进展[J]. 植物学报，2009，44（5）：629-641.

[25] 甘敬，朱建刚，张国祯，等. 基于 BP 神经网络确立森林健康快速评价指标[J]. 林业科学，2007，43（12）：1-7.

[26] 高华端. 花江喀斯特峡谷示范区立地分类及应用研究[J]. 西南农业大学学报（自然科学版），2004，26（6）：723-726.

[27] 高君亮，罗凤敏，赵英铭，等. 乌兰布和沙漠绿洲 3 种杨树比叶面积和叶干物质含量研究[J]. 西北林学院学报，2016，31（1）：21-26.

[28] 高培鑫，聂立水，吴记贵，等. 北京松山自然保护区天然油松林土壤养分与坡位关系的研究[J]. 中国农学通报，2014，30（10）：68-72.

[29] 高润梅，石晓东，郭跃东. 山西文峪河上游河岸林群落稳定性评价[J]. 植物生态学报，2012，36（6）：491-503.

[30] 高阳，黄玲，李新强，等. 开花后水分胁迫对冬小麦旗叶光合作用和保护酶活性的影响[J]. 水土保持学报，2013，27（4）：201-206.

[31] 龚春梅，白娟，梁宗锁. 植物功能性状对全球气候变化的指示作用研究进展[J]. 西北植物学报，2011，31（11）：2355-2363.

[32] 贡璐，张雪妮，冉启洋. 基于最小数据集的塔里木河上游绿洲土壤质量评价[J]. 土壤学报，2015，52（3）：682-689.

[33] 郭建斌，赵陟峰，骆汉. 晋西黄土区刺槐林种植密度对植被生长状况的影响[J]. 水土保持通报，2010，30（1）：81-84.

[34] 郭琳，李东升，郭天太，等. 植物叶片厚度与环境及生理参数的相关性初探[J]. 计量学报，2009，30（5A）：146-149.

[35] 郭鑫. 呼和浩特市城市绿地景观格局与树种选择及其规划研究[D]. 呼和浩特：内蒙古农业大学，2010.

[36] 郭兴启，李向东，朱汉城，等. 马铃薯Y病毒（PVY）的侵染对烟草叶片光合作用的影响[J]. 植物病理学报. 2000，30（1）：94-95.

[37] 郭延平，陈屏昭，张良诚，等. 不同供磷水平对温州蜜柑叶片光合作用的影响[J]. 植物营养与肥料学报，2002，（2）：59-64.

[38] 郭延平，周慧芬，曾光辉，等. 高温胁迫对柑橘光合速率和光系统II活性的影响[J]. 应用生态学报，2003，14（6）：867-870.

[39] 郭自春，桂东伟，曾凡江，等. 策勒绿洲外围6种优势防护林植物对不同灌溉量的光合及水分生理响应[J]. 西北植物学报，2014，34（7）：1457-1466.

[40] 韩国君，陈年来，黄海霞，等. 番茄叶片光合作用对快速水分胁迫的响应[J]. 应用生态学报，2013，24（4）：1017-1022.

[41] 韩路，王海珍，彭杰，等. 塔里木荒漠河岸林植物群落演替下的土壤理化性质研究[J]. 生态环境学报，2010，19（12）：2808-2814.

[42] 韩梅，杨利民，张永刚，等. 中国东北样带羊草群落 C_3 和 C_4 植物功能群生物量及其对环境变化的响应[J]. 生态学报，2006，26（6）：1825-1832.

[43] 郝兴宇，韩雪，李萍，等. 大气 CO_2 浓度升高对绿豆叶片光合作用及叶绿素荧光参数的影响[J]. 应用生态学报，2011，22（10）：2776-2780.

[44] 贺燕燕，王朝英，袁中勋，等. 三峡库区消落带不同水淹强度下池杉与落羽杉的光合生理特性[J]. 生态学报，2018，38（8）：2722-2731.

[45] 侯慧芝，张绪成，尹嘉德，等. 覆盖对西北旱地春小麦旗叶光合特性和水分利用的调控[J]. 应用生态学报，2019，30（3）：931-940.

[46] 侯晓杰，汪景宽，李世朋. 不同施肥处理与地膜覆盖对土壤微生物群落功能多样性的影响[J]. 生态学报，2007，27（2）：655-661.

[47] 胡楠，范玉龙，丁圣彦，等. 陆地生态系统植物功能群研究进展[J]. 生态学报，2008，28（7）：3302-3311.

[48] 胡楠，范玉龙，丁圣彦. 伏牛山森林生态系统灌木植物功能群分类[J]. 生态学报，2009，29（8）：4017-4025.

[49] 胡珀，韩天富. 植物茎秆性状形成与发育的分子基础[J]. 植物学通报，2008，25（1）：1-13.

[50] 胡蓉，林波，刘庆. 林窗与凋落物对人工云杉林早期更新的影响[J]. 林业科学，2011，47（6）：23-29.

[51] 黄卫东，吴兰坤，战吉成. 中国矮樱桃叶片生长和光合作用对弱光环境的适应性调节[J]. 中国农业科学，2004，37（12）：1981-1985.

[52] 惠刚盈，赵中华，胡艳波. 结构化森林经营技术指南[M]. 北京：中国林业出版社，2010.

[53] 解婷婷，张希明，梁少民，等. 不同灌溉量对塔克拉玛干沙漠腹地梭梭水分生理特性的影响[J]. 应用生态学报，2008，19（4）：711-716.

[54] 金慧芳，史东梅，陈正发，等. 基于聚类及 PCA 分析的红壤坡耕地耕层土壤质量评价指标[J]. 农业工程学报，2018，34（7）：155-164.

[55] 康利允，常高正，高宁宁，等. 不同氮、钾肥施用量对甜瓜产量和营养品质的影响[J]. 果树学报，2018，35（8）：997-1005.

[56] 康勇，熊梦辉，黄瑾，等. 海南岛霸王岭热带云雾林木本植物功能性状的分异规律[J]. 生态学报，2017，37（5）：1572-1582.

[57] 孔芬，刘小勇，韩富军，等. 肥料对山旱地核桃叶片矿质元素与光合特性的影响[J]. 经济林研究，2017，35（3）：109-114.

[58] 兰雪，戴全厚，喻理飞，等. 喀斯特退化森林不同恢复阶段土壤酶活性研究[J]. 农业现代化研究，2009，30（5）：620-624.

[59] 郎莹，汪明. 春、夏季土壤水分对连翘光合作用的影响[J]. 生态学报，2015，35（9）：3043-3051.

[60] 雷斯越，赵文慧，杨亚辉，等. 不同坡位植被生长状况与土壤养分空间分布特征[J]. 水土保持研究，2019，26（1）：86-91.

[61] 李潮海，赵亚丽，杨国航，等. 遮光对不同基因型玉米光合特性的影响[J]. 应用生态学报，2007，18（6）：1259- 1264.

[62] 李丹，康萨如拉，赵梦颖，等. 内蒙古羊草草原不同退化阶段土壤养分与植物功能性状的关系[J]. 植物生态学报，2016，40（10）：991-1002.

[63] 李华祯，姚保强，杨传强，等. 4 种经济树木水分生理及抗旱特性研究[J]. 山东林业科技，2006，

（2）：9-11.

[64] 李佳，刘济明，文爱华，等. 米槁幼苗光合作用及光响应曲线模拟对干旱胁迫的响应[J]. 生态学报，2019，39（3）：913-922.

[65] 李俊辉，李秧秧，赵丽敏，等. 立地条件和树龄对刺槐和小叶杨叶水力性状及抗旱性的影响[J]. 应用生态学报，2012，23（9）：2397-2403.

[66] 李昆，孙永玉，张春华，等. 金沙江干热河谷区 8 个造林树种的生态适应性变化[J]. 林业科学研究，2011，24（4）：488-494.

[67] 李乐，曾辉，郭大立. 叶脉网络功能性状及其生态学意义[J]. 植物生态学报，2013，37（7）：691-698.

[68] 李禄军，曾德慧. 物种多样性与生态系统功能的关系研究进展[J]. 生态学杂志，2008，27（11）：2010-2017.

[69] 李苏闽，游巍斌，肖石红，等. 天宝岩长苞铁杉林林窗的微环境特征[J]. 森林与环境学报，2015，35（4）：343-350.

[70] 李文瑞，冯金朝，江天然，等. 沙冬青几种光合特性的季节性变化的研究[J]. 植物学报，1999，41（2）：190-193.

[71] 李秀媛，刘西平，Hang D，等. 美国海滨桤木和薄叶桤木水分生理特性的比较[J]. 植物生态学报，2011，35（1）：73-81.

[72] 李旭东，张春平，傅华. 黄土高原典型草原草地根冠比的季节动态及其影响因素[J]. 草业学报，2012，21（4）：307-312.

[73] 李彦彬，朱亚南，李道西，等. 阶段干旱及复水对小麦生长发育、光合和产量的影响[J]. 灌溉排水学报，2018，37（8）：76-82.

[74] 李彦瑾，赵忠，孙德祥，等. 干旱胁迫下柠条锦鸡儿的水分生理特征[J]. 西北林学院学报，2008，23（3）：1-4.

[75] 梁青. 基于图像处理的森林火灾监测的技术研究[D]. 南昌：华东交通大学，2011.

[76] 刘海涛，贾志清，朱雅娟，等. 高寒沙地不同林龄乌柳的水分生理特性及叶性状[J]. 应用生态学报，2012，23（9）：2370-2376.

[77] 刘华，臧润国，张新平，等. 天山中部 3 种自然生境下天山雪莲的光合生理生态特性[J]. 林业科学，2009，45（3）：40-48.

[78] 刘洁，李茗，吴立潮. 南方红壤区油茶林土壤肥力质量指标及评价[J]. 西北林学院学报，2017，32（4）：73-80.

[79] 刘庆，吴彦. 滇西北亚高山针叶林林窗大小与更新的初步分析[J]. 应用与环境生物学报，2002，8（5）：453-459.

[80] 刘万代，韩锦峰，段舜山. 种子大小对冬小麦繁殖体及产量的影响[J]. 种子，1998，（2）：11-13.

[81] 刘万德，苏建荣，李帅锋，等. 云南普洱季风常绿阔叶林优势物种不同生长阶段叶片碳、氮、磷化学计量特征[J]. 植物生态学报，2015，39（1）：52-62.

[82] 刘奕汝，吴强. 森林生态系统服务功能价值计量述评[J]. 林业经济，2018，40（10）：100-103.
[83] 刘芸，钟章成，王小雪，等. 栝楼雌雄植株的光合作用和蒸腾作用特性[J]. 应用生态学报，2011，22（3）：644-650.
[84] 刘占锋，傅伯杰，刘国华，等. 土壤质量与土壤质量指标及其评价[J]. 生态学报，2006，26（3）：901-913.
[85] 刘庄，沈渭寿，车克钧，等. 祁连山自然保护区生态承载力分析与评价[J]. 生态与农村环境学报，2006，22（3）：19-22.
[86] 龙翠玲，余世孝. 茂兰喀斯特森林的林隙物种组成动态及更新模式[J]. 林业科学，2007，43（9）：7-12.
[87] 鲁建荣，李向义，薛伟，等. 两种荒漠植物叶片脱水下水分生理和PSⅡ活性特征[J]. 西北植物学报，2013，33（7）：1427-1434.
[88] 陆梅，卫捷，张友超. 4种针叶林中的土壤养分与微生物特征[J]. 贵州农业科学，2011，39（5）：91-95.
[89] 吕金枝，苗艳明，张慧芳，等. 山西霍山不同功能型植物叶性特征的比较研究[J]. 植物科学学报，2010，28（4）：460-465.
[90] 吕世丽，李新平，李文斌，等. 牛背梁自然保护区不同海拔高度森林土壤养分特征分析[J]. 西北农林科技大学学报（自然科学版），2013，41（4）：161-168.
[91] 马富举，李丹丹，蔡剑，等. 干旱胁迫对小麦幼苗根系生长和叶片光合作用的影响[J]. 应用生态学报，2012，23（3）：724-730.
[92] 马剑，刘贤德，金铭，等. 祁连山青海云杉林土壤理化性质和酶活性海拔分布特征[J]. 水土保持学报，2019，33（2）：207-213.
[93] 马姜明，刘世荣，史作民，等. 川西亚高山暗针叶林恢复过程中群落物种组成和多样性的变化[J]. 林业科学，2007，43（5）：18-23.
[94] 马莉薇，张文辉，薛瑶芹，等. 秦岭北坡不同生境栓皮栎实生苗生长及其影响因素[J]. 生态学报，2010，30（23）：6512-6520.
[95] 马鹏，陈刚. 缙云山黛湖小流域土壤养分特征研究[J]. 现代农业科技，2013，（1）：217-219.
[96] 马文济，赵延涛，张晴晴，等. 浙江天童常绿阔叶林不同演替阶段地表凋落物的C：N：P化学计量特征[J]. 植物生态学报，2014，38（8），833-842.
[97] 马晓瑜，孟晖，潘存德，等. 天山中部不同年龄和海拔高度天山云杉天然更新幼苗茎干功能性状[J]. 新疆农业科学，2014，51（7）：1238-1245.
[98] 孟京辉，陆元昌，刘刚，等. 不同演替阶段的热带天然林土壤化学性质对比[J]. 林业科学研究，2010，23（5）：791-795.
[99] 孟婷婷，倪健，王国宏. 植物功能性状与环境和生态系统功能[J]. 植物生态学报，2007，31（1）：150-165.

[100] 欧立军，陈波，邹学校. 干旱对辣椒光合作用及相关生理特性的影响[J]. 生态学报，2012，32（8）：2612-2619.

[101] 潘昕，李吉跃，王军辉，等. 干旱胁迫对青藏高原 4 种灌木生理指标的影响[J]. 林业科学研究，2013，26（3）：352-358.

[102] 庞圣江，张培，贾宏炎，等. 桂西北不同森林类型土壤生态化学计量特征[J]. 中国农学通报，2015，31（1）：17-23.

[103] 庞世龙，欧芷阳，申文辉，等. 广西喀斯特地区不同植被恢复模式土壤质量综合评价[J]. 中南林业科技大学学报，2016，36（7）：60-66.

[104] 裴斌，张光灿，张淑勇，等. 土壤干旱胁迫对沙棘叶片光合作用和抗氧化酶活性的影响[J]. 生态学报，2013，33（5）：1386-1396.

[105] 彭少麟. 南亚热带森林群落动态学[M]. 北京：科学出版社，1996.

[106] 彭小平，樊军，米美霞，等. 黄土高原水蚀风蚀交错区不同立地条件下旱柳树干液流差异[J]. 林业科学，2013，49（9）：38-45.

[107] 彭新华，李元沅，赵其国. 我国中亚热带山地土壤有机质研究[J]. 山地学报，2001，19（6）：489-496.

[108] 亓玉飞，尹伟伦，夏新莉，等. 修枝对欧美杨 107 杨水分生理的影响[J]. 林业科学，2011，47（3）：33-38.

[109] 齐欣，曹坤芳，冯玉龙. 热带雨林蒲桃属 3 个树种的幼苗光合作用对生长光强的适应[J]. 植物生态学报，2004，28（1）：31-38.

[110] 曲桂敏，束怀瑞，王鸿霞. 钾对苹果树水分利用效率及有关参数的影响[J]. 土壤学报，2000，37（2）：257-262.

[111] 任启文，王鑫，李联地，等. 小五台山不同海拔土壤理化性质垂直变化规律[J]. 水土保持学报，2019，33（1）：241-247.

[112] 商天其，孙志鸿. 香樟幼龄林不同叶龄叶片的光合特征和单萜释放规律[J]. 应用与环境生物学报，2019，25（1）：89-99.

[113] 邵国栋，艾娟娟，孙启武，等. 昆嵛山不同林分类型土壤质量状况及评价[J]. 林业科学研究，2018，31（6）：175-184.

[114] 佘波，武晓红. 太原东山试验林场土壤理化性质及饱和导水率的坡向分异规律研究[J]. 水土保持研究，2016，23（1）：56-61.

[115] 申佳艳，李小英，袁勇. 纳板河自然保护区不同森林群落土壤养分特征研究[J]. 中国农学通报，2017，33（5）：54-60.

[116] 石明明，牛得草，王莹，等. 围封与放牧管理对高寒草甸植物功能性状和功能多样性的影响[J]. 西北植物学报，2017，37（6）：1216-1225.

[117] 史刚荣，程雪莲，刘蕾，等. 扁担木叶片和次生木质部解剖和水分生理特征的可塑性[J]. 应用生态学报，2006，17（10）：1801-1806.

[118] 斯琴巴特尔，秀敏. 荒漠植物蒙古扁桃水分生理特征[J]. 植物生态学报，2007，31（3）：484-489.
[119] 孙德鑫，刘向，周淑荣. 停止人为去除植物功能群后的高寒草甸多样性恢复过程与群落构建[J]. 生物多样性，2018，26（7）：655-666.
[120] 孙国钧，张荣，周立. 植物功能多样性与功能群研究进展[J]. 生态学报，2003，23（7）：1430-1435.
[121] 孙国胜，邓敏，李谦盛，等. 牛耳朵幼苗对低温胁迫的生理响应[J]. 南方农业学报，2013，44（6）：918-923.
[122] 孙慧珍，国庆喜，周晓峰. 植物功能型分类标准及方法[J]. 东北林业大学学报，2004，32（2）：81-83.
[123] 孙鹏森，马李一，马履一. 油松、刺槐林潜在耗水量的预测及其与造林密度的关系[J]. 北京林业大学学报，2001，23（2）：1-6.
[124] 孙天用，王立海，孙墨珑. 小兴安岭红松活立木树干腐朽与立地土壤理化特性的关系[J]. 应用生态学报，2013，24（7）：1837-1842.
[125] 孙雪娇，常顺利，宋成程，等. 雪岭云杉不同器官 N、P、K 化学计量特征随生长阶段的变化[J]. 生态学杂志，2018，37（5）：1291-1298.
[126] 孙一惠，马岚，张栋，等. 2 种扦插护岸植物根系对土壤结构的改良效应[J]. 北京林业大学学报，2017，39（7）：54-61.
[127] 谭会娟，周海燕，李新荣，等. 珍稀濒危植物半日花光合作用日动态变化的初步研究[J]. 中国沙漠，2005，25（2）：262-267.
[128] 谭伟，王慧，翟衡. 除草剂对葡萄叶片光合作用及贮藏营养的影响[J]. 应用生态学报，2011，22（9）：2355-2362.
[129] 汤景明，翟明普，崔鸿侠. 壳斗科三树种幼苗对不同光环境的形态响应与适应[J]. 林业科学，2008，44（9）：41-47.
[130] 王百田，王颖，郭江红，等. 黄土高原半干旱地区刺槐人工林密度与地上生物量效应[J]. 中国水土保持科学，2005，3（3）：35-39.
[131] 王伯荪，李鸣光，彭少麟. 植物种群学[M]. 广州：广东高等教育出版社，1995.
[132] 王春梅，施定基，朱水芳，等. 黄瓜花叶病毒对烟草叶片和叶绿体光合活性的影响[J]. 植物学报，2000，42（4）：388-392.
[133] 王国惠，于鲁冀. 细菌生理群的研究及其生态学意义[J]. 生态学报，1999，19（1）：128-133.
[134] 王海珍，韩路，李志军，等. 塔里木河上游胡杨与灰杨光合水分生理特性[J]. 生态学报，2009，29（11）：5843-5850.
[135] 王慧，刘宁，姚延梼，等. 晋北干旱区盐碱地柽柳叶总有机碳与营养元素含量的关系[J]. 生态环境学报，2017，26（12）：2036-2044.
[136] 王晶苑，王绍强，李纫兰，等. 中国四种森林类型主要优势植物的 C：N：P 化学计量学特征[J]. 植物生态学报，2011，35（6）：587-595.

[137] 王克勤，王斌瑞. 黄土高原刺槐林间伐改造研究[J]. 应用生态学报，2002，(1)：11-15.
[138] 王琳，高凯，高阳，等. 断根半径及时间对菊芋根系生物量及形态学特征的影响[J]. 草地学报，2018，26(3)：652-658.
[139] 王琳，欧阳华，周才平，等. 贡嘎山东坡土壤有机质及氮素分布特征[J]. 地理学报，2004，59(6)：1012-1019.
[140] 王娜，王奎玲，刘庆华，等. 四种常绿阔叶树种的抗寒性[J]. 应用生态学报，2016，27(10)：3114-3122.
[141] 王庆彬，王恩姮，姜中珠，等. 黑土区常见树种水分生理适应性及抗旱特性[J]. 东北林业大学学报，2009，37(1)：8-9，14.
[142] 王秋玲，周广胜，麻雪艳. 夏玉米叶片含水率及光合特性对不同强度持续干旱的响应[J]. 生态学杂志，2015，34(11)：3111-3117.
[143] 王绍强，于贵瑞. 生态系统碳氮磷元素的生态化学计量学特征[J]. 生态学报，2008，28(8)：3937-3947.
[144] 王维奇，徐玲琳，曾从盛，等. 河口湿地植物活体-枯落物-土壤的碳氮磷生态化学计量特征[J]. 生态学报，2011，31(23)：7119-7124.
[145] 王燕，刘苑秋，曾炳生，等. 江西大岗山常绿阔叶林土壤养分特征研究[J]. 江西农业大学学报，2010，32(1)：96-100.
[146] 王钰莹，孙娇，刘政鸿，等. 陕南秦巴山区厚朴群落土壤肥力评价[J]. 生态学报，2016，36(16)：5133-5141.
[147] 王玥琳，徐大平，杨曾奖，等. 移植和钾肥对降香黄檀光合特性与叶绿素含量的影响[J]. 植物科学学报，2018，36(6)：879-887.
[148] 王中磊，高贤明. 锐齿槲栎林的天然更新——坚果、幼苗库和径级结构[J]. 生态学报，2005，25(5)：986-993.
[149] 王卓敏，薛立. 林窗效应研究综述[J]. 世界林业研究，2016，29(6)：48-53.
[150] 魏明月，云菲，刘国顺，等. 不同光环境下烟草光合特性及同化产物的积累与分配机制[J]. 应用生态学报，2017，28(1)：159-168.
[151] 魏媛，张金池，俞元春，等. 贵州高原退化喀斯特森林恢复过程中土壤微生物生物量碳、微生物熵的变化[J]. 农业现代化研究，2009，30(4)：487-490.
[152] 文仕知，贺希，刘迪钦，等. 湘西南山地主要森林类型土壤养分研究[J]. 湖南林业科技，2011，38(3)：16-19.
[153] 吴甘霖，羊礼敏，段仁燕，等. 大别山五针松林林窗、林缘和林下的微气候特征[J]. 生物学杂志，2017，34(4)：64-66.
[154] 吴宁. 贡嘎山东坡亚高山针叶林的林窗动态研究[J]. 植物生态学报，1999，23(3)：228-237.
[155] 吴鹏，付达夫，朱军. 纳雍珙桐自然保护区森林土壤理化性状研究[J]. 贵州林业科技，2013，41

（4）：1-9.

[156] 吴鹏，朱军，陈骏，等. 贵州习水国家级自然保护区森林土壤理化性状研究[J]. 贵州林业科技，2011，39（3）：1-9.

[157] 吴芹，张光灿，裴斌，等. 不同土壤水分下山杏光合作用 CO_2 响应过程及其模拟[J]. 应用生态学报，2013，24（6）：1517-1524.

[158] 习新强，赵玉杰，刘玉国，等. 黔中喀斯特山区植物功能性状的变异与关联[J]. 植物生态学报，2011，35（10）：1000-1008.

[159] 夏汉平，余清发，张德强. 鼎湖山 3 种不同林型下的土壤酸度和养分含量差异及其季节动态变化特性[J]. 生态学报，1997，17（6）：83-91.

[160] 肖靓，李英峰，王振，等. 滁菊原产地域保护区土壤有机质与土壤养分的关系研究[J]. 安徽农业科学，2011，39（3）：1424-1426.

[161] 辛柳. 施钾量对寒地粳稻碳水化合物形成积累和产量的影响[D]. 哈尔滨：东北农业大学，2015.

[162] 徐琨，李芳兰，苟水燕，等. 岷江干旱河谷 25 种植物一年生植株根系功能性状及相互关系[J]. 生态学报，2012，32（1）：215-225.

[163] 徐罗. 天然林立地质量评价——以金沟岭林场云冷杉针阔混交林为例[D]. 北京：北京林业大学，2014.

[164] 徐梦莎，朱高浦，付贵全，等. 氮磷钾缺乏对苗期仁用杏生长和养分吸收的影响[J]. 西北农林科技大学学报（自然科学版），2017，45（5）：81-90.

[165] 许大全. 光合作用效率[M]. 上海：上海科学技术出版社，2002.

[166] 许强，毕润成，张钦弟，等. 山西庞泉沟华北落叶松林林窗物种多样性动态变化[J]. 生态学杂志，2014，33（11）：2913-2920.

[167] 严岳鸿，何祖霞，苑虎，等. 坡向差异对广东古兜山自然保护区蕨类植物多样性的生态影响[J]. 生物多样性，2011，19（1）：41-47.

[168] 杨丹丽，喻阳华，钟欣平，等. 干热河谷石漠化区不同土地利用类型的土壤质量评价[J]. 西南农业学报，2018，31（6）：1234-1240.

[169] 杨佳佳，张向茹，马露莎，等. 黄土高原刺槐林不同组分生态化学计量关系研究[J]. 土壤学报，2014，51（1）：133-142.

[170] 杨期和，尹小娟，叶万辉，等. 顽拗型种子的生物学特性及种子顽拗性的进化[J]. 生态学杂志，2006，25（1）：79-86.

[171] 杨晓娟，王海燕，任丽娜，等. 我国森林土壤健康评价研究进展[J]. 土壤通报，2012，43（4）：972-978.

[172] 杨亚辉，吕渡，张晓萍，等. 不同人工造林树种及其配置方式对土壤理化性质影响分析[J]. 水土保持研究，2017，24（6）：238-242.

[173] 杨志晓，丁燕芳，张小全，等. 赤星病胁迫对不同抗性烟草品种光合作用和叶绿素荧光特性的影

响[J]. 生态学报，2015，35（12）：4146-4154.
[174] 姚建. 岷江上游生态脆弱性分析及评价[D]. 成都：四川大学，2004.
[175] 移小勇，赵哈林，崔建垣，等. 科尔沁沙地不同密度（小面积）樟子松人工林生长状况[J]. 生态学报，2006，26（4）：1200-1206.
[176] 银晓瑞，梁存柱，王立新，等. 内蒙古典型草原不同恢复演替阶段植物养分化学计量学[J]. 植物生态学报，2010，34（1）：39-47.
[177] 于晓霞，阮成江. 曼陀罗光合特性研究[J]. 植物资源与环境学报，2011，20（1）：40-45.
[178] 玉宝，王百田，乌吉斯古楞. 干旱半干旱区人工林密度调控技术研究现状及趋势[J]. 林业科学研究，2010，23（3）：472-477.
[179] 喻理飞，朱守谦，叶镜中，等. 退化喀斯特森林自然恢复过程中群落动态研究[J]. 林业科学，2002，38（1）：1-7.
[180] 喻理飞，朱守谦，叶镜中，等. 退化喀斯特森林自然恢复评价研究[J]. 林业科学，2000，36（6）：12-19.
[181] 袁宇美. 安徽省石灰岩山地森林群落特征及造林树种选择研究[D]. 合肥：安徽农业大学，2008.
[182] 曾冬萍，蒋利玲，曾从盛，等. 生态化学计量学特征及其应用研究进展[J]. 生态学报，2013，33（18）：5484-5492.
[183] 曾凡江，李向义，张希明，等. 新疆策勒绿洲外围四种多年生植物的水分生理特征[J]. 应用生态学报，2009，20（11）：2632-2638.
[184] 张国栋，金爱武，张四海. 毛竹林土壤养分对坡位和土层深度的响应[J]. 竹子研究汇刊，2014，33（4）：40-44.
[185] 张海燕，解备涛，段文学，等. 不同时期干旱胁迫对甘薯光合效率和耗水特性的影响[J]. 应用生态学报，2018，29（6）：1943-1850.
[186] 张继平，张林波，王风玉，等. 井冈山国家级自然保护区森林土壤养分含量的空间变化[J]. 土壤，2014，46（2）：262-268.
[187] 张继义，赵哈林. 植被（植物群落）稳定性研究评述[J]. 生态学杂志，2003，22（4）：42-48.
[188] 张家荣，刘建林. 丹江流域生态修复中植物的生态配置[J]. 安徽农业科学，2015，43（11）：213-215.
[189] 张建军，毕华兴，魏天兴. 晋西黄土区不同密度林分的水土保持作用研究[J]. 北京林业大学学报，2002，24（3）：50-53.
[190] 张建军，贺维，纳磊. 黄土区刺槐和油松水土保持林合理密度的研究[J]. 中国水土保持科学，2007，5（2）：55-59.
[191] 张杰，李敏，敖子强，等. 基于 CNKI 的植物功能性状研究进展文献计量分析[J]. 江西科学，2018，36（2）：314-318.
[192] 张晶，濮励杰，朱明，等. 如东县不同年限滩涂围垦区土壤 pH 与养分相关性研究[J]. 长江流域资源与环境，2014，23（2）：225-230.

[193] 张连金，赖光辉，孔颖，等. 基于因子分析法的北京九龙山土壤质量评价[J]. 西北林学院学报，2016，31（3）：7-14.

[194] 张林，罗天祥. 植物叶寿命及其相关叶性状的生态学研究进展[J].植物生态学报，2004，28（6）：844-852.

[195] 张玲玲，苏印泉，何德飞. 杜仲不同栽培模式的光合、水分生理及负离子效应对比[J]. 中南林业科技大学学报，2012，32（10）：24-28.

[196] 张明，刘福德，王中生，等. 热带山地雨林演替早期先锋树种与非先锋树种叶片特征的差异[J]. 南京林业大学学报（自然科学版），2008，32（4）：28-32.

[197] 张巧明，王得祥，龚明贵，等. 秦岭火地塘林区不同海拔森林土壤理化性质[J]. 水土保持学报，2011，25（5）：69-73.

[198] 张仁和，郑友军，马国胜，等. 干旱胁迫对玉米苗期叶片光合作用和保护酶的影响[J]. 生态学报，2011，31（5）：1303-1311.

[199] 张世挺，杜国祯，陈家宽. 种子大小变异的进化生态学研究现状与展望[J]. 生态学报，2003，23（2）：353-364.

[200] 张喜. 贵州喀斯特山地坡耕地立地影响因素及分区[J]. 南京林业大学学报（自然科学版），2003，27（6）：98-102.

[201] 张贤泽，马占峰，赵淑文，等. 大豆不同品种光合速率与产量关系的研究[J]. 作物学报，1986，12（1）：43-48.

[202] 张象君，王庆成，郝龙飞，等. 长白落叶松人工林林隙间伐对林下更新及植物多样性的影响[J]. 林业科学，2011，47（8）：7-13.

[203] 张小全，吴可红. 森林细根生产和周转研究[J]. 林业科学，2001，37（3）：126-138.

[204] 张旭东，王智威，韩清芳，等. 玉米早期根系构型及其生理特性对土壤水分的响应[J]. 生态学报，2016，36（10）：2969-2977.

[205] 张一平，刘玉洪，马友鑫. 西双版纳干季晴天次生林林窗气温时空分布特征[J]. 生态学报，2001，21（2）：211-215.

[206] 张一平，王进欣，刘玉洪，等. 西双版纳雾凉季次生林林窗光照特征初步分析[J]. 热带气象学报，2000，16（4）：374-379.

[207] 张一平，王进欣，马友鑫，等. 西双版纳热带次生林林窗近地层温度时空分布特征[J]. 林业科学，2002，38（6）：1-5.

[208] 张引，黄永梅，周长亮，等. 冀北山地 5 个海拔梯度油松林枯落物与土壤水源涵养功能研究[J]. 水土保持研究，2019，26（2）：126-131.

[209] 张永涛，杨吉华. 黄土高原降水资源环境容量下侧柏合理密度的研究. 水土保持学报，2003，17（2）：156-162.

[210] 张勇，李土生，潘江灵，等. 连云港市云台山宜林荒山立地质量分类及评价[J]. 水土保持通报，

2014，34（3）：171-177.

[211] 张雨鉴，宋娅丽，王克勤. 滇中亚高山森林乔木层各器官生态化学计量特征[J]. 生态学杂志，2019，38（6）：1669-1678.

[212] 张玉，韩清芳，成雪峰，等. 关中灌区沟垄集雨种植补灌对冬小麦光合特征、产量及水分利用效率的影响[J]. 应用生态学报，2015，26（5）：1382-1390.

[213] 张忠华，胡刚，祝介东，等. 喀斯特森林土壤养分的空间异质性及其对树种分布的影响[J]. 植物生态学报，2011，35（10）：1038-1049.

[214] 赵新风，徐海量，张鹏，等. 养分与水分添加对荒漠草地植物钠猪毛菜功能性状的影响[J]. 植物生态学报，2014，38（2）：134-146.

[215] 赵振亚，姬宝霖，宋小园，等. 基于层次分析和模糊数学法的公乌素土壤质量评价[J]. 干旱区研究，2014，31（6）：1010-1016.

[216] 郑敏娜，梁秀芝，李荫藩，等. 晋北盐碱区不同种植年限人工紫花苜蓿草地土壤质量的评价[J]. 草地学报，2017，25（4）：888-892.

[217] 郑淑霞，上官周平. 不同功能型植物光合特性及其与叶氮含量、比叶重的关系[J]. 生态学报，2007，27（1）：171-181.

[218] 郑伟，朱进忠，潘存德. 放牧干扰对喀纳斯草地植物功能群及群落结构的影响[J]. 中国草地学报，2010，32（1）：92-98.

[219] 郑征，李佑荣，刘宏，等. 西双版纳不同海拔热带雨林凋落量变化研究[J]. 植物生态学报，2005，29（6）：884-893.

[220] 周刚. 湖南省水土保持林树种选择及配置模式研究[D]. 北京：北京林业大学，2008.

[221] 朱金雷，刘志民. 种子传播生物学主要术语和概念[J]. 生态学杂志，2012，31（9）：2397-2403.

[222] 朱军涛，李向义，张希明，等. 昆仑山北坡不同海拔塔里木沙拐枣的光合生理生态特性[J]. 生态学报，2011，31（3）：611-619.

[223] 朱宁华，谭晓风. 撒哈拉沙漠蔓延区生态恢复先锋树种选择试验[J]. 中南林业科技大学学报，2008，28（6）：66-70.

[224] Aerts R，Chapin Ⅲ F S. The mineral nutrition of wild plants revisited：a re-evaluation of processes and patterns[J]. Advances in Ecological Research，1999，30（1）：1-67.

[225] Alain C，Gérald D，Stéphane D. Effects of wastewater sludge and woodchip combinations on soil properties and growth of planted hardwood trees and willows on a restored site[J]. Ecological Engineering，2001，16：471-485.

[226] Alexandra D P，Nikolaos M F，Antonios D M，et al. Grazing effects on plant functional group diversity in Mediterranean shrublands[J]. Biodiversity and Conservation，2011，20（12）：2831-2843.

[227] Aloys H，Lawrence J B O，Hillary A. Application of superabsorbent polymers for improving the ecological chemistry of degraded or polluted lands[J]. CLEAN-Soil Air Water，2009，37（7）：517-526.

[228] Baskin J M，Baskin C C. A classification system of seed dormancy[J]. Seed Science Research，2004，14（1）：1-16.

[229] Benjamin D D，Joseph C B，Paul D，et al. CO_2 effects on plant nutrient concentration depend on plant functional group and available nitrogen：a meta-analysis[J]. Plant Ecology，2012，213：505-521.

[230] Bermejo L A，Nascimento L D，Mata J，et al. Responses of plant functional groups in grazed and abandoned areas of a Natural Protected Area[J]. Basic and Applied Ecology，2012，13（4）：312-318.

[231] Blondel J. Guilds or functional groups：does it matters？[J]. Oikos，2003，100（2）：223-231.

[232] Canham C D. Different response to gaps among shade–tolerant tree species[J]. Ecology，1989，70（3）：548-550.

[233] Cao S X，Tian T，Chen L，et al. Damage caused to the environment by reforestation policies in arid and semi-arid areas of China[J]. Ambio，2010，39：279-283.

[234] Carolina U，Carlos M. Identifying the impacts of chronic anthropogenic disturbance on two threatened cacti to provide guidelines for population-dynamics restoration[J]. Biological Conservation，2009，142（10）：1992-2001.

[235] Carolyn B M，Jennie R M，Roy T. Soil microbial communities resistant to changes in plant functional group composition[J]. Soil Biology and Biochemistry，2011，43（1）：78-85.

[236] Chave J，Coomes D，Jansen S，et al. Towards a worldwide wood economics，spectrum[J]. Ecology Letters，2009，12（4）：351-366.

[237] Chazdon R L，Pearcy R W. The importance of sun flecks for forest understory plants[J]. BioScience，1991，41（11）：760-766.

[238] Christine R R，Margot W K. Experimental warming alters spring phenology of certain plant functional groups in an early successional forest community[J]. Global Change Biology，2012，18（3）：1108-1116.

[239] Cleveland C C，Liptzin D. C：N：P stoichiometry in soil：is there a "Redfield ratio" for the microbial biomass?[J]. Biogeochemistry，2007，85（3）：235-252.

[240] Comas L H，Eissenstat D M. Linking fine root traits to maximum potential growth rate among 11 mature temperate tree species[J]. Functional Ecology，2004，18（3）：388-397.

[241] Cornelissen J H C，Lavorel S，Gamier E，et al. A handbook of protocols for standardized and easy measurement of plant functional traits worldwide[J]. Australian Journal of Botany，2003，51：335-380.

[242] Cummins K W. Structure and function of stream ecosystems[J]. BioScience，1974，24（11）：631-641.

[243] Duarte C M，Sand J K，Nielsen S L，et al. Comparative functional plant ecology：rational and potentials[J]. Trends in Ecology & Evolution，1995，10（10）：418-421.

[244] Eissenstat D M. On the relationship between specific root length and the rate of root proliferation：a field study using citrus rootstocks[J]. New Phytologist，1991，118（1）：63-68.

[245] Elser J J，Dobberfuhl D R，Mackay N A，et al. Organism size，life history，and N：P stoichiometry

toward a unified view of cellular and ecosystem processes[J]. BioScience，1996，46（9）：674-684.

[246] Elser J J, Fagan W F, Denno R F, et al. Nutritional constraints in terrestrial and freshwater food webs[J]. Nature，2000，408（6812）：578-580.

[247] Elser J J，Sterner R W，Gorokhova E，et al. Biological stoichiometry from genes to ecosystems[J]. Ecology Letters，2000，3（6）：540-550.

[248] Enquist B J，Brown J H，West G B. Allometric scaling of plant energetics and population density[J]. Nature，1998，395：163-165.

[249] Evans J R. Photosynthesis and nitrogen relationships in leaves of C_3 plants[J]. Oecologia, 1989, 78(1)：9-19.

[250] Farquhar G D, O' Leary M H, Berry J A. On the relationship between carbon isotope discrimination and the intercellular carbon dioxide concentration in leaves[J]. Plant Physiol，1982，9：121-137.

[251] Finkelstein R，Reeves W，Ariizumi T，et al. Molecular aspects of seed dormancy[J]. Annual Review of Plant Biology，2008，59（1）：387-415.

[252] Fonseca C R，Ganada G. Species functional redundancy，random extinctions and the stability of ecosystems[J]. Journal of Ecology，2001，89（1）：118-125.

[253] Gelder H A V, Poorter L, Sterck F J. Wood mechanics, allometry, and life-history variation in a tropical rain forest tree community[J]. New Phytologist，2006，171（2）：367-378.

[254] Girmay G，Singh B R，Mitiku H，et al. Carbon stocks in ethiopian soils in relation to land use and soil management[J]. Land Degradation and Development，2008，19（4）：351-367.

[255] Gitay H，Nobel I R. What are functional types and how should we seek them？ In：Plant Functional Types：Their Relevance Ecosystem Properties and Global Change[M]. Cambridge：Cambridge University Press，1997.

[256] Gower S T，Reich P B，Son Y. Canopy dynamics and aboveground production of five tree species with different leaf longevities[J]. Tree Physiology，1993，12（4）：327-345.

[257] Gross K L. Effects of seed size and growth form on seedling establishment of six monocarpic perennial plants[J]. Journal of Ecology，1984，72（2）：369-387.

[258] Günter S, Gonzalez P, Álvarez G, et al. Determinants for successful reforestation of abandoned pastures in the Andes: Soil conditions and vegetation cover[J]. Forest Ecology and Management, 2009, 258(2)：81-91.

[259] Güsewell S，Bollens U. Composition of plant species mixtures grown at various N：P ratios and levels of nutrient supply[J]. Basic and Applied Ecology，2003，4（5）：453-466.

[260] Haig D. Seed size and adaptation[J]. Trends in Ecology and Evolution，1989，4（5）：145.

[261] Han W X，Fang J Y，Guo D L，et al. Leaf nitrogen and phosphorus stoichiometry across 753 terrestrial plant species in China[J]. New Phytologist，2005，168（2）：377-385.

[262] He J S，Fang J Y，Wang Z H，et al. Stoichiometry and large-scale patterns of leaf carbon and nitrogen in the grassland biomes of China[J]. Oecologia，2006，149（1）：115-122.

[263] He J S，Wang L，Flynn D F B，et al. Leaf nitrogen：phosphorus stoichiometry across Chinese grassland biomes[J]. Oecologia，2008，155（2）：301-310.

[264] Hikosaka K，Hanba Y T，Terashima T H. Photosynthetic nitrogen-use efficiency in leaves of woody and herbaceous species[J]. Functional Ecology，1998，12（6）：896-905.

[265] Hodgson J G，Wilson P J. Hunt R，et al. Allocating C-S-R plant functional types：a soft approach to a hard problem[J]. Oikos，1999，85（2）：282-294.

[266] Hussain I，Olson K R，Wander M M，et al. Adaptation of soil quality indices and application to three tillage systems in southern Illinois[J]. Soil and Tillage Research，1999，50（3-4）：237-249.

[267] J. Luis H，Juan M D，Fernando T，et al. Influence of landscape structure and stand age on species density and biomass of a tropical dry forest across spatial scales[J]. Landscape Ecology，2011，26（3）：355-370.

[268] Jennie R M，Roy T. Biomass compensation and plant responses to 7 years of plant functional group removals[J]. Journal of Vegetation Science，2011，22（3）：503-515.

[269] John A A，Richard L J，Annmarie J L，et al. A climatically extreme year has large impacts on C_4 species in tallgrass prairie ecosystems but only minor effects on species richness and other plant functional groups[J]. Journal of Ecology，2011，99（3）：678-688.

[270] Juliane D，Christine R，Markus B R，et al. Adaptation of plant functional group composition to management changes in calcareous grassland[J]. Agriculture，Ecosystems and Environment，2011，145（1）：29-37.

[271] Kambiz A V，Hamid J，Mohammad R P，et al. Effect of canopy gap size and ecological factors on species diversity and beech seedlings in managed beech stands in Hyrcanian forests[J]. Journal of Forestry Research，2012，23（2）：217-222.

[272] Katharine M B，Thomas D L. Canopy gaps facilitate establishment，growth，and reproduction of invasive Frangula alnus in a Tsuga canadensis dominated forest[J]. Biological Invasions，2010，12（6）：1509-1520.

[273] Kennedy A C，Smith K L. Soil microbial diversity and the sustainability of agricultural soils[J]. Plant and Soil，1995，170（1）：75-86.

[274] King D A，Davies S J，Supardi M N N，et al. Tree growth is related to light interception and wood density in two mixed dipterocarp forests of Malaysia[J]. Functional Ecology，2005，19（3）：445-453.

[275] King D A，Davies S J，Tan S，et al. The role of wood density and stem support costs in the growth and mortality of tropical trees[J]. Journal of Ecology，2006，94（3）：670-680.

[276] Klaus S L，Anders M，Sven J，et al. nitrogen uptake during fall，winter and spring differs among plant

functional groups in a subarctic heath ecosystem[J]. Ecosystems，2012，15（6）：927-939.

[277] Kleiman D，Aarssen L W. The leaf size/number trade-off in trees[J]. Journal of Ecology，2007，95（2）：376-382.

[278] Koerselman W，Meuleman A F M. The vegetation N：P ratio：a new tool to detect the nature of nutrient limitation[J]. Journal of Applied Ecology，1996，33（6）：1441-1450.

[279] Kong D L，Wu H F，Zeng W H. Plant functional group removal alters root biomass and nutrient cycling in a typical steppe in Inner Mongolia，China[J]. Plant and Soil，2011，346（1）：133-144.

[280] Lavorel G. Predicting changes in community composition and ecosystem functioning from plant traits：Revisiting the Holy Grail[J]. Functional Ecology，2002，16（5）：545-556.

[281] Lei C L，Ju C Y，Cai T J，et al. Estimating canopy closure density and above-ground tree biomass using partial least square methods in Chinese boreal forests[J]. Journal of Forestry Research，2012，23（2）：191-196.

[282] Levitt J. Responses of plant to environmental stress[M]. New York：Academic Press，1972.

[283] Lin H S，Wheeler D，Bell J，et al. Assessment of soils spatial variability at multiple scales[J]. Ecological Modelling，2005，182（3-4）：271-290.

[284] Marzaioli R，D'Ascoli R，DePascale R A，et al. Soil quality in a mediterranean area of southern Italy as related to different land use types[J]. Applied Soil Ecology，2010，44（3）：205-212.

[285] Matzek V，Vitousek P M. N：P stoichiometry and protein：RNA ratios in vascular plants：an evaluation of the growth-rate hypothesis[J]. Ecology Letters，2009，12（8）：765-771.

[286] McGroddy M E，Daufresne T，Hedin L O. Scaling of C：N：P stoichiometry in forests worldwide：implications of terrestrial Redfield-type ratios[J]. Ecology，2004，85（9）：2390-2401.

[287] Meghann E J，Matt L，Vertika R，et al. Functional group and fertilization affect the composition and bioenergy yields of prairie plants[J]. GCB Bioenergy，2012，4（6）：671-679.

[288] Michelle T C. Using water plant functional groups to investigate environmental water requirements[J]. Freshwater Biology，2011，56（12）：2637-2652.

[289] Missaoui1A M，Fasoula V A，Bouton J H. The effect of low plant density on response to selection for biomass production in switchgrass[J]. Euphytica，2005，142（1）：1-12.

[290] Mohammad F，Naseem U. Effect of K application on leaf carbonic anhydrase and nitrate reductase activities，photosynthetic characteristics，NPK and NO_3 contents，growth，and yield of mustard [J]. Photosynthetica，2006，44（3）：471-473.

[291] Muraoka H，Noda H，Vchida M，et al. Photosynthetic characteristics and biomass distribution of the dominant vascular plant species in a high Arctic tundra ecosystem，Ny-Alesund，Svalbard：implications for their role in ecosystem carbon gain[J]. Plant Research，2008，121（2）：137-145.

[292] Nico E，Alexander C W S，Stefan S. Collembola species composition and diversity effects on ecosystem

functioning vary with plant functional group identity[J]. Soil Biology and Biochemistry，2011，43（8）：1697-1704.

[293] Noble I R，Gitay H. A functional classification for predicting the dynamics of landscapes[J]. Journal of Vegetation Science，1996，7（3）：329-336.

[294] Onipchenko V G，Makarov M I，Akhmetzhanova A A，et al. Alpine plant functional group responses to fertiliser addition depend on abiotic regime and community composition[J]. Plant and Soil，2012，357（1-2）：103-115.

[295] Ouyang W，Xu Y，Hao F，et al. Effect of long-term agricultural cultivation and land use conversion on soil nutrient contents in the Sanjiang Plain[J]. Catena，2013，104：243-250.

[296] Pablo G P，Fernando T M，Antonio G. Soil nutrient heterogeneity modulates ecosystem responses to changes in the identity and richness of plant functional groups[J]. Journal of Ecology，2011，99：551-562.

[297] Reich P B，Oleksyn J. Global patterns of plant leaf N and P in relation to temperature and latitude[J]. Proceedings of the National Academy of Sciences，2004，101（30）：11001-11006.

[298] Ren S J，Yu G R，Tao B，et al. Leaf nitrogen and phosphorus stoichiometry across 654 terrestrial plant species in NSTEC[J]. Environmental Science，2007，28（12）：2665-2673.

[299] Robin L C. Beyond deforestation：restoring forests and ecosystem services on degraded lands[J]. Science，2008，320（5882）：1458-1460.

[300] Schindler D W. Balancing planets and molecules[J]. Nature，2003，423（6937）：225-226.

[301] Slik J W F，KeBler P J A，Welzen P C V. Macaranga and Mallotus species as indicators for disturbance in the mixed lowland dipterocarp forest of East Kalimantan[J]. Ecological Indicators，2003，2：311-324.

[302] Sterner R W，Elser J J. Ecological Stoichiometry：The Biology of Elements from Molecules to the Biosphere[M]. Princeton：Princeton University Press，2002.

[303] Steven G W. Restoration of damaged natural habitats [M]. Cambridge：Cambridge University Press，1999.

[304] Sun C X，Qi H，Hao J J，et al. Single leaves photosynthetic characteristics of two insect-resistant transgenic cotton（*Gossypium hirsutum L.*）varieties in response to light[J]. Photosynthetica，2009，47（3）：399-408.

[305] Teresa D，Domingos N，Maria A M L，et al. Patterns of nitrate reductase activity vary according to the plant functional group in a Mediterranean maquis[J]. Plant and Soil，2011，347：363-376.

[306] Thompson K. Seeds and seed banks[J]. New Phytologist，1987，106（1）：23-34.

[307] Tian H Q，Chen G S，Zhang C，et al. Pattern and variation of C∶N∶P ratios in China's soils：a synthesis of observational data[J]. Biogeochemistry，2010，98（1/3）：139-151.

[308] Tomoyo K，Yoshinobu K，Shori Y，et al. Grassland plant functional groups exhibit distinct time-lags in response to historical landscape change[J]. Plant Ecology，2012，213（2）：327-338.

[309] Vargas R S，Gärtner M A，Alvarez M，et al. Does restoration help the conservation of the threatened

forest of Robinson Crusoe Island? The impact of forest gap attributes on endemic plant species richness and exotic invasions[J]. Biodiversity and Conservation, 2013, 22 (6-7): 1283-1300.

[310] Vile D, Garnier S E. A structural equation model to integrate changes in functional strategies during old-field succession[J]. Ecology, 2006, 87 (2): 504-517.

[311] Vogt K A, Vogt D J, Palmiotto P A, et al. Review of root dynamics in forest ecosystems grouped by climate, climatic forest type and species[J]. Plant and Soil, 1995, 187 (2): 159-219.

[312] Wang H, Wang F L, Wang G, et al. The responses of photosynthetic capacity, chlorophyll fluorescence and chlorophyll content of nectarine (*Prunus persica var. Nectarina Maxim*) to greenhouse and field grown conditions[J]. Scientia Horticulturae, 2007, 112 (1): 66-72.

[313] Wang J Y, Wang S Q, Li R L, et al. C : N : P stoichiometric characteristics of four forest types' dominant tree species in China[J]. Chinese Journal of Plant Ecology, 2011a, 35 (6): 587-595.

[314] Wang L, Wang D L, Liu J S, et al. Diet selection variation of a large herbivore in a feeding experiment with increasing species numbers and different plant functional group combinations[J]. Acta Oecologica, 2011b, 37 (3): 263-268.

[315] Wilson P J, Thompson K, Hodgson J G. Specific leaf area and leaf dry matter content as alternative predictors of plant strategies[J]. New Phytologist, 1999, 143 (1): 155-162.

[316] Xu G Q, Li Y. Rooting depth and leaf hydraulic conductance in the xeric tree Haloxyolon ammodendron growing at sites of contrasting soil texture[J]. Functional Plant Biology, 2008, 35 (12): 1234-1242.

[317] Yao R J, Yang J S, Gao P, et al. Determining minimum data set for soil quality assessment of typical salt-affected farmland in the coastal reclamation area[J]. Soil and Tillage Research, 2013, 128: 137-148.

[318] Yoda K, Kira T, Ogawa H, et al. Self-thinning in overcrowded pure stands under cultivated and natural conditions[J]. Journal of Biology, 1963, 14: 107-129.

[319] Zeng D H, Chen G S. Ecological stoichiometry: a science to explore the complexity of living systems[J]. Acta Phytoecologica Sinica, 2005, 29 (6): 1007-1019.

[320] Zhang L X, Bai Y F, Han X G. Differential responses of N : P stoichiometry of Leymus chinensis and Carex korshinskyi to N additions in a steppe ecosystem in Nei Mongol[J]. Acta Botanica Sinica, 2004, 46 (3): 259-270.

[321] Zhang W P, Xin J, Morris E C, et al. Stem, branch and leaf biomass-density relationships in forest communities[J]. Ecological Research, 2012, 27 (4): 819-825.

[322] Zhao Z G, Du G Z, Zhou X H, et al. Variations with altitude in reproductive traits and resource allocation of three Tibetan species of Ranunculaceae[J]. Australian Journal of Botany, 2006, 54 (7): 691-700.

[323] Zheng J, Martinez-Cabrera H I. Wood anatomical correlates with theoretical conductivity and wood density across China: evolutionary evidence of the functional differentiation of axial and radial parenchyma[J]. Annals of Botany, 2013, 112 (5): 927-935.

第 2 章　植物群落结构

植物是区域生态环境的综合反映，其群落结构可在一定程度上表征植物与环境的适应关系，受地理差异、环境因子（地质、地貌、气候、土壤）以及人为因素等的综合影响，在时间和空间上形成了有规律的分布格局（何斌等，2019）。充分了解植物资源的数量与类型，对高效利用、合理保护植物资源具有现实意义。探讨植物群落结构特征是进行植被恢复的主要途径之一，因此，开展喀斯特区域的植物资源调查，分析其组成特征，可为喀斯特区域的植被恢复与生物多样性保护提供参考资料。

本研究区位于赤水河上游，属南方亚热带区域的川黔湘鄂山地丘陵立地区的西部立地亚区。由于地处云贵高原与四川盆地的接壤地带，地形切割剧烈，山高谷深，形成了低海拔河谷类型（王登富和张朝晖，2013），且属于亚热带湿润季风气候，年平均气温约为 15℃，日照时间较长，无霜期为 340 d 左右，年均降雨 1 000 mm 以上，土壤以石灰土、黄壤、紫色土等为主（肖卫平等，2012）。该地区森林曾遭受大面积砍伐与破坏，致使形成次生植被，现有植被类型包括常绿阔叶林、暖性针叶林、常绿落叶阔叶混交林、落叶阔叶林（喻阳华等，2016）、次生乔灌林、灌木灌丛林及灌草群落等，以丝栗栲（*Castanopsis fargesii*）、清香木（*Pistacia weinmannifolia*）、华西小石积（*Osteomeles schwerinae*）、柏木（*Cupressus funebris*）、金佛山荚蒾（*Viburnum chinshanense*）、黄荆（*Vitex negundo*）、蔷薇（*Rosa* spp.）和悬钩子（*Rubus* spp.）等植物为主要优势树种，形成了典型的阔叶植被（严令斌等，2015）。

2.1　植物资源特征

植物是食物链中的初级生产者，为生物提供物质和能量，维持着生态系统平衡，并为人类提供生产与药食等原料，是保障人类生存发展的物质基础。植物资源的类型多种多样，按其本身的特征、用途、功能等进行分类，对区系内植物资源的发掘、整理、保护等有着重要的意义（赵宏渊等，2018）。目前，诸多学者开展了我国不同地区植物资源的调查及研究。胡楠等（2008）根据海拔变化，将伏牛山自然保护区森林乔木层的优势树种划分为 4 个植物功能型，表明功能型归类与生态位关系密切。杨荣和等（2010）以贵州喀斯特地貌木本观赏植物的生长环境和主要观赏特性为指标进行了分类，其观赏特性分为林木类、花木类、果木类、叶木类、荫木类和蔓木类 6 类。王涛等（2018）对介休汾河国家湿地公园植物按其资源利用途径分为材用植物、药用植物、油脂植物、观赏植物、食用植物、有毒植物、蜜源植物、纤维植物和饲用植物 9 类，其中药用植物最多，共 114 种。钱长江等（2014）调查研究发现贵阳市野生兰科观赏种植物共 31 种，分别为附生型 14 种，地生型 15 种和其他型 2 种。郑涛等（2018）将贵州锦屏野生蜜源植物根据花蜜、花粉的含量和利用价值分为主要蜜源植物、辅助蜜源植物和有毒蜜源植物，其中辅助蜜源类最多，达 91 种；又根据其生活类型分为乔木类、灌木类、草本类和藤本类，乔木类较多，共 59 种。研究结果发现植物多样性丰富，且植物存在特有现象和丰富的遗传多样性等，并集成了生态保护和开发利用策略，但对于各类植物的特征分类不够充分，皆以植物的某一特征进行分类阐述，导致很多其他特征的植物资源未被发现或开发利用的程度较低。

该区域地质、气候、地形和地貌条件复杂，植物资源丰富，以天然次生林为主，但植物多样性与森林群落结果呈现退化趋势。因此，研究其植物资源和功能多样性，对生态修复及其水源地生态和生产环境具有重要意义（肖卫平等，2012）。严令斌等（2015）对赤水河清香木植物资源进行研究，将其按不同的生活型归类，分别为矮高位芽植物 27 种，小高位芽植物 14 种，中高位芽植物 3 种，但赤水河的清香木丰富度并不高，群落层次结构简单。王登富和张朝晖（2013）研究了赤水河上游森林植被中苔藓的物种多样性，研究发现，苔藓按其生活型共分为 3 类，分别为交织型、矮丛集型和平铺型，交织型苔藓植物占极大的优势。宗秀虹等（2016）对赤水桫椤国家级自然保护区的桫椤群落植物的生活型进行分类，表明高位芽植物最多（70 种）。目前，学者们对赤水河植物的研究多集中于对植物的某一特征进行资源的分类，但对赤水河上游流域内整个植物资源体系分类较少。基于赤水河上游植物体系的分类研究鲜见报道，本研究以赤水河上游为研究对象，对植物的生活型、生长型、资源利用途径、生长习性等植物资源特征进行分类研究，旨在为生态保护及可持续发展提供参考资料和科学依据。

2.1.1 研究方法

（1）样地设置与调查方法

为了全面反映赤水河上游植物资源特征及其分类，在对研究区大范围详细踏查的基础上，根据植物群落类型与分布，采用典型样地法取样，于研究区内设置 35 个 20 m×20 m 的样地，样地间距大于 100 m，在物种丰富的地段增设样地，采样过程中避开人为干扰严重的斑块，选取无干扰或极轻微干扰的群落进行调查取样。

采用相邻格子法进行预测，样地内，灌木样方大小为 10 m×10 m，草本样方为 1 m×1 m，在乔木样地内设置 4 个灌木样方和 4 个草本样方，在灌木样地内设置 4 个草本样方。样方调查的内容包括：乔木名称、胸径、树高、冠幅、枝下高、存活状态和生境，灌木名称、树高、地径、生境，草本名称、个体数、平均高度、盖度、生境，蕨类和藤本的生境等，同时测定样地经度、纬度、海拔、坡位、坡向和坡度等环境因子。对于现场不能准确识别的植物，采集标本带回实验室进行鉴定。规定树高小于2 m的植物作为灌木调查。

（2）数据分析与处理方法

综合野外调查数据，记录植物生境，统计其科、属、种的数量和比例，统计长江流域重要支流赤水河上游的植物物种名录，根据吴征镒和李锡文对植物类型分类的方法，将植物分为门、亚门、纲、科、属、种6个等级，同时根据植物的功能性状、生境等特征，进行植物资源特征的分类，分类方法包括：依据植物的生长型划分为乔木、灌木、草本、蕨类、藤本，依据生活型分为一年生草本植物、多年生草本植物、草质藤本、木质藤本、常绿灌木、落叶灌木、常绿乔木和落叶乔木，依据植物的生态习性分为喜光性和耐阴性，植物花果期分为夏秋季、夏季、秋季等，依据植物资源的利用途径分为药用植物、观赏植物、食用植物、经济植物等。这些植物特征属性可以表现出植物的功能多样性，也可以说明植物个体的生产力、资源的利用以及生态的保护（张淼淼等，2016）。

通过参阅《中国植物志》和《贵州植物志》等资料和文献进行植物物种的识别鉴定，运用Origin 2018软件对样地的数据进行排序制图。

2.1.2 植物的物种组成

据调查统计结果显示，长江流域重要支流赤水河上游调查的35个样地群落中植物有禾本科（Poaceae）、蔷薇科（Rosaceae）、杜鹃花科（Ericaceae）、壳斗科（Fagaceae）、百合科（Liliaceae）等79科，珍珠菜属（Lysimachia）、薹草属（*Carex Linn*）、杜鹃属（*Rhododendron*）、悬钩子属（*Rubus*）、杨属（*Populus*）等180属，共计257种物种。其中隶属于乔木的有27科52属66种，尤以壳斗科（Fagaceae）较多，共9种；灌木有26科41属65种，以蔷薇科（Rosaceae）植物较多，共计18种；草本在研究区内较多，共30科71属95种，主要是菊科（Compositae）和禾本科（Poaceae），分别达20种和14种；蕨类植物有12科15属18种，藤本植物有8科9属11种，结果表明研究区内植物主要以高位芽植物为主，反映了该地区仍以森林植被为主的特征（见图2-1）。

研究区地理环境复杂、气候条件多变，为该区植物物种多样性提供了有利的条件。该区内植物物种多样，乔木和灌木植物分布较均匀，以草本植物居多，尤以多年生草本占优势。由于草本植物较多，表明该区内植物处于由蕨类→草本→灌木→乔木正向演替的过程，且由草本阶段向灌木阶段快速演替。随着群落演替的进展，群落种类组成将逐渐趋于完善和稳定（陈胜群等，2019）。调查发现研究区内木本植物主要以落叶阔叶植物为主，而落叶植物与常绿植物的竞争分布是对土壤和气候的长期适应形成的（白坤栋等，2013）。在植物进化演替的过程中，植物叶片寿命短的通常有较高的光合氮利用效率（PNUE），加快植物生长代谢速度，而落叶植物比常绿植物有较高的 PNUE，具有更快的生长代谢速度，使其有利于在土壤肥沃的生长环境中获得竞争优势（Takashima et al.，2004；Wright et al.，2004；Wright et al.，2005）。而常绿植物则相反，其更利于在土壤贫瘠或者低温的生长环境中占据优势（Kikuzawa，1991；Givnish，2002）。落叶植物在具有较高 PNUE 的同时，其比叶重（SLW）较低（白坤栋等，2013）。而 SLW 与环境中的水分密切相关，且 SLW 与植物叶的含水量呈负相关关系，在气候干燥、土壤水分短缺的生长环境中植物的 SLW 较高，相对含水量较低（Baigorri et al.，1999）。而研究区处于低海拔河谷类型，气候复杂多变，处于亚热带湿润季风气候，四季分明，夏季高温多雨，冬季温和湿润，与常绿阔叶植物的适宜生长环境相反，因此，该生长环境中的落叶植物更占据优势。

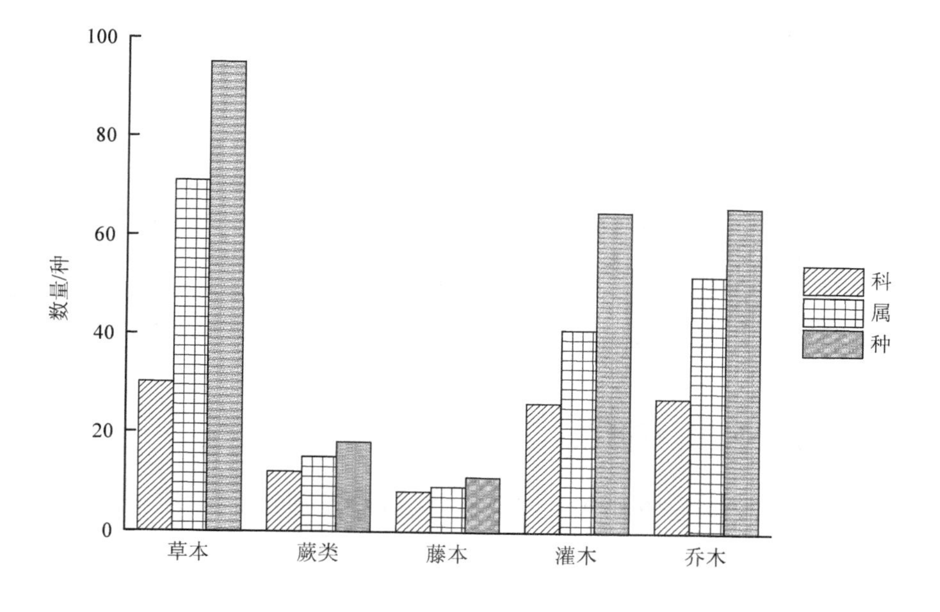

图 2-1　植物生长型分类

2.1.3　植物生长型

由表 2-1 可知，该区草本植物生活型为多年生和一年生草本，分别有 77 种和 18 种，依次占总数的 81.05%和 18.95%，表明该区水热和光照条件更适合多年生草本生长发育。藤本植物中，草质藤本 7 种，占总数的 63.64%，木质藤本 4 种，占总数的 36.36%，说明该区内适宜的生长环境，增强了植物的种间竞争能力，从而抑制了藤本植物的生长。灌木植物中，落叶灌木和常绿灌木分别为 34 种和 31 种，占总数的 52.31%和 47.69%，表明该区存在一定程度的水分亏缺，植物通过落叶方式适应水分环境。

表 2-1 植物生长型分类

植物生长型	植物生活型	种数	比例/%
草本	一年生草本	18	18.95
	多年生草本	77	81.05
藤本	草质藤本	7	63.64
	木质藤本	4	36.36
灌木	常绿灌木	31	47.69
	落叶灌木	34	52.31

从常绿针叶、常绿阔叶和落叶阔叶三类对乔木进行分类统计可知（见表 2-2），落叶阔叶植物最多，共 45 种，占总数的 68.18%，常绿阔叶次之，有 16 种，占总数的 24.24%，常绿针叶植物最少，仅有 5 种，占总数的 7.58%。以上说明，该区植物以落叶方式适应环境胁迫，且乔木植物处于向最后阶段演替的趋势。

表 2-2 植物生活型分类

植物生活型	种数	比例/%
常绿针叶植物	5	7.58
常绿阔叶植物	16	24.24
落叶阔叶植物	45	68.18

2.1.4 植物门、亚门、纲分类

研究区内以种子植物为优势种，达 237 种，孢子植物分布较少，仅为 20 种。草本分别为 94 种和 1 种，藤本分别为 10 种和 1 种，而乔木与灌木均为种子植物，分别为 68 种和 65 种，蕨类全为孢子植物，共 18 种。以上说明，该区高等植物明显多于低等植物，低等植物的数量较为鲜见，表明该区内植物正处于向顶极群落阶段演替的过程（见表 2-3）。

表 2-3 维管植物分类

植物生活型	孢子植物		种子植物	
	种数	比例/%	种数	比例/%
草本	1	5	94	39.66
蕨类	18	90	—	—
藤本	1	5	10	4.22
灌木	—	—	65	27.43
乔木	—	—	68	28.69

注：“—”表示不存在或为 0，下同。

由表 2-4 可知，237 种种子植物中，仅 6 种裸子植物，占总数的 2.53%，其余 231 种皆为被子植物，占总数的 97.47%，表明该区内植物处于向高级阶段演替的过程。被子植物中，单子叶植物 33 种，乔木、灌木、草本和藤本依次为 1 种、2 种、30 种和 0 种；双子叶植物 198 种，乔木、灌木、草本和藤本依次为 61 种、63 种、64 种和 10 种。以上结果说明，该区内植物以被子植物尤其是双子叶植物占优势，表明该区内植物朝着单子叶植物阶段快速演替进化。

表 2-4　维管植物分类

植物生活型	裸子植物		被子植物			
			单子叶植物		双子叶植物	
	种数	比例/%	种数	比例/%	种数	比例/%
草本	—	—	30	90.91	64	32.32
蕨类	—	—	—	—	—	—
藤本	—	—	—	—	10	5.05
灌木	—	—	2	6.06	63	31.82
乔木	6	100	1	3.03	61	30.81

2.1.5　植物花、果期

该区处于亚热带季风气候带，夏季高温多雨，植物花期、果期皆受气候的影响。草本植物的花期和果期主要以夏秋季为主，分别占总数的 36.84%和 44.21%；灌木植物花期主要在春季，占总数的 47.69%，果期大多位于秋季，占总数的 44.62%，花期和果期在冬季最少；乔木植物花期以春季居多，占总数的 69.70%，果期也多集中于秋季，占总数的 51.52%。据调查显示，花期在冬季的植物最少，仅 1 种；果期在春冬季最少，有 2 种，植物花期多集中于春季，共计 92 种，果期在秋季的植物最多，共计 84 种。以上说明，该区植物的花果期呈分散趋势，与该区夏季高温多雨，冬季温和湿润气候相吻合。

2.1.6　植物物种生活习性特征

依据植物的生活习性，将其分为喜光性和耐阴性植物，乔木分别为 50 种和 16 种，灌木分别为 9 种和 56 种，草本分别为 43 种和 52 种，藤本分别为 3 种和 8 种，蕨类分别为 8 种和 10 种（见图 2-2）。灌木耐阴多，表明该区植物处于快速演替状态。

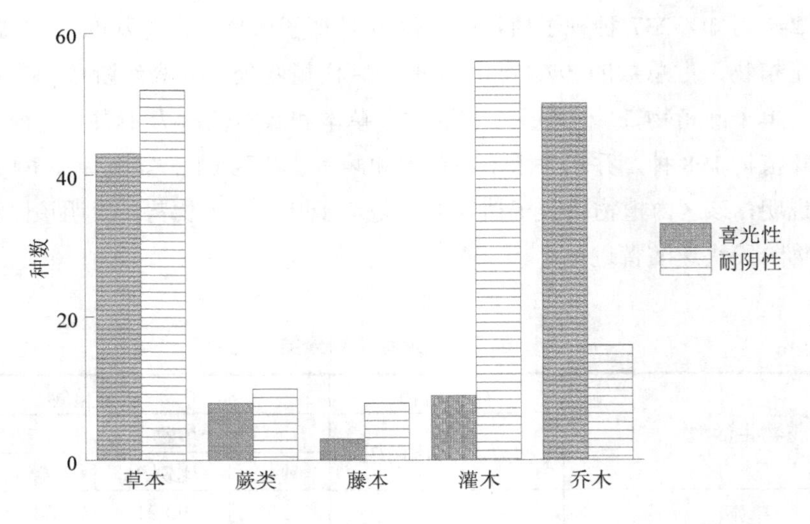

图 2-2 植物生活习性分类

2.1.7 植物资源利用途径

根据植物不同利用途径将该区植物分为药用植物、观赏植物、经济植物、营养植物、染料植物、抑菌植物等 16 种植物资源类型（见表 2-5）。其中药用价值植物最多，共 203 种，其次为经济植物，共 43 种，生态植物、抑菌植物、印泥植物和混交植物最少，皆为 1 种。大多数植物都具有较多的利用途径，其不同的部位，利用途径也存在不同，常见的艾蒿，既可药用、食用、饲用，又可作为染料、印泥，忍冬也既可药用，也存在观赏与经济价值等。赤水河上游的植物利用价值较高，利用途径颇多，资源丰富。

表 2-5 植物资源类型

资源类型	种数
药用植物	203
饲用植物	18
食用植物	34
园林植物	29
观赏植物	42
毒理植物	3
经济植物	43
绿化植物	9
工业植物	4
原料植物	10

资源类型	种数
营养植物	3
染料植物	2
印泥植物	1
抑菌植物	1
混交植物	1
生态植物	1

2.2　植物群落组成与多样性特征

生物多样性是生态学领域长期关注的科学问题，植物多样性是生态系统结构、功能与稳定性的基础（Levine and Hillerislambers，2009；Thibaut and Connolly，2013），物种多样性决定了生态系统的演替、动态及群落的区系、结构与遗传多样性（刘建荣，2018），植物群落是物种与群落受不同尺度气候、土壤、地形等诸多因子综合作用表现出的空间分布（沙威等，2016）。研究植物群落物种多样性与分布特征，有利于开展多样性保护工作（齐瑞等，2017）。物种的变化还影响植物功能性状和功能多样性，制约物种共存和群落构建，直接决定着生态系统功能（石明明等，2017）。因此，揭示植物群落多样性及其环境解释，对于生态系统的多样性保育和可持续经营具有重要作用。

Daniel 等（1992）提出了一种划分物种丰度数据的典范分析方法，为生物多样性分布格局研究提供了参考。黄先寒等（2017）研究了云南橡胶林下植物群落物种组成及其多样性特征，阐明不同地区橡胶林的物种组成存在一定程度的相似性。王国明和叶波（2017）研究了舟山群岛典型植物群落物种组成和多样性特征，揭示了植物的地理成分。徐远杰等（2010）研究了伊犁河谷山地的植物群落多样性分布格局，发现其受海拔为主的多种环境因子影响。植物组成与环境因子的关系已被广泛讨论（Francis and Currie，2003），成为生态学家感兴趣的科学问题。研究区是长江上游重要的生态保育区和生态屏障（安艳玲等，2014），在长江经济带建设中扮演着关键角色、有着重要地位，其植被状况对区域水源涵养等生态功能产生重要影响（喻阳华，李光容等，2015）。但是，关于研究区域植物多样性组成及分布格局的研究较为鲜见（于霞等，2015），限制了该区域生态系统保护和恢复的研究。加之传统的植物群落多样性研究都是以面状设置样地，采取线状方式设置样地有助于加深对生物多样性特征及其环境解释的理解。

基于此，本节以研究区域 35 个森林植物群落样地为研究对象，从种群和植物群落尺度入手，以期回答以下问题：①森林群落的主要植物物种组成特征如何？②在群落水平上，物种的多样性特征？③揭示群落类型分布与环境因子之间的相关关系。旨在为合理进行森林经营和保护提供新的思路与方法。

2.2.1 研究方法

（1）样地设置与调查方法

为全面反映流域内森林群落的物种多样性特征，在大范围踏查森林分布现状的基础上，在研究区上游典型地段共设置了 35 个 20 m×20 m 的典型样地，样地间距大于 100 m，物种特别丰富的地段增设样地。样地信息采集过程中避开受到人为干扰的斑块。样地内，灌木和草本的调查样方大小依次为 10 m×10 m 与 1 m×1 m。采用样方调查法，调查内容包括：乔木名称、胸径、树高、冠幅、枝下高和存活状态，灌木名称、树高、地径，草本名称、个体数、平均高度、盖度和多度等级。树高小于 2 m 或胸径小于 2.5 cm 的乔木，作为灌木调查。同时，测定样地的海拔、经度、纬度、坡度、坡向和坡位等环境因子。

（2）数据处理与分析方法

1）非数值指标赋值

对坡位、坡向等非数值指标进行编码（宋同清等，2010），坡位赋值为 1 下坡、2 中坡、3 中上坡、4 上坡，坡向赋值为 0 全向、1 北坡、2 东北坡、3 西北坡、4 东坡、5 西坡、6 东南坡、7 西南坡、8 南坡。

2）多样性指数计算

测定区域生境内的多样性时，常以群落内物种数及相对多度为基础，来表征生境内物种间长期竞争而形成的多种共存关系（刘文亭等，2017）。以各样地内乔、灌、草各层中的植被物种及其个体数为基础，采用 Shannon-Wiener 指数（H）、Margelef 丰富度指数（R_1）、Pielou 均匀度指数（E）和 Simpson 多样性指数（λ）来分析不同演替阶段森林群落物种多样性。Margelef 丰富度指数体现了群落内物种的数量，Shannon-Wiener 指数是群落内物种多样性和异质性程度的参数，Simpson 多样性指数反映了各物种数量的变化情况，Pielou 均匀度指数体现了群落内物种个体分布的均匀程度（刘文亭等，2017）。具体计算方法见参考文献（赵中华等，2013）。

3）数据分析/排序方法

采用 Excel 2010 软件进行数据前期处理与多样性指数计算，采用 Canoco（Version 4.0）分析软件对植物群落及其各层次的多样性指数与群落分布的关系进行 DCCA 排序，生成排序图，排序轴是在较低维空间反映综合生态梯度，其长短能够说明指示信息量的大小。具体计算过程见文献（张金屯，1995）。

2.2.2 植物群落物种组成

调查统计结果显示，赤水河上游调查的 35 个植物群落中共有百合科、报春花科、豆科、杜鹃花科、柏科等 79 科，柏木属、珍珠菜属、合欢属、杜鹃属、桦木属等 183 属，共计 262 种物种。262 个物种中：藤本 11 种、蕨类 18 种、草本 90 种、灌木 72 种、乔木 71 种；孢子植物 19 种、种子植物 243 种。种子植物中，裸子植物 5 种、被子植物 238 种；针叶树种 6 种、单子叶植物 31 种、双子叶植物 206 种。结果表明赤水河上游植物物种组成丰富、结构复杂、多样性水平较高。

2.2.3 森林群落物种多样性特征

赤水河上游植物群落物种多样性特征见表 2-6～表 2-8（无乔木层的统计值记为 0，未列出），不同植物群落各层次的多样性指数均存在差异，这些指数从不同层面反映了植物群落在物种组成和群落水平的差异。Margelef 丰富度指数、Simpson 多样性指数、Shannon-Wiener 指数、Pielou 均匀度指数的变化趋势并不一致。通常，物种丰富度高，其多样性指数也相对较高，但本研究也未表现出相同的变化比例，表明群落多样性受到丰富度在内的诸多因子影响。

（1）乔木层

由表 2-6 可知，乔木层的 Margelef 丰富度指数为银白杨林最高，光皮桦林最低；Simpson 多样性指数为云南松+光皮桦林最高，银白杨林最低；Shannon-Wiener 指数以银白杨林最高、丝栗栲林最低；Pielou 均匀度指数以油桐+毛桐林、南酸枣林最高，丝栗栲林最低。表明云南松+光皮桦林等林内物种数量分布越不均匀，优势种的地位越突出。

表 2-6 不同植物群落类型乔木层物种多样性特征

群落类型	Shannon-Wiener 物种多样性指数	Margelef 丰富度指数	Pielou 均匀度指数	Simpson 多样性指数
马尾松林	0.99	1.05	0.86	0.33
杉木林	1.06	1.21	0.63	0.48
丝栗栲林	0.83	0.96	0.56	0.58
南酸枣林	1.01	1.12	0.92	0.39
油桐+毛桐林	1.01	1.12	0.92	0.39
光皮桦林	0.93	0.92	0.66	0.52
青桐-鼠李林	1.10	1.59	0.68	0.47
云南松+光皮桦林	1.21	1.17	0.87	1.65
银白杨+光皮桦林	1.26	1.19	0.79	0.34
银白杨林	1.51	1.66	0.75	0.31

（2）灌木层

灌木层的 Margelef 丰富度指数为白栎+杜鹃林最高，丝栗栲林最低；Simpson 多样性指数为丝栗栲林最高，青桐-鼠李林最低；Shannon-Wiener 指数以青桐-鼠李林最高、丝栗栲林最低；Pielou 均匀度指数以青桐-鼠李林最高，银白杨林最低（见表 2-7）。

表 2-7 不同植物群落类型灌木层物种多样性特征

群落类型	Shannon-Wiener 物种多样性指数	Margelef 丰富度指数	Pielou 均匀度指数	Simpson 多样性指数
马尾松林	2.09	2.63	0.80	0.17
杉木林	2.08	2.43	0.78	0.18
丝栗栲林	1.47	2.09	0.62	0.37
铁仔林	1.67	2.55	0.63	0.27
白栎林	2.09	2.87	0.72	0.21
白栎+杜鹃林	2.21	3.85	0.74	0.19
响叶杨-铁仔林	1.91	3.28	0.64	0.24
南酸枣林	2.36	2.83	0.86	0.12
铁仔-金佛山荚蒾林	1.99	2.18	0.78	0.18
油桐+毛桐林	2.25	2.53	0.86	0.12
光皮桦林	2.01	3.19	0.71	0.22
青桐-鼠李林	2.60	3.24	0.91	0.08
云南松+光皮桦林	2.13	3.19	0.67	0.19
栓皮栎+川榛林	2.39	2.79	0.84	0.13
银白杨+光皮桦林	2.21	3.37	0.73	0.21
银白杨林	1.82	3.39	0.59	0.31

（3）草本层

草本层的 Margelef 丰富度指数为云南松+光皮桦林最高，铁仔林最低；Simpson 多样性指数为马尾松林最高，云南松+光皮桦林、栓皮栎+川榛林、银白杨+光皮桦林最低；Shannon-Wiener 指数以栓皮栎+川榛林最高，马尾松林最低；Pielou 均匀度指数以银白杨+光皮桦林最高，马尾松林最低（见表 2-8）。

表 2-8 不同植物群落类型草本层物种多样性特征

群落类型	Shannon-Wiener 物种多样性指数	Margelef 丰富度指数	Pielou 均匀度指数	Simpson 多样性指数
马尾松林	0.71	0.84	0.43	0.68
杉木林	1.50	1.48	0.69	0.36
丝栗栲林	1.05	0.88	0.64	0.46
铁仔林	1.08	0.51	0.78	0.39
白栎林	2.42	3.87	0.88	0.11
白栎+杜鹃林	2.02	3.02	0.92	0.17
响叶杨-铁仔林	1.61	1.27	0.77	0.25
南酸枣林	1.48	1.25	0.67	0.36
铁仔-金佛山荚蒾林	1.61	1.42	0.70	0.31
油桐+毛桐林	1.43	1.06	0.80	0.27
光皮桦林	2.53	4.50	0.89	0.11
青桐-鼠李林	1.25	1.14	0.64	0.41
云南松+光皮桦林	3.03	6.16	0.93	0.06
栓皮栎+川榛林	3.06	6.18	0.93	0.06
银白杨+光皮桦林	2.96	5.62	0.94	0.06
银白杨林	2.64	4.35	0.93	0.09

2.2.4 森林群落与环境因子、物种多样性的关系

（1）环境因子

对 35 个样地与环境因子进行 DCCA 排序分析，结果见图 2-3，经度、纬度和海拔对样地分布的影响效应较强，坡度越低则群落分布越丰富，坡位、坡向对群落分布的影响效应较弱，表明由海拔和经纬度导致的水热差异是引起群落类型空间分异的主要因素。群落分布与主要地形因子的分布关系，反映了优势树种的空间分异规律，可以为不同区域的植被恢复筛选提供理论依据。

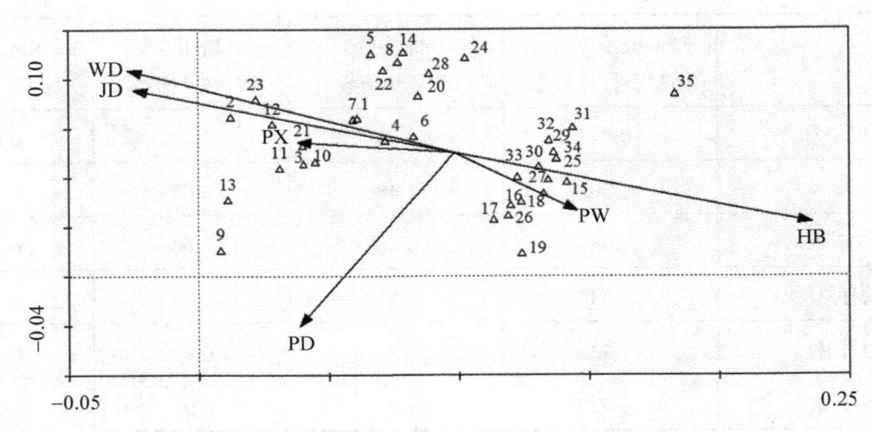

图 2-3 植物群落与环境因子的 DCCA 排序

注：JD 为经度，WD 为纬度，HB 为海拔，PX 为坡向，PD 为坡度，PW 为坡位。1 为马尾松+杉木林，2 为马尾松+毛桐林，3 为马尾松-白栎林，4 为杉木+山合欢林，5 为杉木+丝栗栲林，6 为杉木林，7 为杉木+马尾松林，8—12 为丝栗栲林，13 为丝栗栲+马尾松林，14 为柏木-铁仔林，15 为白栎+毛栗林，16 为白栎+栓皮栎林，17 为白栎林，18—19 为白栎+杜鹃林，20 为响叶杨-铁仔林，21 为南酸枣+金佛山荚蒾林，22 为铁仔-金佛山荚蒾林，23 为油桐+毛桐林，24、27 为光皮桦林，25 为光皮桦-栓皮栎林，26 为光皮桦+化香林，28 为青桐-鼠李林，29 为云南松+光皮桦林，30 为栓皮栎+川榛林，31—32 为银白杨+光皮桦林，33 为云南松+光皮桦林，34 为银白杨+杜鹃林，35 为银白杨+桦木林。下同。

（2）物种多样性

图 2-4～图 2-6 是乔木层、灌木层和草本层多样性指数随群落类型的变化特征，揭示了群落多样性特征的变化规律。由图 2-4～图 2-6 可知，不同植物群落灌木层的多样性指数较乔木层和草本层的变化要小，Simpson 多样性指数（λ）的变化趋势与其他 3 个多样性指数不同。Shannon-Wiener 指数、Margelef 丰富度指数和 Pielou 均匀度指数之间呈现显著的正相关关系，尤以草本层的相关系数更大。

由图 2-4 可知，乔木层 Simpson 多样性指数在群落之间的变化幅度较大，是影响其物种多样性特征的主要指数。此外，顶极植物群落的乔木层 Simpson 多样性指数呈现增大的变化趋势，表明该指数可以指示群落的演替状态。

由图 2-5 可知，灌木层的多样性指数变异较小，仅丝栗栲林等林分与其他林分的空间距离相对较远，总体上分布趋于集中，受地形等环境因子的影响较小，表明灌木层的多样性变化程度相对稳定。

图 2-6 是草本层多样性指数随群落的空间变化，丝栗栲林、马尾松-白栎林等林分与其他林分的空间距离较远，但总体上仍呈集中分布。Simpson 多样性指数受群落类型的影响最大，与其余 3 个指数呈显著负相关。

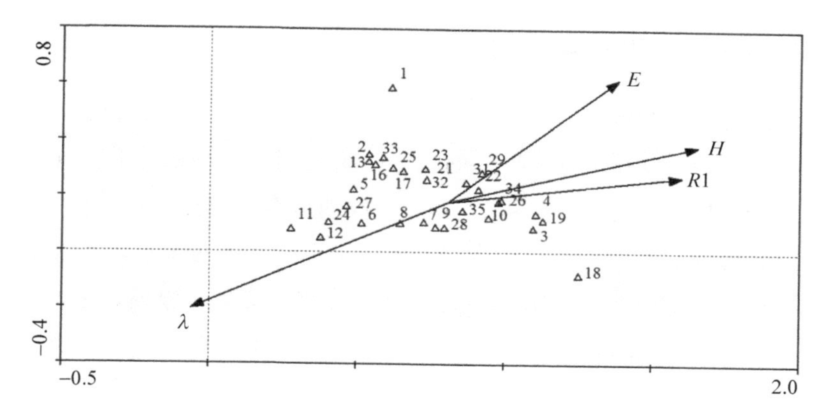

图 2-4　群落与乔木层多样性指数的关系

注：λ为 Simpson 多样性指数，*H* 为 Shannon-Wiener 指数，*R*1 为 Margelef 丰富度指数，*E* 为 Pielou 均匀度指数。下同。

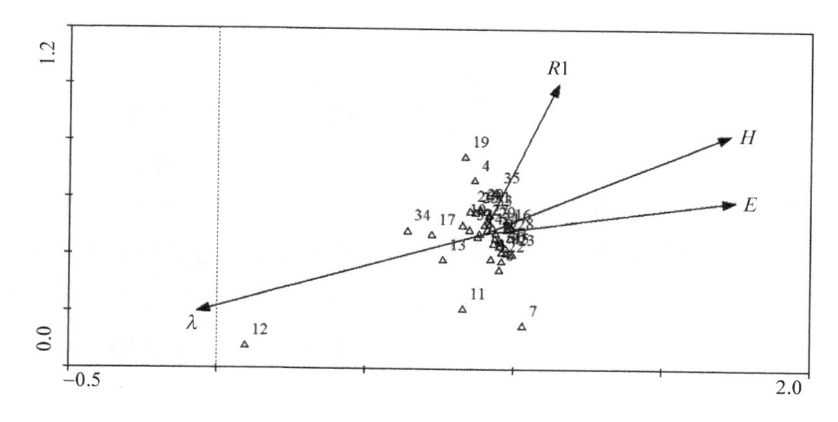

图 2-5　群落与灌木层多样性指数的关系

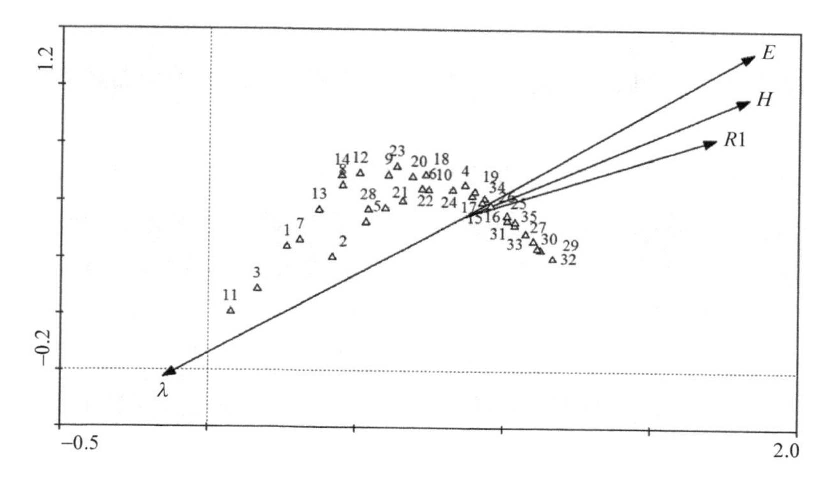

图 2-6　群落与草本层多样性指数的关系

2.2.5 植物多样性水平与保护措施

区域内共调查得到79科、183属、262种物种，高于广西流星天坑的13科、17属、18种（苏宇乔等，2016），亦高于浙江舟山群岛的62科、100属、125种（王国明和叶波，2017），乔灌树种高于伊犁河谷山地94个样地调查的结果（徐远杰等，2010），表明区域内上游的物种丰富度处于较优水平，组成具有较高的复杂性，尤其是乔木和灌木的种类比较丰富，植物群落物种组成具有明显的地域性特征。原因是区域内水分充足、热量条件好，极端最低气温较高且出现的频次少，能够为木本和草本植物生长提供丰富的水热条件，且近年来受到人为放牧、伐薪等干扰活动减少，对生物多样性和生态环境开展了卓有成效的保护工作，因而孕育了丰富多样的植物群落和物种。赤水河上游冠层树种的科属多样性较高，体现出群落组成的古老性和隔离性，且上下游物种均存在区系共同性，植物区系并非独立发生的，表明流域物种传播扩散的连通性。由上述分析可知，赤水河上游森林生态系统的物种多样性丰富，基于生境保护的物种多样性保护取得了明显成效。

物种组成与群落演替的动态变化格局能够表征生物多样性对生态系统恢复过程群落环境变化的响应。植物物种多样性的空间分布格局是各种生态因子、地形因子、土壤因子等相互作用的结果，长期以来为生态学家所关注，研究物种多样性指数，能够反映环境条件和生境内物种间长期竞争形成的多物种共存关系。本研究结果表明，植物群落之间灌木层的多样性指数变化较乔木层和草本层小，原因是灌木层受到外界的干扰更小，乔木层为其提供光温水气热等变化的缓冲，草本层为其提供土壤、地形因子带来的缓冲。Shannon-Wiener指数高，表明该生态系统趋于复杂，群落物种数量更丰富，由此可见，以银白杨和光皮桦为优势树种的林分具有较高的物种和结构复杂性，这能够为该地区退化生态系统恢复模式的构建提供科学依据。Simpson指数越高，表明优势树种的集中性越大，马尾松林、杉木林、光皮桦林等植物群落的优势树种更趋于集中，这也与实际调查情况相符合。同时，越趋向于顶极群落阶段，乔木层的分布越集中，但群落结构趋于丰富。

物种多样性可以表征植物群落的组成结构及其特点（Brakenhielm and Liu，1998），植物群落多样性的空间分布格局是诸多生态因子梯度变化的综合反映（赵常明等，2007），海拔是影响生境差异的主要因子（岳明等，2002），因而海拔梯度被认为是影响物种多样性格局的主要因素之一（王国宏，2002；Lomolino，2010），本研究结果显示海拔是影响植物群落多样性空间分异的重要环境因子，从流域尺度上验证了这一理论。从海拔分异上看，区域内的海拔是渐进式上升，地带性植被也呈现明显不同，这为不同流域范围的植被恢复树种选择提供了科学支撑。本研究结果显示，坡位和坡向对群落分异规律的影响最小，原因是调查区域均处于河谷地形，坡度的变异较小，且样地主要分布在贵州境内，这种样地布设方法可能在一定程度上消除了坡向对植物群落分布的影响效应。但是，在研究过程中，未考虑到土壤养分因子对植物群落分异和多样性指数变化的影响，在未来的研究中应当得到加强。

由于前期人地矛盾突出，赤水河上游植物群落受人为干扰较大，主要是取材、伐薪和放牧，近年来因加强保护措施尤其是国酒酿造原产地水源涵养林建设，人为干扰的剧烈程度降低，加之 1998 年以来大规模实施退耕还林工程，流域的植被覆盖率得到显著提高，植物群落层次得以增加，这在一定程度上提高了植被的水源涵养功能，为酱香型白酒生产提供了充足的水源和水质保障，孕育了以茅台为代表的诸多酱香酒品牌。但是，根据生态学的干扰理论，适度的人为干扰有利于森林生态系统结构和功能的发挥，完全封育的森林群落生态服务价值反而降低，因此对森林生态系统进行抚育是尤为必要的。主要保护措施如下：一是开展幼龄林和成熟林抚育，清除病腐木，为林分生长创造适宜的空间，营造健康、可持续的森林生态系统；二是根据不同面积林窗对光照、水分、温度、幼苗更新等的改善效应，营造不同大小、高度的林窗，调控林内生态因子的分配状况，构建合适的生态位，提高资源利用效率；三是林相上配置针阔混交林，并保护好凋落物层，促进养分循环和幼苗更新。下一步研究中，选取流域内代表性的典型植物样地，以群落学调查为手段，研究不同保护措施下植物多样性水平的动态变化特征，揭示影响生物多样性的环境因素和非环境因素，具有重要的理论和实践意义；同时，以生态系统服务价值评估为依据，确定适宜的植物多样性水平，能够为流域植被功能的提升提供科学依据，有利于实现下游生态补水。

2.3　小结

①赤水河上游设置的 35 个植物群落中，共调查到 79 科 183 属 262 种物种，表明物种组成较为丰富，植物多样性水平较高。

②不同植物群落乔木层、灌木层和草本层的多样性指数差异较大，灌木层的多样性指数较乔木层和草本层的变化要小，Simpson 多样性指数的变化趋势与其他多样性指数相反。银白杨和光皮桦为优势树种的林分具有更为复杂的结构，优势树种分布亦趋于集中。

③经度、纬度和海拔对样地分布的影响效应较强，坡位、坡向对群落分布的影响效应较弱，坡度越低则群落组成越丰富。

参考文献

[1] 安艳玲，蒋浩，吴起鑫，等. 赤水河流域枯水期水环境质量评价研究[J]. 长江流域资源与环境，2014，23（10）：1472-1478.

[2] 白坤栋，蒋得斌，万贤崇. 广西猫儿山不同海拔常绿树种和落叶树种光合速率与氮的关系[J]. 生态学报，2013，33（16）：4930-4938.

[3] 陈胜群，韦小丽，安明态，等. 贵州百里杜鹃自然保护区不同演替阶段植物群落物种多样性[J]. 西北植物学报，2019，39（7）：1298-1306.

[4] 何斌，李青，刘勇. 黔西北地区不同演替阶段植物群落结构与物种多样性特征[J]. 广西植物，2019，39（8）：1029-1038.

[5] 胡楠，范玉龙，丁圣彦，等. 伏牛山自然保护区森林生态系统乔木植物功能型分类[J]. 植物生态学报，2008，32（5）：1104-1115.

[6] 黄先寒，兰国玉，杨川，等. 云南橡胶林林下植物群落物种多样性[J]. 生态学杂志，2017，36（8）：2138-2148.

[7] 刘建荣. 云顶山自然保护区植物群落物种多样性研究[J]. 中南林业科技大学学报，2018，38（10）：79-85.

[8] 刘文亭，卫智军，吕世杰，等. 放牧对短花针茅荒漠草原植物多样性的影响[J]. 生态学报，2017，37（10）：3394-3402.

[9] 齐瑞，郭星，赵阳，等. 白龙江珍稀濒危植物大果青杆群落物种多样性特征分析[J]. 西北林学院学报，2017，32（2）：161-164.

[10] 钱长江，赵熙黔，安明态，等.贵阳市野生兰科植物观赏种类资源调查及分析[J]. 南方农业学报，2014，45（5）：833-839.

[11] 沙威，董世魁，刘世梁，等. 阿尔金山自然保护区植物群落生物量和物种多样性的空间格局及其影响因素[J]. 生态学杂志，2016，35（2）：330-337.

[12] 石明明，牛得草，王莹，等. 围封与放牧管理对高寒草甸植物功能性状和功能多样性的影响[J]. 西北植物学报，2017，37（6）：1216-1225.

[13] 宋同清，彭晚霞，曾馥平，等. 木论喀斯特峰丛洼地森林群落空间格局及环境解释[J]. 植物生态学报，2010，34（3）：298-308.

[14] 苏宇乔，薛跃规，范蓓蓓，等. 广西流星天坑植物群落结构与多样性[J]. 西北植物学报，2016，36（11）：2300-2306.

[15] 王登富，张朝晖. 赤水河上游主要森林植被中苔藓物种多样性研究[J]. 植物研究，2013，33（5）：558-563.

[16] 王国宏. 祁连山北坡中段植物群落多样性的垂直分布格局[J]. 生物多样性，2002，10（1）：7-14.

[17] 王国明，叶波. 舟山群岛典型植物群落物种组成及多样性[J]. 生态学杂志，2017，36（2）：349-358.

[18] 王慧，南宏伟，刘宁. 关帝山油松天然林林下植物组成及环境解释[J]. 生态环境学报，2017，26（1）：13-19.

[19] 王涛，樊建文，张永香. 介休汾河国家湿地公园植物资源研究[J]. 山西农业科学，2018，46（1）：91-94.

[20] 肖卫平，刘立斌，杨世海，等. 贵州茅台水源功能区植物群落的分类和排序[J]. 贵州农业科学，2012，40（6）：34-38.

[21] 徐远杰，陈亚宁，李卫红，等. 伊犁河谷山地植物群落物种多样性分布格局及环境解释[J]. 植物生态学报，2010，34（10）：1142-1154.

[22] 严令斌，余德会，李鹤，等. 赤水河清香木群落主要树种种间关系与生态种组[J]. 西部林业科学，2015，44（1）：69-75.

[23] 杨荣和，范贤熙，胡巍. 贵州喀斯特木本观赏植物资源研究[J]. 种子，2010，29（9）：62-67.

[24] 于霞，安艳玲，吴起鑫. 赤水河流域表层沉积物重金属的污染特征及生态风险评价[J]. 环境科学学报，2015，35（5）：1400-1407.

[25] 喻阳华，李光容，皮发剑，等. 赤水河上游主要森林类型水源涵养功能评价[J]. 水土保持学报，2015，29（2）：150-156.

[26] 喻阳华，李光容，皮发剑，等. 赤水河上游主要树种叶片与枝条持水性能[J]. 水土保持研究，2016，23（2）：171-176.

[27] 喻阳华，肖卫平，严令斌，等. 赤水河上游森林植物群落物种多样性研究[J]. 广东农业科学，2015，42（2）：142-145，174.

[28] 岳明，张林静，党高弟，等. 佛坪自然保护区植物群落物种多样性与海拔梯度的关系[J]. 地理科学，2002，22（3）：349-354.

[29] 张金屯. 植被数量生态学方法[M]. 北京：中国科学技术出版社，1995.

[30] 张淼淼，秦浩，王烨，等. 汾河中上游湿地植被β多样性[J]. 生态学报，2016，36（11）：3292-3299.

[31] 赵常明，陈伟烈，黄汉东，等. 三峡库区移民区和淹没区植物群落物种多样性的空间分布格局[J]. 生物多样性，2007，15（5）：510-522.

[32] 赵宏渊，金洪，赵健. 额济纳草原种子植物资源的研究[J]. 内蒙古林业科技，2018，44（2）：57-60.

[33] 赵中华，白登忠，惠刚盈，等. 小陇山不同经营措施下次生锐齿栎天然林物种多样性研究[J]. 林业科学研究，2013，26（3）：326-331.

[34] 郑涛，苟光前，叶红环，等. 贵州锦屏野生蜜源植物资源调查及分析[J]. 山地农业生物学报，2018，37（6）：41-46.

[35] 宗秀虹，张华雨，王鑫，等. 赤水桫椤国家级自然保护区桫椤群落特征及物种多样性研究[J]. 西北植物学报，2016，36（6）：1225-1232.

[36] Baigorri H，Antolin M C，Sanchez-Diaz M. Reproductive response of two morphologically different

pea cultivars to drought[J]. European Journal of Agronomy，1999，10（2）：119-128.

[37] Brakenhielm S，Liu Q. Long-term effects of clear-felling on vegetation dynamics and species diversity in a boreal pine forest[J]. Biodiversity and Conservation，1998，7（2）：207-220.

[38] Daniel B，Pierre L，Pierre D. Partialling out the spatial component of ecological variation[J]. Ecology，1992，73（3）：1045-1055.

[39] Francis A P，Currie D J. A globally consistent richness-climate relationship for angiosperms[J]. The American Naturalist，2003，161（4）：523-536.

[40] Givnish T J. Adaptive significance of evergreen vs. deciduous leaves：solving the triple paradox[J]. Silva Fennica，2002，36：703-743.

[41] Kikuzawa K. A cost-benefit analysis of leaf habit and leaf longevity of trees and their geographical pattern[J]. The American Naturalist，1991，138（5）：1250-1263.

[42] Levine J M，Hillerislambers J. The importance of niches for the maintenance of species diversity[J]. Nature，2009，461（7261）：254-257.

[43] Lomolino M V. Elevation gradients of species-density：historical and prospective views[J]. Global Ecology and Biogeography，2001，10（1）：101-109.

[44] Takashima T，Hikosaka K，Hirose T. Photosynthesis or persistence：nitrogen allocation in leaves of evergreen and deciduous Quercus species[J]. Plant Cell and Environment，2004，27（8）：1047-1054.

[45] Thibaut L M，Connolly S R. Understanding diversity-stability relationships：towards a unifed model of portfolio effects[J]. Ecology Letters，2013，16（2）：140-150.

[46] Wright I J，Reich P B，Cornelissen J H C，et al. Assessing the generality of global leaf trait relationships[J]. New Phytologist，2005，166：485-496.

[47] Wright I J，Reich P B，Westoby M，et al. The worldwide leaf economics spectrum.[J]. Nature，2004，428（6985）：821-827.

第3章　天然次生林土壤元素含量与生态化学计量

贵州喀斯特高原地区长期以来由于人类对森林资源的过度开发与利用，超越了该区森林生态系统的承载能力与修复能力，导致原始天然林面积不断减少，衍生出大面积的天然次生林。天然次生林生物多样性丰富，在水源涵养、水土保持等方面发挥了重要作用，在森林植被演替过程中具有不可替代的作用。土壤是森林生态系统的重要组成部分，是植被生长发育的主要养分来源，其养分元素的含量与平衡影响着森林结构与演替，是植被恢复与森林生态系统可持续发展的重要基础。因此，研究天然次生林土壤元素含量及元素平衡，对森林植被的恢复具有重要现实意义。

本章选择贵州省毕节市撒拉溪喀斯特高原山地轻-中度石漠化综合治理示范区为研究区，该区属乌江上游段六冲河流域，北纬 27°11′36″～27°16′51″，东经 105°02′01″～105°08′09″，海拔 1 600～1 950 m，总面积 627.19 hm^2，喀斯特面积占 74.25%；年平均温度 12.9℃，≥10℃积温 4 109℃，年平均降水量 984.4 mm，降水主要集中在 5—9 月，占年降水总量的 57.6%～87.3%，年平均日照时间 1 261 h，无霜期 258 d，年相对湿度为 81.69%，属于高寒干旱的喀斯特高原山地小气候；地貌类型多样，地形破碎，耕地多分布于坡面、台地和山间谷地，常形成环山梯土和沟谷坝地；有明暗交替的河流、漏斗、盲谷、落水洞、天窗、溶蚀洼地；地带性植被主要为针阔混交林，但是长期以来由于人类干扰过度，旱地植被占有较大优势；区内土壤以黄壤为主，有部分石灰土和黄棕壤；植被以针阔混交林和阔叶林为主（关智宏等，2016；池永宽，2015）。治理前，区域内人地矛盾突出，植被覆盖率较低，水土流失严重，产业结构单一，主要以种植玉蜀黍（*Zea mays*）和洋芋（*Solanum tuberosum*）为主。自 2011 年开展石漠化综合治理以来，通过封山育林和种植缫丝花（*Rosa roxburghii*）、胡桃（*Juglans regia*）人工林，以及推广林-粮复合种植，生态环境明显改善、水土流失得以有效控制，植物群落结构和生物多样性不断丰富。

3.1　不同深度土壤生态化学计量特征

生态化学计量学是一门研究生态系统中化学元素平衡与能量平衡的科学，将生态学中不同层次的研究理论有机结合起来，主要研究生态过程中化学元素的含量、比例关系及其随环境因子的变化规律，探讨元素的平衡关系和耦合关系（Koerselman and Meuleman，1996；Elser and Sterner et al.，2000；Elser and Fagan et al.，2000；Zhang et al.，2003），在生态系统生产力以及物质循环等方面得到广泛应用。碳、氮、磷、钾是植物生长的基本化学元素，在植物机体构建和生理调节中扮演着重要作用（Fan et al.，2015），他们都依赖土壤作为矿化的载体或来源于土壤。土壤养分元素在循环过程中是互相耦合的（王维奇等，2010），这就需要了解各元素之间的比例关系（Fan et al.，2015），探讨养分平衡关系。因此，研究土壤养分生态化学计量特征，可以揭示养分的可获得性，对于认识碳、氮、磷、钾的循环与平衡机制具有重要意义，为评价生物的适合度提供了新的途径，能够为丰富生态系统化学计量特征起到关键性的作用。

从 1958 年 Redfield 比值（Redfield，1958）提出至今，生态化学计量比的实测研究开始大量见诸报道，广泛应用于限制营养元素判断（Bryan et al.，2012）、生物生产（Ai et al.，2017）、养分循环（Edward et al.，2016）、凋落物分解（Mooshammer et al.，2012）、养分分布（Li et al.，2010）等多个领域，对于揭示生态系统过程影响因素及其作用机制具有显著意义，为认识营养元素生物地球化学循环提供了科学依据。近年来，也有学者对土壤化学计量特征进行了研究（李丹维等，2017；谢锦等，2016），已有结果为探明土壤养分供应状况、限制元素判断和土壤质量评价等奠定了基础，但是这些研究多集中在表层土壤，深层土壤的生态化学计量变化规律研究较少，因此有必要深入探明不同深度土壤的化学计量特征。

为此，本节选取中国喀斯特石漠化地区 0～400 cm 深度的土壤，测定 C、N、P、K 等养分含量，以生态化学计量学方法探讨 C、N、P、K 养分垂直分布特征，试图回答以下 2 个问题：①同一剖面不同深度土壤的 C、N、P、K 生态化学计量特征；②不同深度土壤化学计量特征的内在关联。研究成果有助于我们深入认识喀斯特高原山地区土壤养分及其生态化学计量特征的变化规律，为生态系统的保护提供重要理论依据，有利于养分综合管理与利用。

3.1.1 研究方法

（1）样品采集

本节研究采集的土壤样品具有较强的代表性，原因包括：①由于喀斯特高原山地区地下生境具有高度的异质性、复杂性和多变性，因而在较深的垂直裂隙中采集土壤较为困难，且难以采集成土过程连续和完整的土壤。②采样点的地貌和地表植被具有典型性，能够揭示地质环境、土壤、植物的交互作用效应，可代表该地区地上与地下空间的基本特征。③土壤养分含量综合了岩石风化、植物根系分解和水土流失堆积的效应，能够表达喀斯特高原山地区土壤形成的母质、生物、时间等特征。

待挖掘机挖掘出新土后，去除腐殖质层，选取 400 cm 深的剖面，按照 40 cm 分层取样，共取 10 层，即 0～40 cm、40～80 cm、80～120 cm、120～160 cm、160～200 cm、200～240 cm、240～280 cm、280～320 cm、320～360 cm 和 360～400 cm。进行多点取样，充分混合。取回的土样自然风干、研磨、过筛，用于土壤养分分析。

（2）样品分析

土壤有机碳采用重铬酸钾外加热法（NY/T 1121.6—2006）测定，全氮采用 $HClO_4$-H_2SO_4 消煮后用半微量凯氏定氮法测定，碱解氮采用碱解扩散法测定，全磷采用 $HClO_4$-H_2SO_4 消煮-钼锑抗比色-紫外分光光度法测定，速效磷采用氟化铵-盐酸浸提-钼锑抗比色-紫外分光光度法测定，全钾采用氢氟酸-硝酸-高氯酸消解-火焰光度计法（GB 9836—88）测定，速效钾采用中性乙酸铵溶液浸提-火焰光度计法测定。

（3）数据处理

通过 Excel 2007 进行数据预处理与初步计算。采用 SPSS 21.0 对数据进行分析，使用单因素方差分析（one-way ANOVA）对土壤 C、N、P、K 含量及其计量比进行方差分析和显著性检验；采用 Pearson 相关分析方法判断土壤 C、N、P、K 含量及其计量比之间的相关性。土壤计量比以质量比表示（贺金生和韩兴国，2010），图表中数据为平均值±标准差，文中显著性水平设置为 P=0.05。使用 Origin 8.0 作图。

3.1.2 各土层土壤元素含量及其对土层的响应

对不同深度土壤有机碳、全 N、全 P、全 K 含量进行分析（见图 3-1）。可以看出：随深度的变化，土壤有机 C、全 N、全 P、全 K 表现出不同的变化规律。其中：有机 C 变化范围为 0.48～7.17 mg/g，总体为表层高于底层；全 N 随深度变化呈现降—升—降的趋势，在 240～280 cm 层出现跃变；全 P 的变化范围是 0.36～1.05 mg/g，在 0～320 cm 深度变化不显著，表现为底层最高；全 K 变化幅度为 3.00～9.43 mg/g，表层和底层含量较高，随深度的变化规律不明显，不同层次之间表现出较大的波动特征。

对不同深度的土壤碱解氮、速效磷、速效钾进行了分析（见图 3-2），结果显示：碱解氮随土壤深度的变化呈现降低—升高—降低—升高的趋势，以 0～40 cm（0.05 mg/g）、40～80 cm（0.07 mg/g）和 360～400 cm（0.03 mg/g）为较高；速效磷随着土壤深度增加，总体呈现升高的趋势，但其供应能力并不强；速效钾随着土壤深度表现为降低—升高—降低的变化规律，表明钾受到植物和母岩的双重影响作用较大。

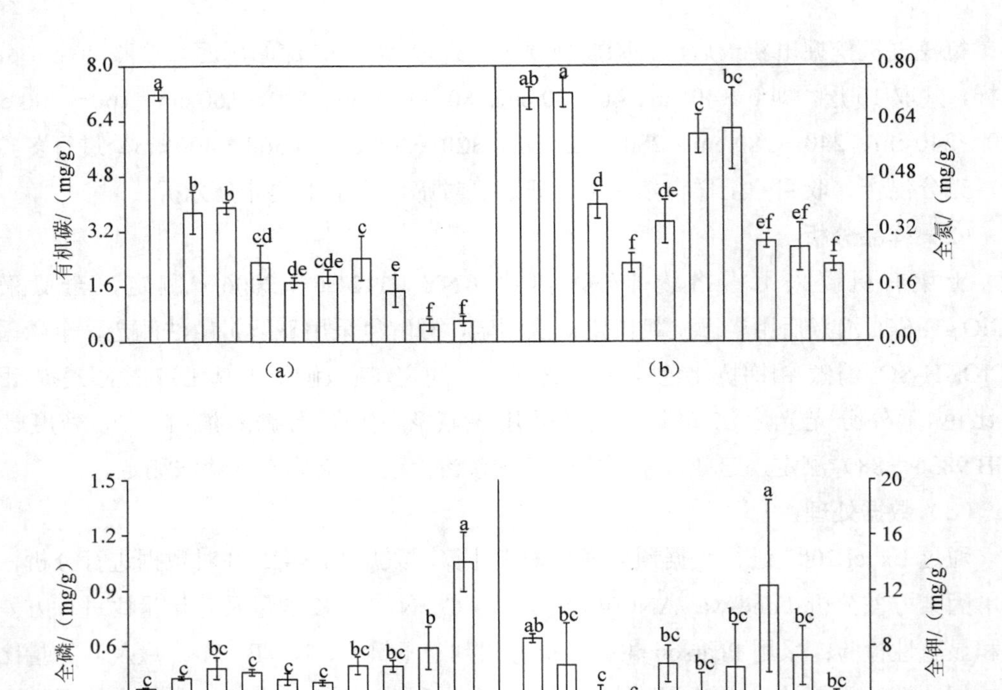

图 3-1 不同深度土壤有机碳、全 N、全 P、全 K 含量

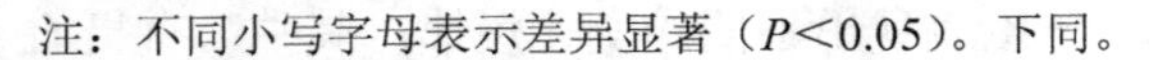

注：不同小写字母表示差异显著（P<0.05）。下同。

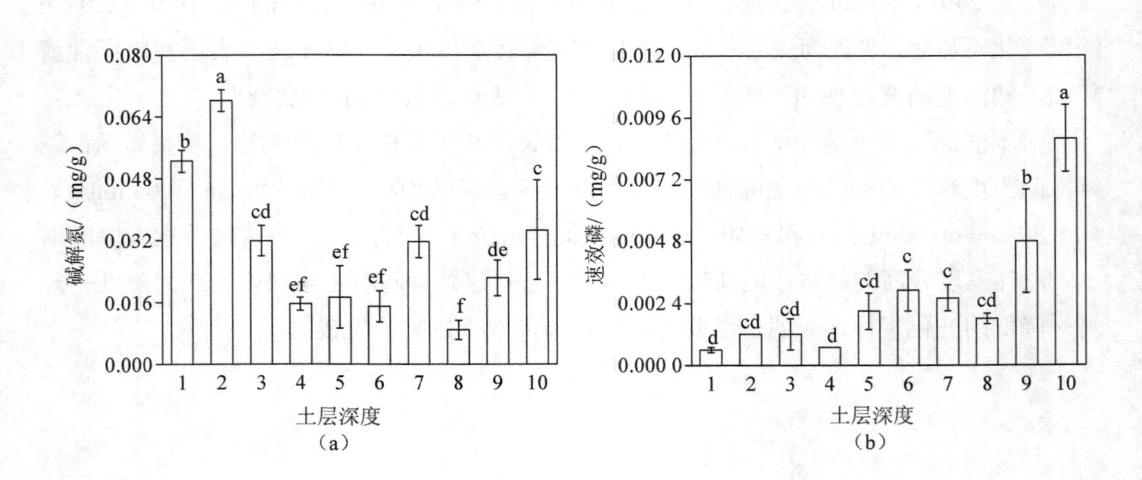

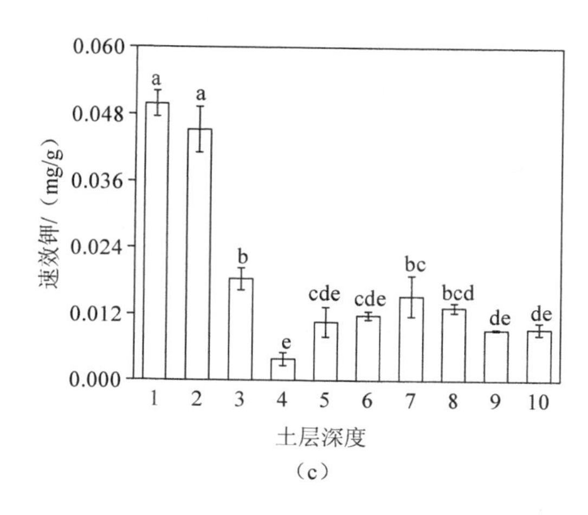

（c）

图 3-2　不同深度土壤碱解氮、速效磷、速效钾含量

在喀斯特高原山地区，土壤深度是决定土壤养分含量变化的重要因素，裂隙土养分在生态系统物质循环传递与能量流动、生物地球化学循环中发挥着重要作用，对其研究与应用不应忽视。土壤 C、N 是土壤质量中最为重要的指标，也是陆地土壤碳库和氮库的重要组成部分，反映了土壤肥力水平和区域生态系统演变规律（张春华等，2011），本研究表明土壤 C、N 随土层深度的变化较大，受土壤深度影响明显，原因是 C、N 受土壤母质、凋落物分解、大气沉降以及植物吸收利用的影响，因而空间变异较大（朱秋莲等，2013）；土壤 C、N 表现为表层土壤较高，原因是土壤表层与外界环境直接接触，地表凋落物、动物残体、植物根系以及微生物作用等对 C、N 在土壤表层密集起到重要作用（吕金林等，2017），然后随水或者其他介质向下层迁移扩散，形成从表层到底层逐渐降低的渐进式分布格局（Liu et al.，2010）。土壤 P、K 随土壤深度的变化较小，原因是 P、K 主要受土壤母质的影响（陶冶等，2016），并且是一个较为漫长的过程（Liu et al.，2010），由于 P、K 的相对稳定性和 C、N 的较大变异性，使 C∶N、N∶P、N∶K 及 P∶K 等均具有较大的变异，化学计量参数主要受到土壤 C 和 N 的影响。

土壤 N、P 养分的有效性是调节植物凋落物分解速率和生态系统碳平衡的一个主要因素。由表 3-1 可知，研究区土壤 N 素低于喀斯特峰丛洼地和峡谷地区，也低于伊犁野果林和中国平均值，与黄土高原丘陵沟壑区相当，说明研究区土壤 N 素表现为亏缺状态，原因可能是该区凋落物蓄积量小、养分流失量大。养分保持与坡度和地表岩石裸露率有极大的相关性，中国喀斯特高原山地区坡度大、地表岩石裸露率高，容易加速养分流失，不利于养分保存。研究表明，喀斯特高原山地区不同深度土壤 P 变异不大、较为稳定，这与土壤 P 主要来自岩石风化，含量相对固定有关。从 P 含量来看，地壳平均 P 含量为 2.8 g/kg，我国土壤 P 含量为 0.7 g/kg（Tian et al.，2010），可见研究区土壤 P 含量处于较低水平，可能是因为该区与中国尺度相比降水量较高（863 mm）、淋溶流失量更大。

综上所述，研究区剖面土壤存在不同程度的N、P限制，这虽然在一定程度上提高了养分利用效率，但是存在供应潜力不足的问题。

表3-1　中国喀斯特高原山地区与其他研究区域的土壤C、N、P、K含量及其计量比

区域	C	N	P	K	C∶N	C∶P	C∶K	N∶P	N∶K	P∶K	参考文献
喀斯特高原	0.48～7.17	0.22～0.72	0.36～1.05	3～9.43	1.83～10.17	0.59～19.58	0.06～0.94	0.21～1.93	0.04～0.14	0.04～0.16	本研究
喀斯特峰丛洼地	92	6.4	1.5	—	15.3	61	—	4	—	—	曾昭霞，2015
喀斯特峡谷	21.59	2.27	0.62	22.36	9.51	34.82	1.66	3.66	0.10	0.03	范夫静，2014
伊犁野果林	73.15	7.00	1.14	14.74	10.37	62.73	5.05	6.05	0.48	0.08	陶冶，2016
黄土丘陵沟壑区	2.1～10.65	0.25～0.9	0.5～0.7	18～21	9.44	8.15	0.26	0.86	0.03	0.03	朱秋莲，2013
中国	11.2	1.1	0.7	—	10～12	136	—	9.3	—	—	Tian，2010
全球	—	—	—	—	14.3	186	—	13.1	—	—	Gunther，2003

注：“—”表示未找到相关数据。下同。

3.1.3　各土层土壤供肥强度

供肥强度表征了土壤中可利用养分的水平，是速效养分与全量养分的比值，用百分数表示。由图3-3可知，供N强度总体表现为上层高于底层，但是360～400 cm土层却达到16.93%；供P强度总体表现为上层低于底层，以120～160 cm为最小（0.15%），与速效磷的变化规律一致，表明P来源于母质且迁移速率较低；供K强度为表层相对较高，大于120 cm的土壤K的供肥强度较低且波动不大。

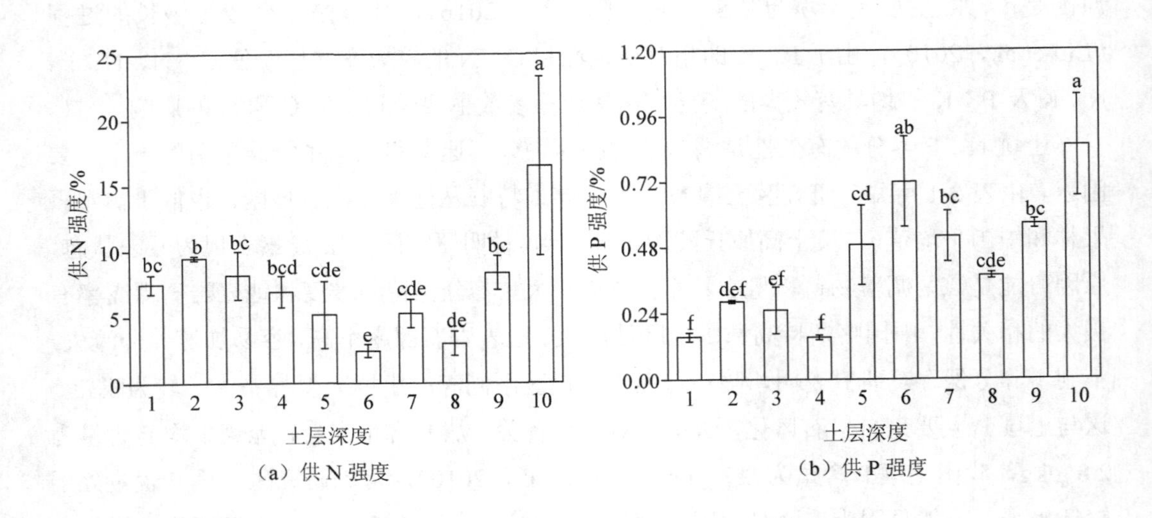

（a）供N强度　　（b）供P强度

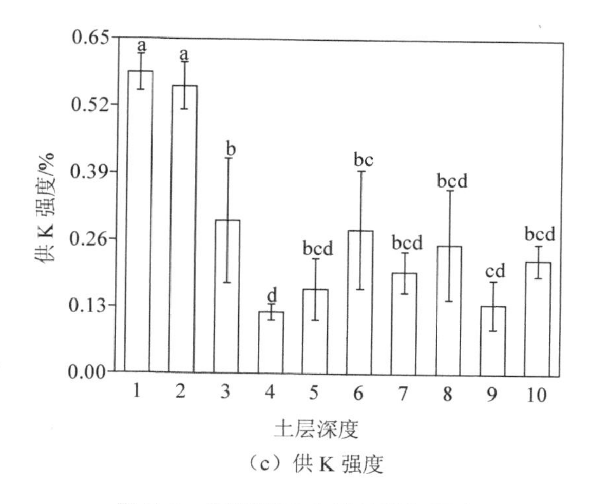

（c）供 K 强度

图 3-3 不同深度土壤的供肥强度

3.1.4 各土层土壤生态化学计量特征及其对土层的响应

对不同深度土壤 C、N、P、K 计量比进行了统计分析（本研究下述的 N、P、K 均为全量）。由图 3-4 可知，C∶N 变化范围为 1.83～10.17，总体上随土壤深度增加呈减小趋势；C∶P 变幅为 0.59～19.58，随土壤深度的增加而逐渐降低；N∶P 变化范围为 0.21～1.93，在 200～280 cm 土层出现突然升高的趋势；C∶K 为 0.06～0.94，以 200～240 cm 较大，在垂直剖面上的变化规律不明显；N∶K 变化范围为 0.04～0.14，不同层次之间变化规律不明显，但在 200～280 cm 土层出现突然升高的趋势；P∶K 变化范围为 0.04～0.25，垂直方向上总体表现出先升高后降低的趋势。

养分是影响生态系统结构和功能的重要因素，养分供应量及其协调性影响有机体生长、种群结构、物种更替和生态系统稳定性（Whittaker，1965）。中国喀斯特高原山地区土壤的 C∶N 相比于中国平均值（10～12）（黄昌勇，2000）和全球平均值（14.3）均较低，C∶N 值较低的土壤可以加速微生物的分解和具有较快的矿化作用（Gunther and Holger，2003；朱秋莲等，2013），可能是资源限制提高了养分利用效率，是生态系统对贫瘠资源适应的一种机制，驱动生态系统演替发生。C∶N 亦是土壤质量的敏感指标，影响土壤中有机 C 和 N 元素的循环，决定土体有机体构建的质量和速率。本研究表明，不同层次土壤的 C∶N 差异较大，原因可能是 C、N 的来源多样，变异程度高，它们对环境变化的响应不一致，这与不同生态系统土壤 C∶N 相对稳定的结论不符（朱秋莲等，2013），原因可能是底层土壤未直接为植物生长提供营养成分，且矿化程度较低，但是其变化规律还需要深入研究，建议开展微生物 C、N、P 关系的时空演变规律及其对土地利用变化的响应状况研究，揭示 C∶N 稳定的调控机制，探讨 C、N 协同作用策略。

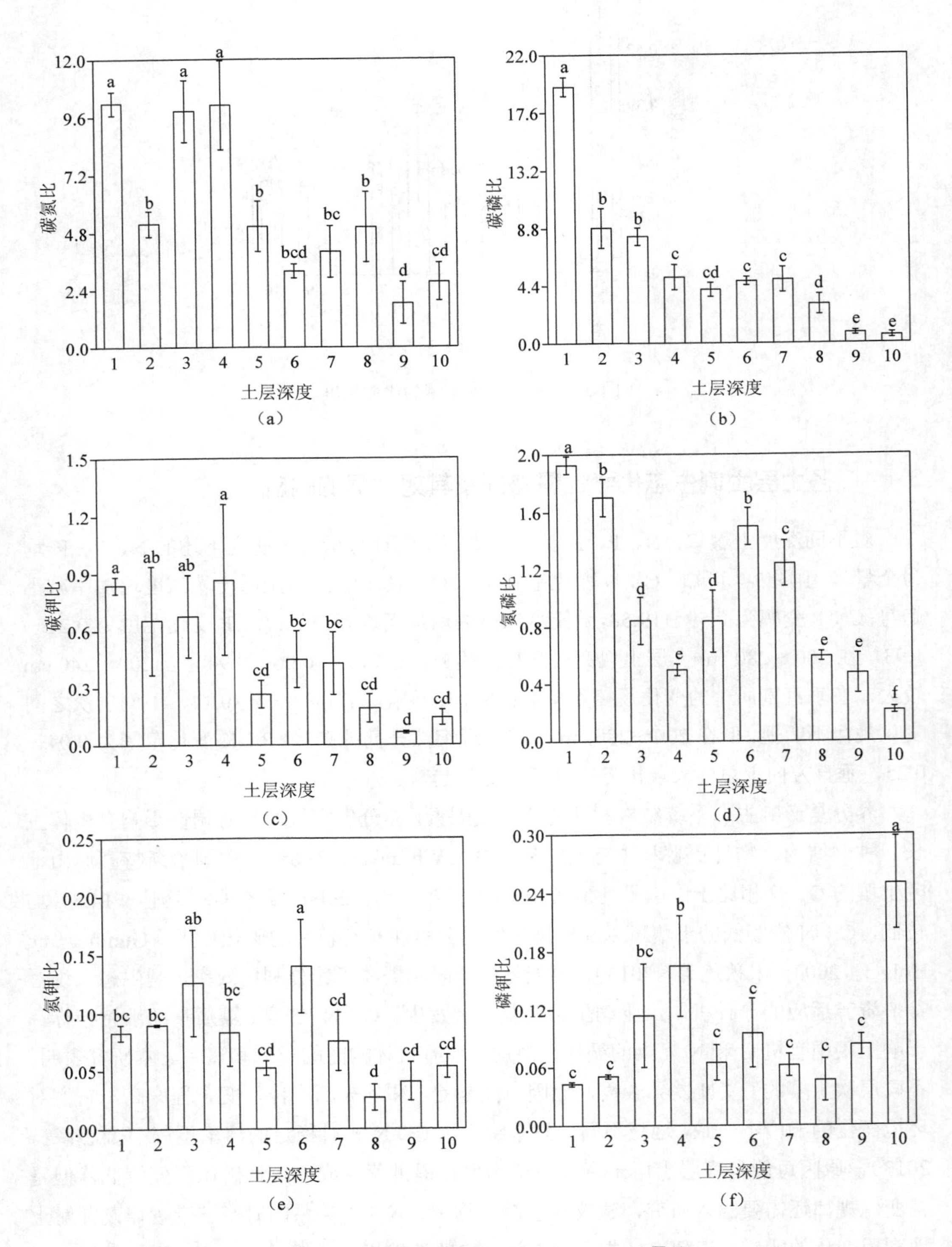

图 3-4 不同深度土壤的 C、N、P、K 计量比

土壤 C∶P 可以用于评价土壤 P 矿化能力，也可以衡量微生物矿化土壤有机质释放 P 或从环境中吸收固持 P 能力（曾全超等，2015）。土壤 C∶P 低有利于促进微生物分解有机质释放养分，促进土壤中有效磷含量增加，表征 P 的有效性高；而 C∶P 高会导致土壤微生物与植物竞争土壤无机 P，对植物生长不利。研究区土壤的 C∶P 值为 0.59～19.58，远低于我国平均值（136）和全球平均值（186）（Zhao and Sun et al.，2015），表明该区土壤 P 有效性较高，这可能与该区土壤 P 贫瘠有关。未来，提高该区植物根系的解 P 能力可以作为生态恢复的方向之一，通过人为和系统内部调控措施提高植物根系 P 素可利用水平。

N∶P 可用作 N 饱和的诊断指标，被用于确定养分限制的阈值（Zhao and Kang et al.，2015）。研究区土壤 N∶P 平均值为 0.21～1.93，低于中国平均水平（9.3）和全球平均水平（13.1）（Zhao and Sun et al.，2015）以及中国广西喀斯特峰丛洼地区（4）（曾昭霞等，2015）。研究区土壤 N∶P 低，表明该区土壤缺 N 的可能性极大。但是，应客观看待这一结果，在诊断养分限制关系时，除利用 N∶P 指标外，还需要结合植被生长状况及其养分利用策略进行综合判断。

3.1.5　土壤养分含量及其计量比之间的内在关联

由表 3-2 可知，土壤 C∶K 与 N∶P 呈显著正相关关系（$P<0.05$，下同）；土壤有机 C 与 N、C∶N、C∶P、N∶P、C∶K，N 和 C∶P、N∶P、N∶K，P 与 P∶K，C∶N 与 C∶P，C∶P 与 N∶P，N∶P 与 N∶K，C∶K 与 C∶N、C∶P、N∶K 均呈极显著正相关关系（$P<0.01$，下同）；土壤有机 C 与 P∶K，P 与 C∶N、C∶K，C∶P 与 P∶K，K 与 C∶K 之间具有显著的负相关关系；土壤有机 C 与 P，N 与 P、P∶K，P 与 C∶P、N∶P，K 与 N∶K 均呈极显著负相关关系。

表 3-2　土壤有机 C、N、P、K 含量与计量比及其相关性

指标	C	N	P	K	C∶N	C∶P	C∶K	N∶P	N∶K	P∶K
C	1	0.67**	−0.49**	0.24	0.73**	0.99**	0.63**	0.75**	0.19	−0.42*
N		1	−0.48**	0.19	0.09	0.67**	0.33	0.97**	0.52**	−0.47**
P			1	−0.11	−0.40*	−0.51**	−0.43*	−0.62**	−0.31	0.70**
K				1	0.03	0.23	−0.39*	0.18	−0.56**	−0.70**
C∶N					1	0.68**	0.73**	0.20	−0.00	−0.15
C∶P						1	0.60**	0.77**	0.19	−0.43*
C∶K							1	0.41*	0.61**	0.13
N∶P								1	0.50**	−0.53
N∶K									1	0.24

注：**表示在 0.01 水平（双侧）上显著相关；表示在 0.05 水平（双侧）上显著相关。下同。

3.1.6 土壤供肥强度与生态化学计量比的关系

通过研究生态化学计量比与供肥强度的相关关系可知（见表 3-3），生态化学计量与供肥强度之间存在一定的相关关系。C∶N、C∶P、C∶K 与供 P 强度之间均可用幂函数方程进行拟合，C∶P、C∶K、N∶P、N∶K 与供 K 强度之间均可用一元三次方程进行拟合，P∶K 与供 N 强度之间可以用一元二次方程进行模拟。结果表明供肥强度与生态化学计量比之间存在协调性，说明生态化学计量用于养分诊断具有可行性。

表 3-3 生态化学计量与供肥强度的关系

y	x	方程	R^2	P
C∶N	供 P 强度	$y = -0.75x^{2.50}$	0.613	0.000
C∶P	供 P 强度	$y = -1.20x^{1.36}$	0.550	0.000
C∶P	供 K 强度	$y = -43.09x^3+165.43x^2-102.16x+5.81$	0.719	0.000
C∶K	供 P 强度	$y = -0.99x^{0.15}$	0.516	0.000
C∶K	供 K 强度	$y = 0.36x^3+2.53x^2-1.84x+0.23$	0.426	0.002
N∶P	供 K 强度	$y = -0.13x^3+6.44x^2-4.48x+0.60$	0.536	0.000
N∶K	供 K 强度	$y = 0.73x^3-1.38x^2+0.74x-0.004$	0.504	0.000
P∶K	供 N 强度	$y = 0.001x^2+0.08$	0.407	0.001

3.1.7 土壤 C∶N∶P∶K 比的指示作用及研究展望

N 和 P 是植物生长过程中最常见的限制元素，深刻影响各种植物功能（Reich et al.，1997）。土壤 C∶N∶P∶K 比是有机质成分中有机 C 与 N、P 及 K 总质量的比值，是土壤有机质组成和质量、程度的一个重要指标。影响元素含量及其计量比的因素很多，包括植被、年龄、气候、土壤动物和人类活动等，导致土壤 C∶N∶P∶K 随土层深度变化很大。已有研究表明土壤 C 分解速率与土壤 C∶N 存在显著的负相关（Wang et al.，2010），因而 C∶N 可以作为预测有机质分解速率的一个重要指标（Elser et al.，2003），研究区土壤 C∶N 较低，表明有机质净矿化。虽然研究区土壤 P 利用效率较高，但是可利用数量较少。喀斯特石漠化地区土壤退化严重（Cao et al.，2015），肥力瘠薄，保水蓄水能力弱，水、肥供应不同步，生态环境容量小，使植物生长条件不良。加之研究区处于高海拔、寒冷的生境，区域内 N、P 元素处于亏缺状态，使得植物应具有较强的适应功能，可能会影响植物的生长速率，进而影响群落结构和稳定性，导致逆行演替。因此，从土壤养分利用角度来看，我们认为提高土壤养分水平和生态系统养分自循环能力有助于生态保育。

未来应加强以下 3 个方面的研究：①凋落物是土壤 N 素的重要来源，凋落物的质量、数量和分解速率是养分含量和循环的重要影响因素（Liu et al.，2010），但是凋落物的分解过程如何影响土壤生态化学计量比及其供肥强度，还需要深入研究，这有助于认识森林生态系统养分循环规律。②喀斯特地区植物根系生长受到裂隙类型和分布的制约，进而对土壤养分供应能力和生态化学计量平衡产生影响，只是由于取样困难导致相关研究报道较为鲜见。因此，结合裂隙特征和植物类型、根系构型等研究喀斯特地区的土壤养分调控能力具有重要意义。③研究深层土壤的养分含量和生态化学计量特征，应结合地质结构和岩石类型进行系统分析，这样更能揭示养分迁移和变化规律，对于植被恢复过程中制定养分获取策略有帮助。

3.2 优势树种根区土壤养分特征

C、N、P 作为重要的生命元素，是土壤肥力的物质基础，其在土壤中的供应状况影响着植物的光合作用和矿质代谢过程（宾振钧等，2014）。而根区作为土壤-植物根系-微生物进行物质和能量交换活跃的区域，在生态系统养分动态分布与循环中发挥着重要作用（Van et al.，1998）。根区土壤养分特征是植物吸收利用土壤养分和适应脆弱环境的最直接表征之一（杨阳和刘秉儒，2015）。因此，进行根区土壤养分评价对认识该区土壤养分循环和限制规律具有重要意义。各种土壤养分含量并非恒定不变，除养分自身各形态间相互在不断转换外，也受到地上和地下生物过程（包括凋落物分解和微生物 C、N、P 转换等过程）影响而时刻处于动态变化之中（Grierson and Adams，1999），所以仅仅凭借土壤养分含量大小难以深入分析其养分特征。土壤供肥强度可表征土壤全量和速效态养分间的联系机制（袁红等，2014），生态化学计量学作为跨越个体、种群和群落等各个层次研究 C、N、P 等元素在生态系统过程中的耦合关系的一种综合方法（贺金生和韩兴国，2010），在指示土壤主要养分的矿化能力方面以及反映凋落物对土壤养分的贡献能力方面具有较好的应用（Güsewell and Verhoeven，2006；王绍强和于贵瑞，2008；潘复静等，2011）。

目前，将土壤供肥强度、土壤及凋落物的生态化学计量比等指标同土壤养分评价结合起来进行研究的报道还不多见。其中一些研究虽采用主成分分析方法找到了对土壤质量有重要影响的生态化学计量特征因素（刘丽等，2013；王飞等，2015），但这些研究大多针对群落尺度，而关于黔西北地区优势树种根区土壤养分特征方面的研究鲜见报道，鉴于此，以黔西北地区喀斯特退化生态系统中光皮桦（*Betula luminifera*，BL）、银白杨（*Populus alba*，PAl）、云南松（*Pinus yunnanensis*，PY）、华山松（*Pinus armandii*，PAr）、白栎（*Quercus fabri*，QF）、毛栗（*Castanea mollissima*，CM）、栓皮栎（*Quercus variabilis*，QV）、川榛（*Corylus heterophylla*，CH）、马桑（*Coriaria nepalensis*，CN）、火棘（*Pyracantha fortuneana*，PF）、金丝桃（*Hypericum monogynum*，HM）和杜鹃

（*Rhododendron simsii*，RS）12 个优势树种为研究对象，对各优势树种根区土壤养分特征进行分析及评价，以期为研究优势种对喀斯特生境的生存对策以及优化喀斯特退化生态系统群落配置提供参考。

3.2.1 研究方法

（1）样品采集与分析方法

2016 年 7—8 月，根据植物群落主要演替阶段，设置 16 块典型样地，开展植物群落调查，调查因子包括海拔高度、经纬度、坡度、坡位、坡向等地理因子，以及植物名称、基径、冠幅、株数、株高等测树因子。采用数量分类和排序方法筛选出 12 个优势树种。

同一植物群落类型选取 3 块坡位、坡向、坡度、海拔相似的样地，大小为 20 m×20 m，每个样地内按“S”形选择 5 株距离其他树种较远、受影响相对较小的植株，多点混合法采集表层凋落物与根区土壤。采集凋落物时，在距离基部 0～150 cm 半径范围内随机均匀地采集目标树种的凋落物，混匀装入尼龙网袋中。带回实验室后，凋落物置于恒温干燥箱中 65℃烘干至恒质量，研细并充分混匀备用。采集根区土壤时，取距离优势树种基部 20～30 cm 半径范围内，同时距离干扰树种 100～150 cm 半径范围外的土壤，深度为 0～20 cm，多点采集组成混合样，混合均匀后，四分法取约 1 kg 后立即带回实验室。土壤剔除可见砾石、根系及动植物残体，自然风干后研磨，依次通过 2.00 mm、1.00 mm、0.25 mm 和 0.15 mm 筛备用。

土壤常规分析参考鲍士旦（鲍士旦，2008）的分析方法：土壤 pH 的测定使用电极电位法，土壤与凋落物的有机 C 均选用重铬酸钾氧化-外加热法，土壤全 N 和全 P 均选用高氯酸-硫酸消煮，而后分别采用半微量开氏定氮法及钼锑抗比色-紫外分光光度法，土壤全 K 选用氢氟酸-硝酸-高氯酸消解-火焰光度法测定含量。土壤碱解 N 采用碱解扩散法，土壤有效 P 采用氟化铵-盐酸浸提-钼锑抗比色-紫外分光光度法，土壤速效 K 采用中性乙酸铵浸提-火焰光度计法。凋落物全 N、全 P 和全 K 均采用硫酸-过氧化氢消煮，而后分别采用奈氏比色-紫外分光光度法、钼锑抗比色-紫外分光光度法、火焰光度计法测定含量。

（2）数据处理与分析方法

采用 Excel 2010 软件和 SPSS 20.0 软件进行数据处理，采用单因素方差分析（one-way ANOVA）的最小显著差异（least significant difference，LSD）法对相关指标进行差异显著性检验，通过 Pearson 相关系数法进行指标之间的相关性分析，采用 Origin 8.6 软件制图。土壤及凋落物的化学计量比均采用质量比，供肥强度为土壤有效养分占土壤全量养分的百分比（袁红等，2014）。

为避免评价指标间由于量纲不同而造成在数值上的较大差异，研究前对各指标进行了标准化处理，继而进行 Bartlett（Bartlett’s test of sphericit）球形度检验。检验后的数据经主成分分析后，可分别得到主成分公因子方差、载荷矩阵、特征值和贡献率；

主成分特征向量等于对应的载荷矩阵值除以该成分特征值的平方根。将主成分特征向量与标准化数据相乘得到各优势树种根区土壤主成分因子得分。采用加权法计算不同优势树种根区土壤养分综合指数（integrated fertility index，IFI），其表达式（符裕红等，2017）为：

$$\mathrm{IFI}=\sum_{i=1}^{n}W_i\times F_i \tag{3-1}$$

式中：IFI 为土壤养分综合指数；n 为主成分数量；W_i 为各主成分贡献率；F_i 为各优势树种根区土壤主成分因子得分。

3.2.2　优势树种根区土壤 pH 特征

不同优势树种根区土壤 pH 如图 3-5 所示。不同优势树种根区土壤 pH 均呈酸性，其中火棘根区土壤 pH 最高，为 6.95；光皮桦根区土壤 pH 最低，为 4.06，树种间均表现为显著差异（$P<0.05$，下同）。

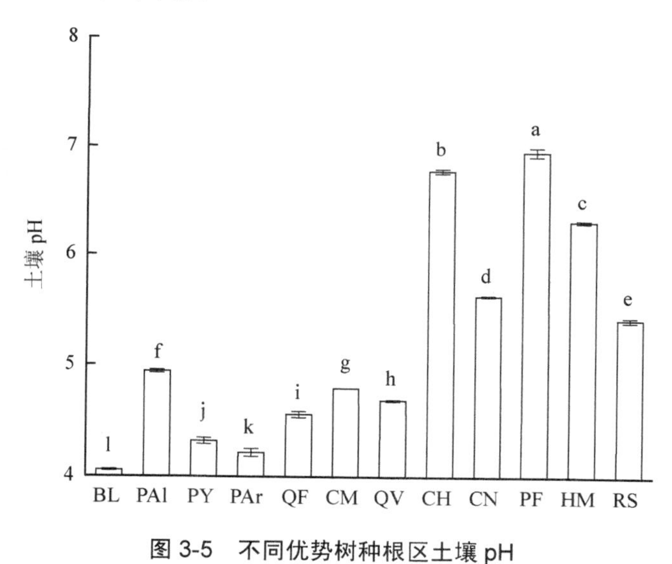

图 3-5　不同优势树种根区土壤 pH

3.2.3　优势树种根区土壤供肥强度

不同优势树种根区土壤供肥强度由图 3-6 可知，火棘根区土壤的供 N 强度、供 K 强度分别为 21.31%、2.27%，均显著高于其余优势树种。光皮桦根区土壤供 N 强度、供 P 强度分别为 0.61%、0.11%，均为最低；其中供 N 强度显著低于其余优势树种，供 P 强度与川榛、栓皮栎根区土壤差异不显著。同时，银白杨根区土壤的供 P 强度（0.79%）显著高于其余优势树种，华山松根区土壤供 K 强度（0.28%）最低，与光皮桦差异不显著。此外，毛栗与杜鹃根区土壤间的供肥强度差异较小，均未达到显著水平。

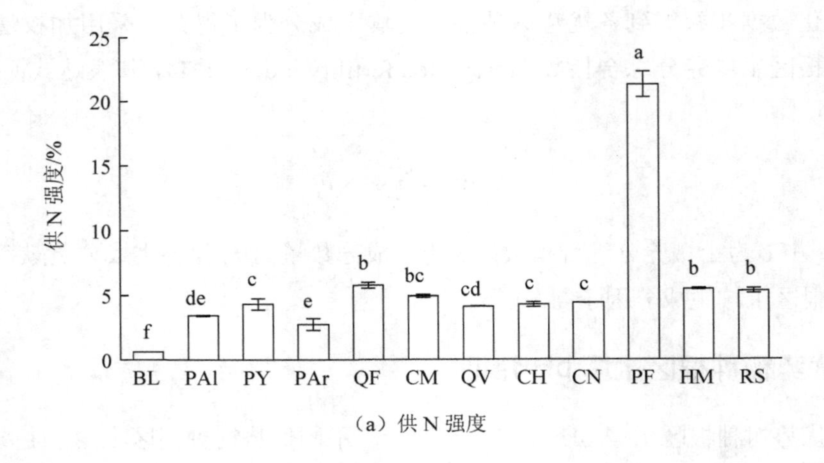

（a）供 N 强度

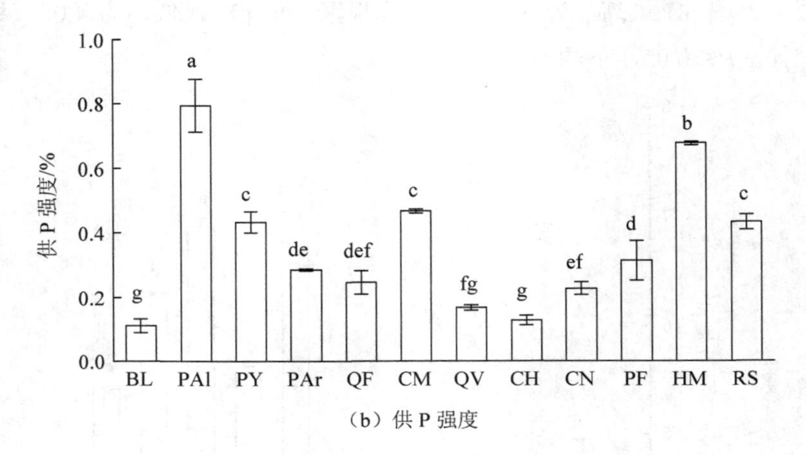

（b）供 P 强度

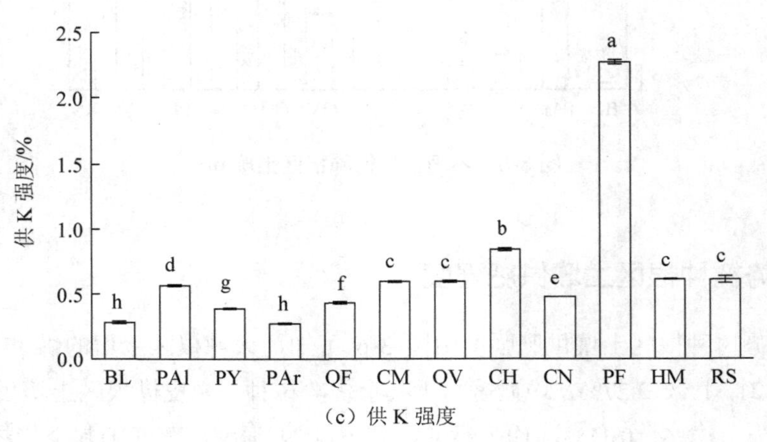

（c）供 K 强度

图 3-6　不同优势树种根区土壤供肥强度

土壤养分全量值代表该种养分在土壤中的总贮备量，能在一定程度上表明土壤对相应养分的供应能力（林德喜等，2004）；土壤养分速效态能较好地反映出近期内土壤对相应养分的供应状况和释放速率（魏强等，2012），两者的比值可以作为衡量土壤供肥水平的综合性指标。研究区 12 个优势树种根区土壤供 N 强度平均值为 5.55%，供 P 强度均值为 0.36%，供 K 强度平均值为 0.66%（见表 3-4）。与广西峰丛洼地 3 种原生林分根际土壤（胡芳等，2018），广西山地 4 种植被恢复模式土壤（庞世龙等，2016），以及 7 种高原峡谷植被恢复模式土壤（鲍乾等，2017）等 3 个喀斯特地区相比，其供肥强度均处于较低水平。这表明研究区优势树种根区土壤 N、P、K 的释放速率相对较小，有利于该地区土壤养分的储存。此外，2 个山地的供 P、供 K 强度均较低，一般山地较其余地形而言，坡度相对较大，不利于土壤养分的蓄积。喀斯特地区特殊且丰富的小生境间存在高度异质性，使各喀斯特地区的供肥强度存在较大差异。

表 3-4　喀斯特高原山地区与其余喀斯特区域土壤供肥强度

研究区域	供 N 强度/%	供 P 强度/%	供 K 强度/%	参考文献
高原山地	5.55	0.36	0.66	本研究
峰丛洼地	2.73	0.91	0.91	胡芳
山地	6.93	0.77	0.77	庞世龙
高原峡谷	7.09	7.99	6.13	鲍乾

3.2.4　优势树种根区土壤及凋落物的生态化学计量特征

不同优势树种根区土壤及凋落物的生态化学计量特征如图 3-7 所示，12 个优势树种中，除云南松凋落物的 N∶P（4.99）略低于根区土壤的 N∶P（5.20）外，其余优势树种 C∶N、C∶P 与 N∶P 均为凋落物＞土壤。不同优势树种根区土壤 C∶N 为云南松最高，达 16.48，与杜鹃差异不显著，华山松凋落物 C∶N 为 138.66，显著高于其余优势树种；根区土壤 C∶P 最高达 106.90（为光皮桦，与毛栗差异不显著），凋落物 C∶P 最高为 1 311.63（华山松显著高于其余优势树种）；火棘根区土壤与凋落物的 C∶N、C∶P 均为最低。12 个优势树种根区土壤 N∶P 在 2.83～8.56，平均值为 5.12；凋落物 N∶P 在 4.99～27.98，平均值为 13.91。

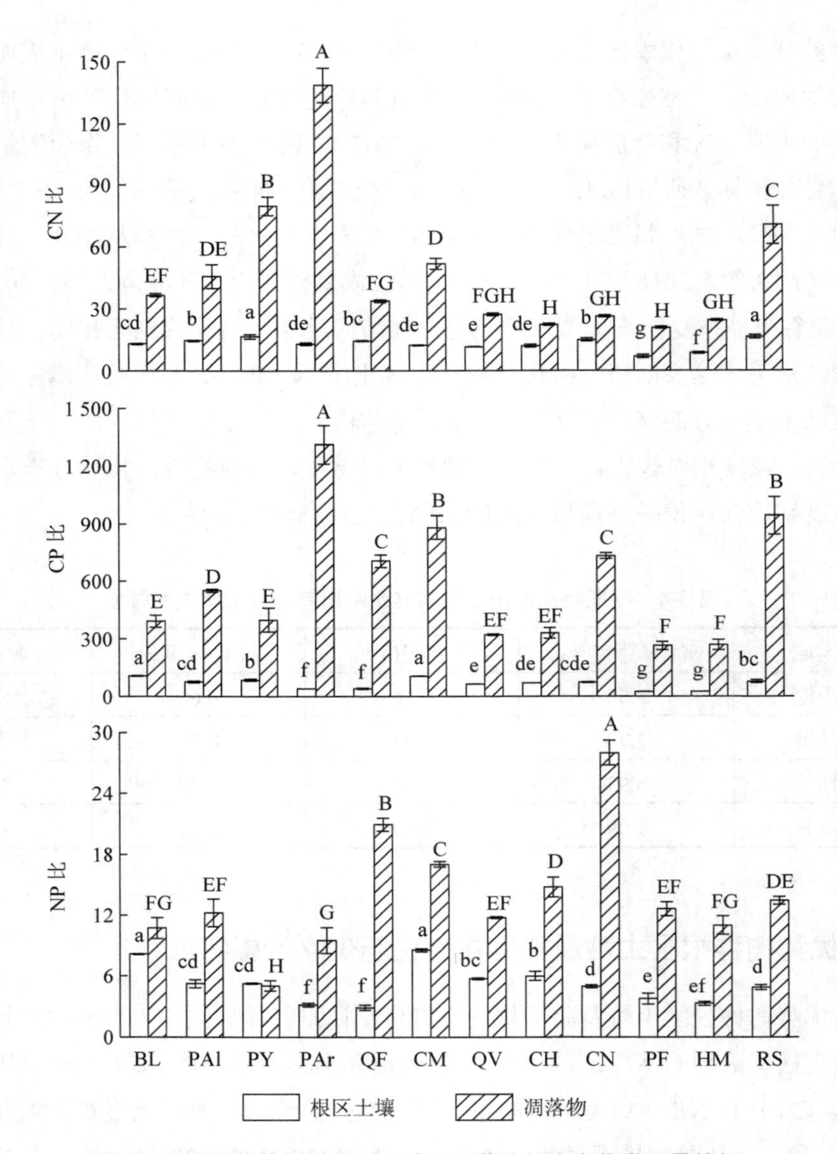

图 3-7 不同优势树种根区土壤及凋落物的生态化学计量特征

喀斯特高原山地区华山松、光皮桦和栓皮栎供肥强度在研究区处于较低水平，金丝桃和火棘供肥强度较高。受土壤微生物生长繁殖的影响，土壤 C∶N 与土壤有机质的矿化速率呈反比关系（王绍强等，2008）。本研究中，马桑、杜鹃、云南松和银白杨根区土壤有机质矿化速率较慢，栓皮栎、川榛、金丝桃和火棘较快。有研究结果表明，植被类型、温度和水分对森林生态系统土壤 C 矿化具有显著影响（王丹等，2013）。研究区高寒干旱的小气候必然会影响土壤有机质的矿化速率，而不同的植被类型使各优势树种土壤有机质的矿化速率存在一定的差异。同时，土壤水分过多或过低均不利于土壤 C 矿化（王丹等，2013）。马桑、杜鹃、云南松和银白杨根区较慢的土壤有机质矿化速率可能与其凋落物储量较多、为土壤保留了大量水分有关。而栓皮栎、川榛、金丝桃和火棘较小的凋落物叶片，极易被转移，凋落物储量相对前者较少。P的有效性由土壤有机质的分解速率确定，较低的C∶P表明P有效性高（王绍强等，2008）；土壤N∶P能一定程度上反映土壤对植物N、P养分的供应比例，进而诊断植物的限制元素（曾昭霞等，2015）。本研究显示，华山松、白栎、金丝桃和火棘根区土壤P的有效性较高，N匮乏可能性较大；杜鹃、毛栗、云南松和光皮桦P有效性较低，毛栗与光皮桦P匮乏可能性较高。凋落物N∶P值与自身分解速率具有负相关关系，说明N∶P值越高，凋落物的分解受P的限制越强，分解速率越低（Güsewell and Verhoeven，2006；潘复静等，2011）。研究数据表明华山松、云南松、光皮桦和金丝桃凋落物分解速率在研究区中较快，白栎、马桑、毛栗和川榛较慢。当地习惯在针叶林中放牧，适度放牧过程中家畜的践踏使得凋落物破碎程度增加，促使凋落物与土壤充分接触（姚国征等，2017），最终有利于华山松与云南松凋落物的分解。

3.2.5 优势树种根区土壤pH、供肥强度及计量比间的相关关系

通过分析喀斯特高原山地区12个优势树种的根区土壤养分指标相关性得知（见表3-5），除供P强度、土壤N∶P和凋落物N∶P外，土壤pH与其余指标均存在显著及以上水平的关系。其中，土壤pH和土壤供N强度、土壤供K强度间相互表现为极显著的增强效应；和土壤C∶N、土壤C∶P、凋落物C∶N、凋落物C∶P间均相互表现为抑制效应，与C∶N的相关关系达到了极显著水平。供N强度与供K强度呈极显著正相关，相关系数达到0.961，且两者与土壤C∶N、土壤C∶P间均相互表现为抑制效应。土壤C∶N与土壤C∶P、凋落物C∶P，土壤C∶P与自身N∶P，凋落物C∶N与自身C∶P间均相互表现为增强效应，除土壤C∶N与凋落物C∶P呈显著水平外，其余均达到极显著水平。供P强度与其余指标相关系数较小，均未达到显著相关。

表3-5 不同指标间的相关系数

因子		土壤							凋落物		
		pH	供N强度	供P强度	供K强度	CN比	CP比	NP比	CN比	CP比	NP比
土壤	pH	1									
	供N强度	0.633**	1								
	供P强度	0.071	0.020	1							
	供K强度	0.729**	0.961**	−0.014	1						
	CN比	−0.595**	−0.613**	0.007	−0.681**	1					
	CP比	−0.460*	−0.543**	−0.102	−0.451*	0.565**	1				
	NP比	−0.254	−0.343	−0.170	−0.194	0.146	0.894**	1			
凋落物	CN比	−0.539**	−0.298	0.092	−0.393	0.387	0.020	−0.181	1		
	CP比	−0.429*	−0.294	0.018	−0.401	0.438*	0.067	−0.122	0.757**	1	
	NP比	0.205	0.025	−0.235	−0.014	0.117	0.005	−0.020	−0.412*	0.214	1

喀斯特高原山地区优势树种根区土壤 pH 均呈酸性，有研究表明土壤 pH 与凋落物层厚度存在显著的负相关关系（白晓航和张金屯，2017），而研究区优势树种根区土壤较低的 pH 可能与研究区较厚的凋落物层有关。已有研究表明植物能够通过根系分泌物等途径影响土壤环境（Ushio et al.，2008），而根区土壤直接接触根系，其较低的 pH 与植物根系的生理活动有关。土壤 pH 与土壤供 N 强度、供 K 强度、土壤与凋落物的 C∶N、C∶P 间均具有明显的相关关系，证明土壤 pH 对以上养分指标存在不同程度的影响。而有研究表明，土壤 pH 与土壤细菌、真菌以及放线菌等微生物之间均存在不同程度的相关性（刘少冲等，2012），故土壤 pH 能够通过影响土壤微生物活动间接影响土壤养分状态。供 P 强度与其余指标的相关系数较小，均未达到显著水平。这是因为土壤 P 素的来源相对比较固定，主要来自岩石的风化（刘兴诏等，2010），较少受到其他因素的影响。

3.2.6　优势树种根区土壤质量特征

对参评指标进行的 Bartlett 球形检验的显著系数为 0.00，小于 0.05，表明数据适合做因子分析。由表 3-6 可以看出，各指标的公因子方差均较大，均值为 0.849。因子载荷显示了原始变量与各主成分的相关程度，为避免因子间因相关系数接近造成不利于定义因子的情况，对初始因子载荷矩阵使用了最大方差法进行正交旋转；各主成分的贡献率表示各主成分所包含的信息占总信息的百分比（卢纹岱和朱红兵，2015）。按照累计贡献率≥80%的原则，抽取了 4 个主成分，并通过碎石检验标准对提取成分个数的合理性进行了检验，累积贡献率达到 84.916%，表明原始数据的冗余程度较低，且无一变量丢失，表明提取 4 个主成分较为合理。第 1 主成分是最重要的影响因子，在土壤 pH、供 N 强度、供 K 强度上具有较高的负载荷，在土壤 C∶N 与凋落物 C∶N、C∶P 上具有较高的正载荷，土壤 C∶P、N∶P 在第 2 主成分上有较高负载荷，第 3 主成分主要受凋落物 N∶P 支配，第 4 主成分主要与供 P 强度有关。

表 3-6　旋转后因子载荷矩阵及主成分的贡献率

指标	第 1 主成分	第 2 主成分	第 3 主成分	第 4 主成分	公因子方差
土壤 pH	−0.772	0.210	0.326	−0.126	0.763
供 N 强度	−0.810	0.374	−0.026	0.138	0.816
供 P 强度	0.052	0.179	−0.147	−0.895	0.858
供 K 强度	−0.893	0.218	−0.029	0.136	0.865
土壤 CN 比	0.832	−0.164	0.112	−0.030	0.732
土壤 CP 比	0.436	−0.836	−0.005	0.087	0.897
土壤 NP 比	0.104	−0.912	−0.039	0.167	0.871
凋落物 CN 比	0.634	0.390	−0.601	0.166	0.943
凋落物 CP 比	0.720	0.440	−0.030	0.282	0.793
凋落物 NP 比	0.091	0.102	0.943	0.214	0.954
特征值	3.875	2.178	1.395	1.045	
贡献率/%	38.745	21.775	13.949	10.447	

各优势树种根区土壤的主成分因子得分（F_i）如表 3-7 所示，经 F_i 和 W_i 加权得到各优势树种根区土壤养分综合指数函数（符裕红等，2017）。喀斯特高原山地区优势树种根区土壤养分综合指数值由大到小依次为：华山松（1.138）＞白栎（0.617）＞马桑（0.595）＞杜鹃（0.471）＞毛栗（0.081）＞云南松（0.047）＞银白杨（–0.068）＞光皮桦（–0.091）＞栓皮栎（–0.272）＞川榛（–0.448）＞金丝桃（–0.674）＞火棘（–1.395）。

表 3-7　主成分因子得分及养分综合指数

树种	因子 1	因子 2	因子 3	因子 4	养分综合指数
光皮桦	1.242	–2.823	–0.433	0.984	–0.091
银白杨	0.660	–0.268	–0.455	–1.930	–0.068
云南松	1.401	–0.824	–1.816	–0.601	0.047
华山松	2.304	2.097	–2.158	0.856	1.138
白栎	0.442	1.093	1.146	0.460	0.617
毛栗	1.017	–1.667	0.083	0.365	0.081
栓皮栎	–0.338	–0.836	–0.047	0.451	–0.272
川榛	–1.284	–0.695	1.033	0.544	–0.448
马桑	0.487	–0.158	2.482	0.903	0.595
火棘	–5.184	2.457	0.454	0.144	–1.395
金丝桃	–1.939	1.402	0.001	–2.182	–0.674
杜鹃	1.192	0.223	–0.291	0.006	0.471

当土壤对植物限制性元素供应不足时，植物自身会增强对该种元素的再吸收，加快养分循环速度以提高利用效率（曾昭霞等，2015）。华山松根区土壤养分综合指数值最高（1.138），其凋落物 C∶N（138.66）、C∶P（1 311.63）均显著高于其余优势树种，也高于桂西北喀斯特区域 6 种建群种凋落物的 C∶N（19.3）、C∶P（315.3）以及长白山次生针阔混交林 9 种植物凋落物的 C∶N（44）、C∶P（602）（李雪峰等，2008；曾昭霞等，2016）。华山松不仅较桂西北喀斯特区域建群种具有更低的养分再吸收强度（曾昭霞等，2016），与纬度较高、温度较低、植物养分含量较充足的北方森林相比（Reich and Oleksyn，2004），N、P 再吸收强度也较低。由此可见，华山松本身养分含量较高，土壤对其养分供应相对较充足。其根区土壤较低的供肥强度表明自身 N、K 释放速率较小（魏强等，2012；胡芳等，2018），这有利于华山松在喀斯特强烈的岩溶作用下存储土壤养分，而其较快的凋落物分解速率能及时补充土壤释放不足的养分，以满足自身生长代谢的需要，与土壤养分供应特征相适应的凋落物分解策略可能是其养分综合指数值较高的原因之一。火棘根区土壤养分综合指数值最低（–1.395），其凋落物 C∶N、C∶P 均为研究区最低，表明火棘对养分的再吸收率在研究区优势树种中较高（曾昭霞等，2015），其从土壤中摄取的养分不足以维持其正常的代谢活动。这与火棘根区土壤较高

的供肥强度与有机质矿化速率以及较低水平的凋落物N：P有关。在喀斯特地区，土壤与凋落物较快的养分释放速率对土壤养分的储存以及自身对养分的充分吸收利用十分不利，这可能是自身土壤较高的pH所致。

3.3 不同植物功能群的C、N、P化学计量特征

生态化学计量学为研究C、N、P等重要元素在生态系统过程中的耦合关系提供了技术方法（Elser et al.，1996；Michaels，2003；贺金生和韩兴国，2010）。C是植物结构性元素，N、P是功能限制性元素（Güsewell，2004），它们作为土壤中重要的生源要素，是表征土壤肥力水平的重要元素（Spieles and Mitsch，2000），作为植物基本的化学元素，在植物的生长和各种生理调节机制中发挥着重要作用（Fan et al.，2015）。生态系统内部的C、N、P等重要元素循环在植物、凋落物和土壤之间相互转换，元素的化学计量比在一定程度上反映了植物的营养利用效率，是判断生产力受哪种元素限制的关键指标（Elser et al.，2007；Wang and Murphy et al.，2014），在探究对生态系统生产力起限制作用的营养元素平衡过程中发挥着重要作用。因此，研究森林生态系统不同功能群植物-凋落物-土壤连续体的生态化学计量特征，认识养分比例在生态系统的过程和功能中的作用，探讨连续体的养分调控因素，揭示元素相互作用与制约规律，阐明自然资源的可持续利用机制具有重要的理论和现实意义。

植物功能群是具有特定的植物功能特征的一系列植物的组合，是研究植被随环境动态变化的基本单元（Smith et al.，1993；Woodward and Cramer，1996），可以看作对环境有相似响应和对主要生态系统过程有相似作用的组合（Walker，1992；Noble and Gitag，1996），且这种性状能够稳定遗传下去。现有生态化学计量研究主要以物种（Yan and Kim et al.，2015）、群落（Yan and Duan et al.，2015；Fan et al.，2015）为尺度，深入认识养分循环规律和系统稳定机制。以植物功能群为研究单元，可以降低森林生态系统研究对象的复杂性，使群落组成、结构和动态的研究更加便捷，有利于揭示对特定扰动的响应机制，解释物种对生态系统过程影响的机理，跟踪环境异质性对植物群落组配变化的响应，揭示尺度效应并实现尺度转换。

研究表明，不同演替阶段桉树植物群落的养分限制规律存在差异，说明养分含量及其计量比伴随植物群落演替阶段存在动态变化（Fan et al.，2015），揭示了不同演替阶段的元素计量、平衡及其生产力的动态变化规律，这为森林经营提供了理论基础。近年来，大气中含氮物质浓度持续增加，其来源和分布迅速扩展到全球范围（Galloway et al.，2002；Galloway et al.，2003），这种养分添加引起新的计量学平衡关系，存在明显的年际变化，这为引入豆科植物等生态恢复过程的元素协调机制提供了理论参考（Ai et al.，2017），能够更好地指导平衡施肥。植物叶片化学计量特征因植被类型、功能群和物种

的差异而不同（Sterner and Elser，2002；Reich and Oleksyn，2004；Ågren，2004），存在明显的尺度效应。但是，现有研究对植物功能群的生态化学计量特征鲜有报道，限制了人们对不同石漠化发育背景下植物的生长适应策略以及不同功能群植物的限制性营养元素等的认识。

鉴于此，研究中国黔西北喀斯特高原山地区森林生态系统的 C、N、P 元素化学计量特征，有助于认识该地区高原山地森林的养分限制状况和经营策略，也有助于更加深入地理解不同养分元素对植物群落的影响。选取喀斯特高原山地区的不同植物功能群，测定 C、N、P 等养分含量，以生态化学计量学的理论和方法，明确喀斯特高原山地区森林生态系统植物功能群的 C、N、P 生态化学计量特征，解译喀斯特森林生态系统植物群落养分的变化规律，为揭示喀斯特高原山地区森林生态系统养分循环驱动机制奠定基础，指导植物群落结构优化配置和森林可持续经营。

3.3.1 研究方法

（1）实验设计

选择人类活动干扰相对较少、自然植被恢复良好的森林植物群落类型布设样点，于 2016 年 7 月进行野外调查，记录种名、树高、胸径、地径、冠幅等树木生长及其形态学指标。根据调查结果辨识优势树种，以生活型为依据，划分为常绿乔木、常绿灌木、落叶乔木、落叶灌木 4 类植物功能群。采样树种基本概况见表 3-8。

表 3-8　采样树种基本概况

树种	经纬度	海拔/m	坡度/（°）	坡向	坡位	土壤类型	树高/m	功能群
云南松	N27°14′31.06″，E105°04′55.48″	1 832	28	西南	中	黄壤	16.0	常绿乔木
华山松	N27°14′31.06″，E105°04′55.48″	1 832	28	西南	中	黄壤	13.8	常绿乔木
白栎	N27°14′31.06″，E105°04′55.48″	1 832	28	西南	中	黄壤	3.0	落叶灌木
火棘	N27°14′30.13″，E105°04′53.83″	1 852	32	西南	中	黄壤	1.8	常绿灌木
马桑	N27°14′31.06″，E105°04′55.48″	1 852	32	西南	中	黄壤	0.9	常绿灌木
栓皮栎	N27°14′04.69″，E105°04′59.53″	1 847	33	南	中	黄壤	2.2	落叶灌木
川榛	N27°14′04.69″，E105°04′59.53″	1 847	33	南	中	黄壤	1.7	落叶灌木
毛栗	N27°14′09.81″，E105°04′56.73″	1 800	50	西南	中	石灰土	3.5	落叶灌木
杜鹃	N27°14′09.81″，E105°04′56.73″	1 800	50	西南	中	石灰土	3.5	常绿灌木
光皮桦	N27°14′31.37″，E105°05′06.94″	1 850	33	西南	上	黄壤	16.3	落叶乔木
金丝桃	N27°14′31.37″，E105°05′06.94″	1 850	33	西南	上	黄壤	1.0	常绿灌木
银白杨	N27°14′11.50″，E105°05′00.83″	1 811	20	东南	中	黄壤	15.2	落叶乔木

光皮桦和银白杨是该区分布较广的乔木树种，由于区域内整体气候特征表现为高寒干旱，因此通过落叶适应研究区的水、热条件；华山松和云南松是研究区常见的针叶树种，通常华山松分布在 1 100 m 以上，为高海拔地区的优势树种，与栎类树种形成针阔混交林；白栎、川榛、毛栗、栓皮栎为阔叶灌木，叶面积较大，通过落叶方式适应干旱生境并实现养分归还；火棘、马桑、杜鹃和金丝桃植株矮小、冠幅较小，耐阴性强，通常为乔灌林的灌木层优势树种。

（2）样品采集与分析方法

样地的设置采用典型采样法，在每个样方内，以长势良好、成熟的植物为研究对象，每个植物沿东西南北 4 个方向采集光照条件较好、完全伸展且没有病虫害的叶片（去掉叶柄）约 500 g。同时收集新鲜凋落物，采用四分法取样后分别装入样品袋中并做好标记。然后用铁铲挖取植物根区土壤，装入土袋带回实验室，清理掉根系、石砾和动物残体等杂物，自然风干备用。植物叶片、凋落物和土壤有机 C 采用重铬酸钾外加热法（NY/T 1121.6—2006），全 N 采用 $HClO_4$-H_2SO_4 消煮后用半微量凯氏定氮法，全 P 采用 $HClO_4$-H_2SO_4 消煮-钼锑抗比色-紫外分光光度法。

（3）数据处理及分析方法

叶片、凋落物和土壤的 C∶N∶P 化学计量比采用质量比表示（贺金生和韩兴国，2010）。试验数据采用 Excel 2010 进行数据计算与整理，使用 Origin 8.0 作图。使用 SPSS 21.0 进行统计分析，数据分析前，采用 K-S 检验法进行正态分布检验，所有数据均应符合正态分布。采用 one-way ANOVA 分析植物叶片、凋落物和土壤相应的 C、N、P 含量以及化学计量关系的差异性。运用 Pearson 相关系数检验各植物功能群叶片、凋落物和土壤 C、N、P 及其化学计量比的相关性。显著性水平为 0.05。

3.3.2 各植物功能群 C、N、P 含量

不同植物功能群的 C、N、P 含量特征具有较大的差异（见图 3-8）。叶片有机 C 含量为常绿乔木（481.33 mg/g）＞落叶乔木（465.80 mg/g）＞落叶灌木（458.95 mg/g）＞常绿灌木（443.64 mg/g）；全 N 含量由高到低依次为落叶乔木（18.25 mg/g）、常绿灌木（17.49 mg/g）、落叶灌木（15.41 mg/g）、常绿乔木（12.68 mg/g）；全 P 含量为落叶乔木（1.74 mg/g）＞常绿乔木（1.23 mg/g）≈常绿灌木（1.22 mg/g）＞落叶灌木（0.97 mg/g）。

凋落物有机 C 最高为常绿乔木（536.88 mg/g），其次为落叶乔木（504.00 mg/g）和落叶灌木（489.18 mg/g），最低为常绿灌木（441.85 mg/g）；全 N 为落叶灌木（16.03 mg/g）＞常绿灌木（15.35 mg/g）＞落叶乔木（12.50 mg/g）＞常绿乔木（5.39 mg/g）；全 P 的变化规律与全 N 不完全一致，含量分别为 1.10 mg/g、1.09 mg/g、1.07 mg/g、0.91 mg/g。

土壤有机 C、全 N、全 P 均为落叶乔木＞落叶灌木＞常绿灌木＞常绿乔木，有机 C

含量分别为 82.02 mg/g、47.28 mg/g、31.93 mg/g、24.80 mg/g，全 N 含量依次为 5.98 mg/g、3.89 mg/g、2.60 mg/g、1.66 mg/g，全 P 含量为 0.91 mg/g、0.65 mg/g、0.63 mg/g、0.41 mg/g。结果表明落叶乔木对土壤养分质量的影响能力较大。

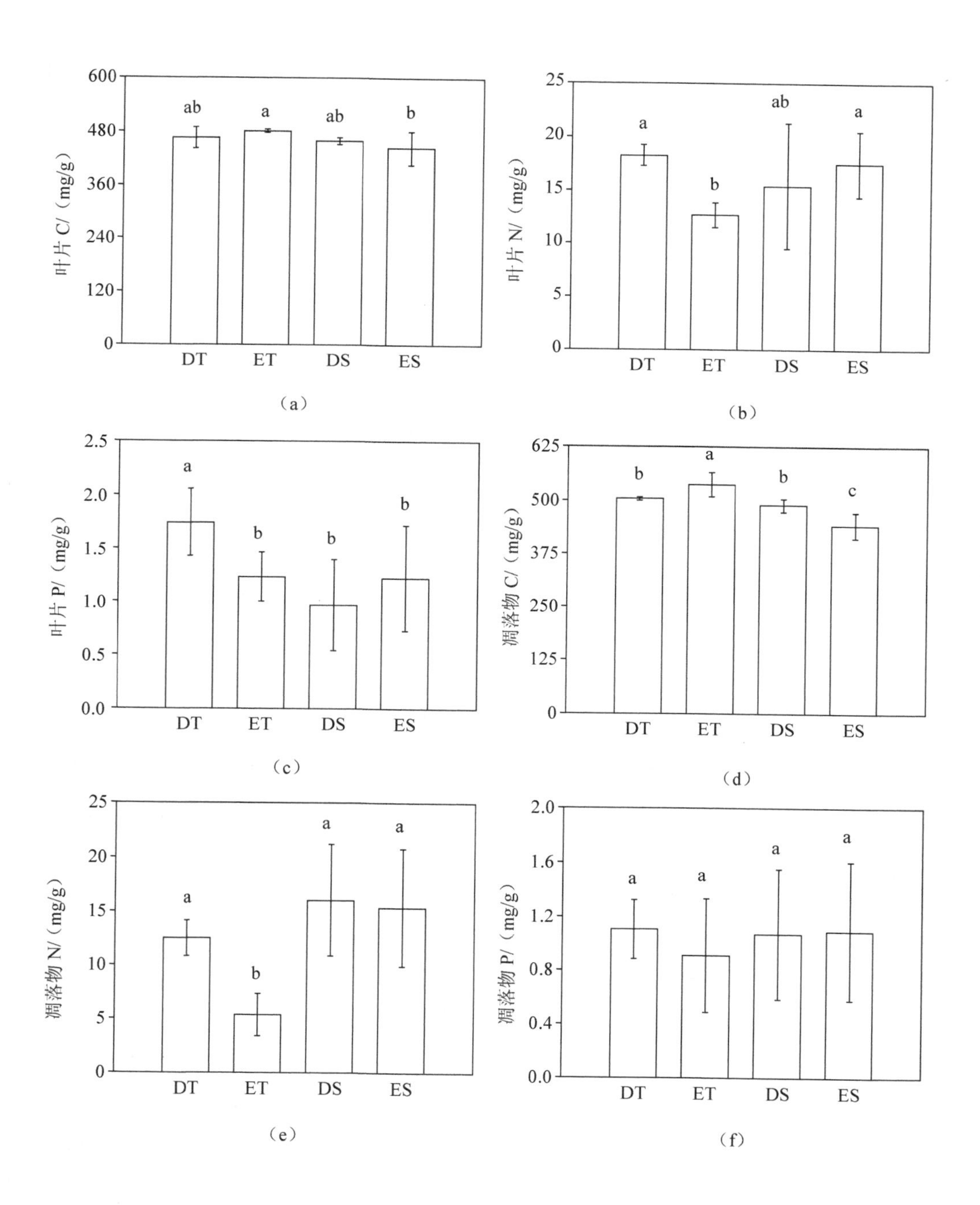

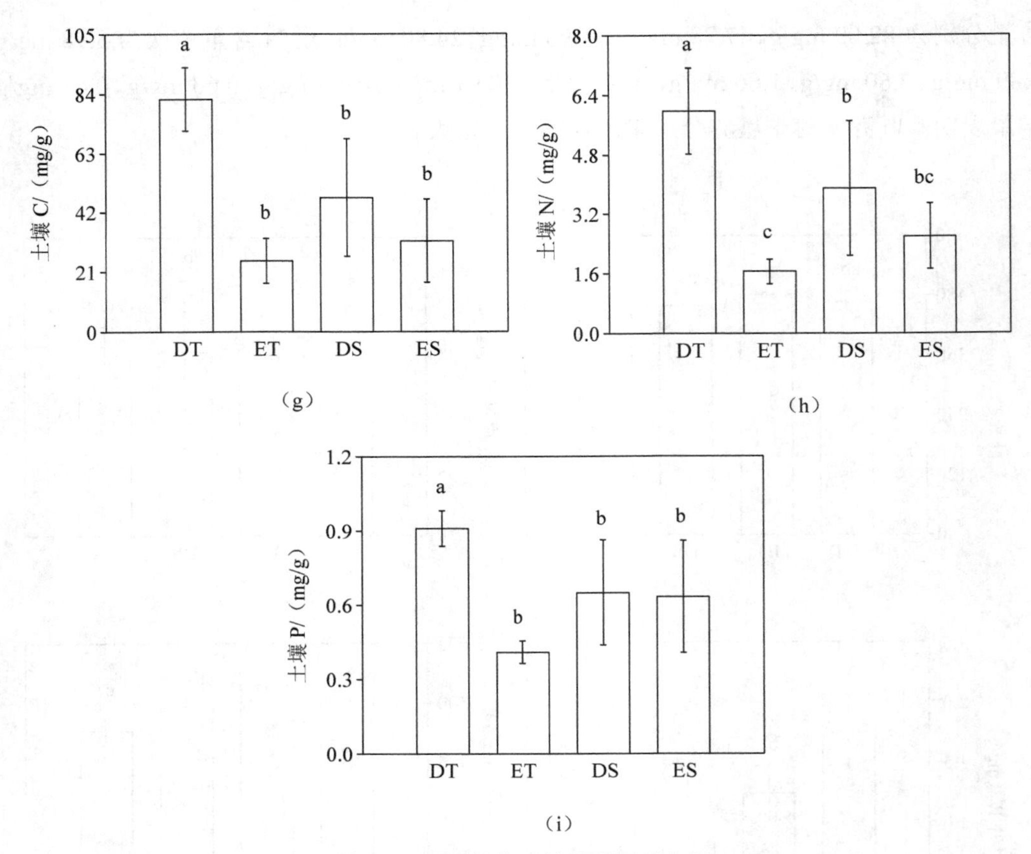

图 3-8　不同植物功能群碳氮磷含量

注：DT 为落叶乔木，ET 为常绿乔木，DS 为落叶灌木，ES 为常绿灌木。下同。

植物 C、N、P 含量及其化学计量特征受到环境和植物的共同影响，揭示了植物对水分胁迫等不利生境的防御和适应策略（王凯博和上官周平，2011），指示养分元素限制状况（Du et al.，2011；Yamazaki and Shinomiya，2013；Pan et al.，2015）。本研究着重分析了黔西北地区不同植物功能群叶片、凋落物和土壤各组分的 C、N、P 化学计量特征及其相关关系。不同植物功能群叶片 C 含量为 443～485 mg/g，落在国际上公认的植物平均 C 含量 45%～50%区间内（方精云等，2001）。叶片 C、N、P 含量在功能群水平上存在差异性显著（P<0.5），表明了不同植物功能群对外界环境防御和适应策略的差异性，黔西北地区植被类型多样、土壤异质性高，植物功能群对特有生境存在特定的适应对策。植物叶片 N、P 含量越高，表明其光合速率越高，生长速率越快，资源竞争能力越强，而叶片 C 含量高则表明其比叶重大，光合速率低，生长速率慢，具有较强的防御能力（Wright et al.，2004；Pooter and Bongers，2006）。本研究中，落叶乔木和常绿灌木 N、P 较高，而有机 C 含量相对较低，说明它们有较快的生长速率，这与实际情况相符合，光皮桦和银白杨是黔西北地区的乡土优势树种，具有较强的资源获取能力和

较高的利用效率。常绿乔木具有较高的叶片 C 含量，表明其主要通过增强防御能力来适应不利生境，实地调查得知常绿乔木由外地引种，可能通过不断增强防御功能来适应当地高寒干旱的生境。大尺度上的叶片 N、P 含量伴随降雨的增加而降低（Wright et al.，2001；Wei et al.，2011），但是本研究结果与其他地区相比（见表 3-9），并未呈现类似规律，这是否是由于研究尺度的差异导致的，尚需深入研究。

凋落物的降解为森林生长提供养分来源，在森林生态系统中扮演了重要的角色，是森林生态系统养分循环的内在组成部分和土壤有机质的主要来源（Kang et al.，2010），植物通过凋落物回归而参与土壤成土过程，是土壤发育的一种途径。如表 3-9 所示，研究区 4 类植物功能群凋落物 C、N、P 的含量分别为 492.98 mg/g、12.32 mg/g、1.04 mg/g，相较于曾昭霞等（2015）对广西喀斯特地区的研究结果，其 C、P 含量高于后者，而 N 含量低于后者。相较于全球尺度，N、P 元素含量均更高。但是，叶片 C、N 含量与全国、全球水平相比均较低，植物凋落物与植物叶片 C、N、P 的格局不一致，植物凋落物未秉承植物的特性，这与王宝荣等（2017）的研究结果不一致，具体原因有待进一步分析。

表 3-9　黔西北不同植物功能群与其他研究区域植物、凋落物、土壤的 C、N、P 含量

项目	区域	C/（mg/g）	N/（mg/g）	P/（mg/g）	C∶N	C∶P	N∶P	参考文献
叶片	黔西北	462.43	15.96	1.29	34.00	346.71	13.08	本研究
	广西喀斯特	427.5	21.2	1.2	19.8	356	18	曾昭霞，2015
	黄土高原	463.2	14.97	1.14	36.69	438.78	13.30	Zhao，2015
	中国	—	18.6	1.21	—	—	16	Han，2005
	全球	464	20.60	1.99	22.50	232	10.3	Elser and Fagan，2000
凋落物	黔西北	492.98	12.32	1.04	54.77	608.56	12.77	本研究
	广西喀斯特	396.2	12.7	0.9	31.4	440	14	曾昭霞，2015
	全球	—	10.9	0.9	—	—	12	Kang，2010
土壤	黔西北	46.51	3.53	0.65	13.20	69.07	5.19	本研究
	广西喀斯特	92	6.4	1.5	15.3	61	4	曾昭霞，2015
	黄土高原	6.78	0.63	0.53	10.65	13.24	1.22	Zhao
	中国	11.2	1.1	0.7	10～12	136	9.3	Tian，2010
	全球	—	—	—	14.3	186	13.1	Zhao，2015b

研究结果表明，黔西北地区的土壤有机 C、全 N、全 P 分别为 46.51 mg/g、3.53 mg/g、0.65 mg/g，除全 P 低于全国平均水平外，均低于广西喀斯特，高于黄土高原和全国平均水平（见表 3-9）。说明从全国尺度来说，黔西北地区的水热条件有利于营养物质的积累；黔西北地区年均 3 717℃的有效积温和 863 mm 的降雨量明显低于广西喀斯特地区年均 6 260℃的有效积温和 1 529 mm 的降雨量（曾昭霞等，2015），因此黔西北的土壤养分

含量低于广西喀斯特。黔西北地区落叶乔木的土壤有机 C、全 N、全 P 显著高于其他功能群，这可能与落叶乔木树种光皮桦、银白杨凋落物养分归还数量大、速率快有关，也揭示了优势树种对高寒干旱生境的适应机制。

3.3.3 各植物功能群 C、N、P 化学计量

如图 3-9 所示，本研究的 4 类植物功能群，C∶N、C∶P 多表现为凋落物＞叶片＞土壤（落叶灌木凋落物小于土壤），N∶P 除常绿乔木外，也表现出相同的规律。落叶灌木的叶片 C、N、P 计量比相对较高，常绿乔木的凋落物 C∶N、C∶P 较高而 N∶P 最低，落叶乔木的土壤计量比较高。常绿乔木、落叶乔木、常绿灌木、落叶灌木的叶片 C∶N 分别为 35.23、25.56、26.48、45.77，C∶P 依次为 488.74、275.88、417.89、291.95，N∶P 为 10.46、10.75、16.18、14.93；凋落物 C∶N 为 109.09、40.95、35.36、33.69，C∶P 分别为 854.64、558.26、550.70、470.63，N∶P 依次为 7.24、11.46、16.26、16.12；土壤 C∶N 分别为 14.71、13.84、11.67、12.58，C∶P 依次为 62.79、91.13、51.44、70.90，N∶P 为 4.14、6.67、4.19、5.76。不同植物功能群叶片 C∶N、C∶P、N∶P，凋落物 C∶P 及其土壤 C∶N 的差异均不显著，其余计量比存在一定程度的差异。

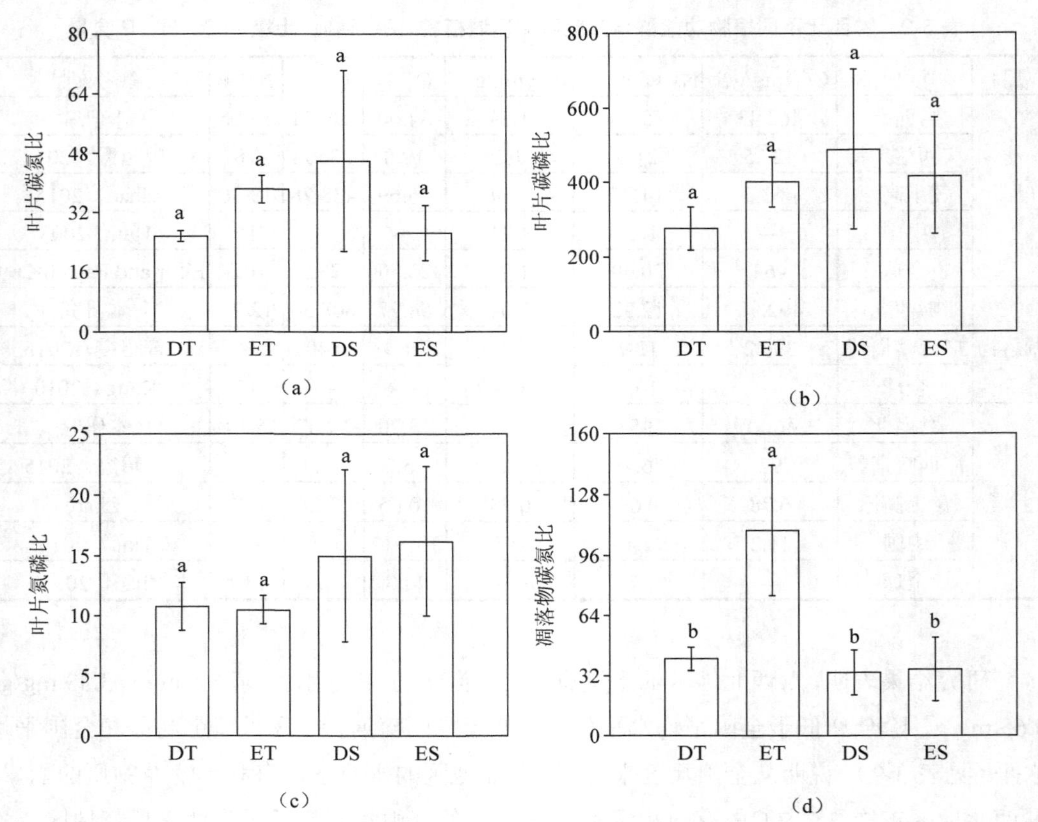

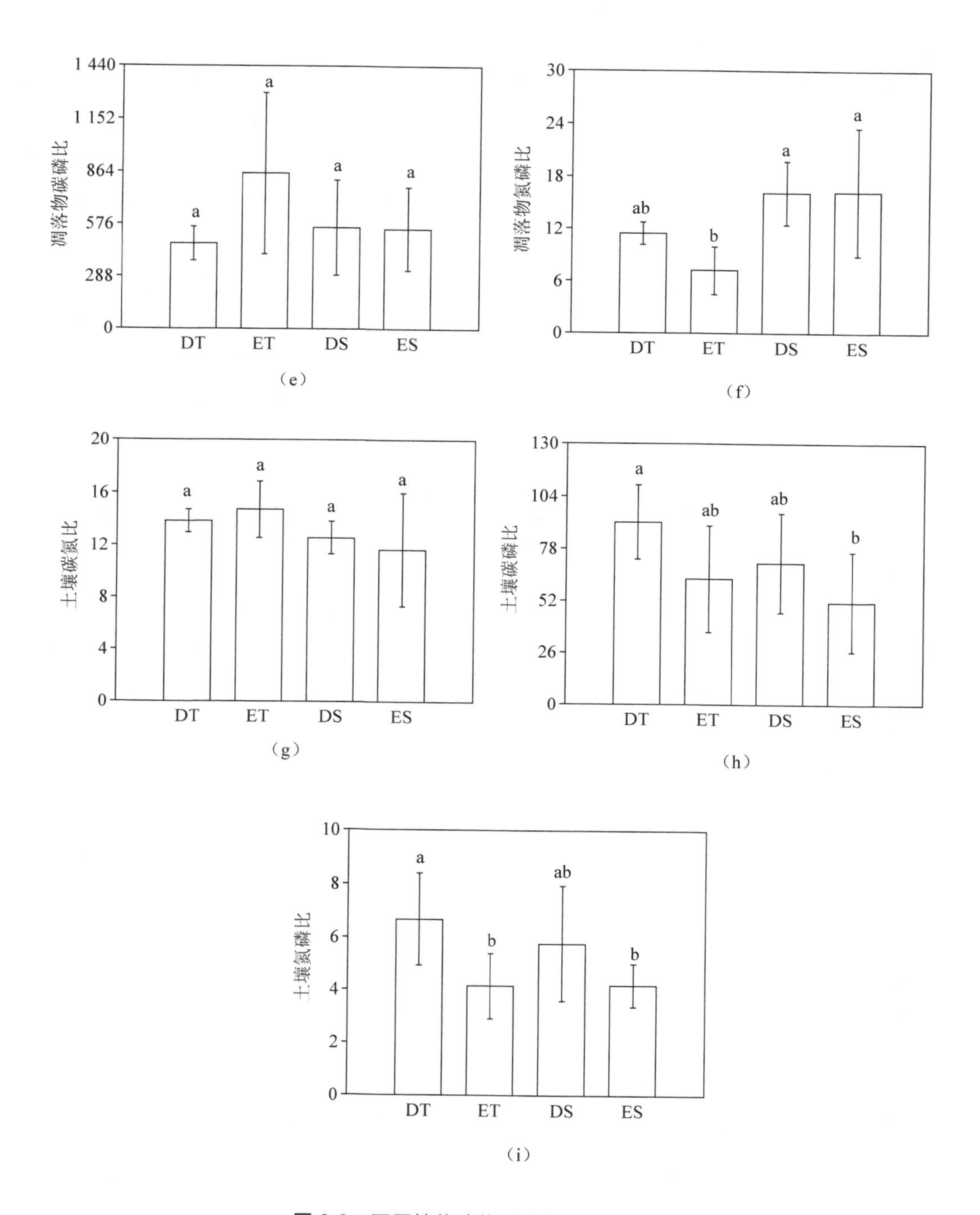

图 3-9　不同植物功能群碳氮磷化学计量

植物叶片 N∶P 值是判断植物不同生长阶段受营养限制状况的有用指标，作为判断作物限制生长的营养元素（Wang and Gao et al.，2014）。N∶P＜14 的植物生长主要受 N

元素的限制，N∶P＞16 的植物生长主要受 P 元素的限制，N∶P 处于二者之间为 N、P 共同限制（Aerts and Chapin，1990；Koerselman and Meuleman，1996）。黔西北地区叶片 N∶P 值低于广西喀斯特和全国平均水平，与黄土高原相当，相对地反映出黔西北森林生态系统受 N 元素的限制比较严重，原因可能是人为过度干扰和水土流失剧烈。但是，关于判断养分受限的元素计量比临界值还存在争议（Wassen et al.，1995；Güsewell and Koerselman，2002；Ellison et al.，2006；Wu et al.，2012），仍需结合研究区域和尺度进行确定。

已有研究表明 N∶P 值是影响凋落物的分解和养分归还速率的重要因素之一，较低的 N∶P 值使凋落物更易分解。凋落物的 N∶P＞25，表明凋落物的分解较慢，有利于养分的存储（潘复静等，2011）。黔西北地区凋落物 N∶P 为 12.77，说明凋落物在减缓水土流失和涵养土壤的生态功能方面需要强化；从林分结构优化角度来看，应营造灌木层，形成乔灌混交林，提高凋落物的 N∶P 值。凋落物 C∶P＞C∶N＞N∶P，说明黔西北地区植物氮含量偏低。凋落物的 C∶P 和 C∶N 高于叶片，N∶P 相当，原因可能是叶片衰老枯黄时，植物体内 N、P 元素的迁移能力较弱，不同植物功能群的 N、P 吸收机制有待进一步研究。

土壤 C∶N 与其分解速度成反比，其值较低表明有机质具有较快的矿化作用（Han et al.，2005），可以看出，黔西北地区落叶乔木土壤具有较快的矿化速率，而常绿乔木土壤具有较慢的矿化速率，原因是落叶乔木包括银白杨、光皮桦，常绿乔木包括云南松和华山松，针叶分解较慢。较低的 C∶P 是磷有效性高的一个指标（王绍强和于贵瑞，2008），对植物的生长发育具有重要影响。黔西北不同植物功能群土壤 C∶P 差异不显著，表明该区土壤 P 元素的有效性水平相近，原因可能与土壤 P 来源于岩石风化且迁移速率低，加之研究区空间距离较近有关；C∶P 高于广西喀斯特和黄土高原，低于全国和全球平均水平，表明该区土壤 P 的有效性虽然高于部分退化生态系统，但是仍然低于全国和全球平均水平。土壤 N∶P 可以作为养分限制类型的有效预测指标，黔西北不同植物功能群土壤 N∶P 存在显著差异，说明不同植物功能群之间的养分限制类型不同。该区土壤 N∶P 小于全国和全球平均水平，可以据此判断土壤 N、P 低于全国、全球整体水平，存在一定程度的 N、P 养分限制。

3.3.4 各植物功能群 C、N、P 及其化学计量间的相关性

表 3-10 为不同植物功能群叶片、凋落物和土壤连续体 C、N、P 含量的相关关系。结果表明：叶片有机 C 与叶片全 N 呈显著负相关；叶片有机 C 与凋落物全 N 表现出极显著负相关；叶片全 P 与土壤有机 C、全 N 均呈显著正相关；叶片全 N 与叶片全 P，凋落物全 N 与土壤全 P，土壤有机 C 与土壤全 N、全 P，土壤全 N 与土壤全 P 均为极显著正相关。

表 3-10　叶片、凋落物、土壤 C、N、P 含量的相关性

指标	叶片 C	叶片 N	叶片 P	凋落物 C	凋落物 N	凋落物 P	土壤 C	土壤 N	土壤 P
叶片 C	1	−0.34*	0.20	0.87**	−0.64**	−0.26	0.06	−0.06	−0.22
叶片 N		1	0.57**	0.35	0.15	−0.05	0.31	0.39	0.38
叶片 P			1	0.28	−0.16	0.12	0.48*	0.48*	0.37
凋落物 C				1	−0.55	−0.05	0.23	0.14	0.29
凋落物 N					1	−0.07	0.10	0.28	0.46**
凋落物 P						1	0.02	0.19	0.32
土壤 C							1	0.96**	0.70**
土壤 N								1	0.78**

表 3-11 为不同植物功能群叶片、凋落物和土壤连续体 C、N、P 含量与其化学计量特征的相关关系。结果表明：叶片有机 C 与凋落物 N∶P，叶片全 N 与叶片 C∶P，叶片全 P 与叶片 N∶P、凋落物 N∶P，凋落物 P 与凋落物 N∶P，土壤 P 与凋落物 C∶N 均呈显著负相关；叶片有机 C 与叶片 N∶P，叶片全 N 与叶片 C∶N，叶片全 P 与叶片 C∶N、叶片 C∶P，凋落物有机 C 与叶片 N∶P、凋落物 N∶P，凋落物全 N 与凋落物 C∶P、土壤 C∶N，凋落物全 P 与凋落物 C∶N、凋落物 C∶P、土壤 C∶N 表现出极显著负相关；叶片全 P 与土壤 N∶P，凋落物有机 C 与土壤 C∶P 均呈显著正相关；叶片全 N 与叶片 N∶P，凋落物有机 C 与凋落物 C∶N、土壤 C∶N，土壤有机 C 与土壤 C∶P、土壤 N∶P，土壤全 N 与土壤 C∶P、土壤 N∶P 均为极显著正相关。

表 3-11　叶片、凋落物、土壤 C、N、P 含量与化学计量特征的相关性

指标	叶片 C∶N	叶片 C∶P	叶片 N∶P	凋落物 C∶N	凋落物 C∶P	凋落物 N∶P	土壤 C∶N	土壤 C∶P	土壤 N∶P
叶片 C	0.23	−0.01	−0.53**	0.65**	0.38	−0.50*	0.59**	0.31	0.08
叶片 N	−0.85**	−0.42*	0.46**	−0.40	−0.21	0.11	−0.31	0.16	0.32
叶片 P	−0.52**	−0.56**	−0.37*	0.08	−0.09	−0.47*	0.05	0.40	0.42*
凋落物 C	0.20	−0.20	−0.53**	0.55**	0.17	−0.61**	0.53**	0.34*	0.29
凋落物 N	−0.19	0.08	0.33	−0.87**	−0.75**	0.29	−0.62**	−0.29	−0.01
凋落物 P	−0.21	−0.02	0.004	−0.53**	−0.92**	−0.46*	−0.55**	−0.20	0.02
土壤 C	−0.31	−0.14	−0.05	−0.27	−0.17	0.08	0.27	0.80**	0.81**
土壤 N	−0.37	−0.15	−0.02	−0.38	−0.31	0.04	0.01	0.68**	0.82**
土壤 P	−0.36	−0.13	0.03	−0.46*	−0.40	0.07	−0.16	0.20	0.31

表 3-12 为不同植物功能群叶片、凋落物和土壤连续体 C、N、P 化学计量特征之间的相关关系。结果表明：叶片 C∶N 与 N∶P 之间表现为显著负相关关系；叶片 N∶P 与凋落物 N∶P，凋落物 C∶P 与土壤 C∶N 均具有显著正相关关系；叶片、凋落物、土壤的 C∶N 与 C∶P 呈极显著正相关关系。

表 3-12　叶片、凋落物、土壤 C、N、P 化学计量特征之间的相关性

指标	叶片 C∶N	叶片 C∶P	叶片 N∶P	凋落物 C∶N	凋落物 C∶P	凋落物 N∶P	土壤 C∶N	土壤 C∶P	土壤 N∶P
叶片 C∶N	1	0.57**	–0.41*	0.12	0.19	0.07	0.26	–0.18	–0.32
叶片 C∶P		1	0.37*	0.04	0.05	0.23	–0.07	–0.07	–0.05
叶片 N∶P			1	–0.31	–0.07	0.48*	–0.25	–0.09	0.01
凋落物 C∶N				1	0.76**	–0.41	0.39	0.02	–0.18
凋落物 C∶P					1	0.21	0.44*	0.07	–0.12
凋落物 N∶P						1	0.12	0.05	–0.02
土壤 C∶N							1	0.57**	0.15
土壤 C∶P								1	0.89**

植物作为陆地生态系统的子系统，在调节整个系统稳定性方面扮演着重要角色。C、N、P 等元素是植物生长发育所必需的营养元素，在调节植物生长及行为过程中发挥着显著作用。叶片、凋落物、土壤是生态系统中生物因子与环境因子的代表，对环境变化的反应比较敏感（刘兴诏等，2010），它们的 C、N、P 比存在差异，是由土壤和植物各自执行不同的功能决定的（杨佳佳等，2014）。本研究结果显示，黔西北地区植物叶片、土壤的 N、P 含量均呈极显著正相关（$P<0.01$），凋落物 C、N 与土壤 C、N 的变异不大，证明了生态系统及其植物体内养分元素之间具有一定的自相关性。有研究表明，植物 N、P 与土壤 N、P 含量之间存在显著的线性正相关关系（肖遥等，2014），本研究中，植物叶片 C、N、P 含量与土壤 C、N、P 含量呈正相关关系，但相关性均不显著（见表 3-10），与中国天山北坡植物生态化学计量特征一致（谢锦等，2016）。原因是植物体内化学元素的含量受植物种类、生长发育阶段、群落特征、土壤类型、生态环境、人为活动等诸多因素共同影响，导致其营养元素含量存在较大差异（俞月凤等，2014）。

植物从土壤中吸收 N、P，在叶片凋落之前又进行了重吸收，因此 C∶N、C∶P 依次为凋落物＞植物＞土壤，这与曾昭霞等（2015）在桂西北喀斯特森林研究的结果一致。研究表明，不同植物功能群叶片全 N 和全 P 含量呈极显著正相关，验证了高等陆生植物养分计量的普遍规律，叶片全 N 和全 P 的这种正相关关系，是种群得以稳定生长发育的有力保障，也是植物最基本的特性（吴统贵等，2010）。C、N、P 含量及其化学计量比之间具有密切的相关关系，表明不同植物功能群通过不同功能之间的调整以及相互作用关系来适应外界环境的变化，并且不同植物功能群对外界环境的适应策略存在差异（戚

德辉等，2016）。近年来，植被适应性修复已经成为新的研究方向，有效地支撑了生态系统服务功能调控，将生态化学计量比及其相互关系作为适应性评价的一个内容，是未来研究的方向之一，可以揭示养分含量如何通过生态化学计量比的调节来控制对植物的影响。同时，生态化学计量比变化时，植物生态特征的响应与适应规律研究，可以作为逆境生理生态学的一个研究视角。

叶片和凋落物 C、N 对土壤 C∶N∶P 化学计量特征的影响显著，表明森林生态系统养分归还对系统自肥能力具有重要贡献，但是由于该区森林凋落物的原位性受到极大影响，导致凋落物与土壤 C∶N∶P 化学计量特征的相关性更小。本研究选取的黔西北森林植被，受到人为干扰诸如放牧、伐薪、毁林开荒等活动影响较大，研究结果显示植物功能群叶片的 C∶N∶P 化学计量特征受土壤的影响调控小于其自身的影响调控，表明应采取封山育林等措施保护植被，并发展农村新型能源、改善能源结构。

本研究仅对不同植物功能群的植物叶片、凋落物和土壤 C、N、P 养分变化和化学计量特征进行了初步研究，对于全面评价黔西北森林生态系统养分限制规律和循环特征，还需要结合温度、湿度、光照、人为活动、地形等因子对生态化学计量比的影响及其 Ca、S（Edward et al.，2016）、K（Wang and Tim et al.，2014）等元素平衡开展进一步研究，将不同尺度（Elser and Sterner et al.，2000）、不同水热组合的生物地球化学循环研究有机地联系起来，全面揭示森林生态系统的化学计量特征及其相互关系和空间变异规律与影响机制。

3.4　不同演替阶段植物群落养分质量特征

森林在拦蓄降雨、调节地表径流、防止土壤侵蚀方面的作用（丁访军等，2009），对减缓喀斯特地区石漠化进程意义重大。土壤肥力作为土壤系统物理、化学和生物组分之间复杂且相互作用的综合表现，影响并控制着林木的健康状态（Binkley and Fisher，2013）。保持和提高土壤质量是实现林业可持续发展的前提条件（刘永贤等，2014），对土壤肥力的评价一直作为评估人类管理林地优劣的有效方法（Crabtree and Bayfield，1998）。而凋落物作为森林生态系统物质循环和能量流动的重要“纽带”，其有机成分影响着森林碳循环，凋落物中的氮、磷等元素为森林生长发育提供着条件（左巍等，2016）。可见，建立包括土壤肥力指标和凋落物养分指标在内的养分评价指标体系进行植物群落养分质量诊断，对喀斯特高寒干旱地区林分恢复经营具有重要的指导意义。

鉴于养分质量在森林保护中的重要地位，一些学者以改善土壤养分为目的寻求了不同配置类型的森林营造模式。唐健等（2016）研究认为，采取有效的培肥沃土的森林经营措施，可在一定程度上防止连栽林土地土壤退化。朱丽琴等（2017）研究得出，森林恢复初期适当密植、立体种植和补植阔叶树种可提高土壤碳储量、土壤肥力和土壤活性有机碳含量，有利于退化生态系统土壤速效养分和土壤功能的快速恢复。郭颖等（2016）研究表明，相对于核桃纯林模式，复合经营可以改善核桃园土壤肥力。王钰莹等（2016）研究指出，茱萸-凹叶厚朴混交林为陕南秦巴山区植被恢复的最佳营造模式。目前对于喀斯特高原山地区植物群落养分方面的研究较少，尤其对该区不同演替阶段植物群落养分质量评价的研究尚未见报道。本研究以黔西北喀斯特高原山地区立地条件相似的灌丛、灌木、乔灌、乔幼林和乔林 5 个演替阶段的植物群落为研究对象，利用主成分分析法对表征不同植物群落养分质量的 12 项综合指标进行分析，并使用综合指数法进行养分质量综合诊断。旨在探讨喀斯特高寒干旱区不同演替阶段的养分质量现状，为喀斯特退化生态系统森林恢复与保护提供参考。

3.4.1 研究方法

（1）样品采集方法

植物群落以云南松（*Pinus yunnanensis*）、光皮桦（*Betula luminifera*）、银白杨（*Populus alba*）、栓皮栎（*Quercus variabilis*）、川榛（*Corylus heterophylla*）、杜鹃（*Rhododendron simsii*）为优势树种。本研究选取 5 个不同演替阶段的植物群落为研究对象（见表 3-13）：灌丛阶段，栓皮栎+川榛（*Quercus variabilis+Corylus heterophylla*）混交林；灌木阶段，杜鹃-银白杨（*Rhododendron simsii-Populus alba*）混交林；乔灌阶段，云南松+银白杨-光皮桦（*Pinus yunnanensis+Populus alba-Betula luminifera*）混交林；乔幼林阶段，银白杨+光皮桦（*Populus alba+Betula luminifera*）混交林；乔林阶段，光皮桦林。2016 年 7 月中旬，在不同植物群落内分别设置 20 m×20 m 样地，采用蛇形布点法设置 5～7 个取样点，用尼龙网袋收集凋落物组成混合样品，同时采集 0～20 cm 表层土壤制成混合样。样品带回实验室后，凋落物置于恒温干燥箱中，65℃烘至恒质量，研细并充分混匀备用；土壤剔除可见砾石、根系及动植物残体，自然风干后研磨，依次通过 2.00 mm、1.00 mm、0.25 mm、0.15 mm 筛备用。

表 3-13 不同演替阶段植物群落基本概况

演替阶段	群落类型	母岩	土壤类型	坡度/(°)	坡向	坡位	密度/(株/hm²)	乔木层		灌木层	
								平均树高/m	平均胸径/cm	平均树高/m	平均地径/cm
灌丛	QC	砂页岩	黄壤	33	南	中	7 725	—	—	1.03	1.56
灌木	RP	石灰岩	石灰土	50	西南	中	7 325	5.85	6.58	1.69	1.67
乔灌	PPB	砂页岩	黄壤	28	西南	中	8 425	12.43	14.45	1.46	1.96
乔幼林	PB	砂页岩	黄壤	20	东南	中	6 325	16.11	12.92	1.67	1.64
乔林	B	砂页岩	黄壤	33	东北	上	7 850	12.12	13.86	1.09	1.02

注：“—”表示无乔木层。QC 为栓皮栎+川榛混交林；RP 为杜鹃-银白杨混交林；PPB 为云南松+银白杨-光皮桦混交林；PB 为银白杨+光皮桦混交林；B 为光皮桦林。下同。

（2）样品分析方法

土壤 pH 使用电位法，其余指标的测定均采用《土壤农化分析》（鲍士旦，2008）中的分析方法：土壤与凋落物的有机质均采用重铬酸钾-外加热法，土壤全氮采用高氯酸-硫酸消煮-半微量凯氏定氮法，土壤碱解氮采用碱解扩散法，土壤全磷采用高氯酸-硫酸消煮-钼锑抗比色-紫外分光光度法，土壤有效磷采用氟化铵-盐酸浸提-钼锑抗比色-紫外分光光度法，土壤全钾采用氢氟酸-硝酸-高氯酸消解-火焰光度法，土壤速效钾采用中性乙酸铵浸提-火焰光度计法；凋落物全氮采用硫酸-过氧化氢消煮-奈氏比色-紫外分光光度法，凋落物全磷采用硫酸-过氧化氢消煮-钼锑抗比色-紫外分光光度法，凋落物全钾采用硫酸-过氧化氢消煮-火焰光度计法。

（3）数据处理方法

所有实验数据在 Excel 2010 和 SPSS 20.0 统计软件中整理、分析。采用单因素方差分析（one-way ANOVA）的最小显著差异（LSD）法对凋落物和土壤养分含量进行差异显著性检验，并使用 Origin 8.6 进行科学制图。采用主成分分析法计算不同演替阶段植物群落的养分质量综合指数。

选取土壤 pH、有机质、全氮、碱解氮、全磷、有效磷、全钾、速效钾和凋落物有机质、全氮、全磷、全钾作为植物群落养分评价的基本指标。为避免这些评价指标间由于量纲的不同造成在数值上的较大差异，研究前对各指标进行了标准化处理。

经主成分分析，可分别得到主成分公因子方差、载荷矩阵和贡献率；主成分特征向量等于对应的载荷矩阵值除以该成分特征值的平方根（林海明和张文霖，2005）。将主成分特征向量与标准化数据相乘得到各植物群落主成分因子得分。采用加权法计算不同演替阶段植物群落养分质量综合指数（IFI），其表达式为（Jin et al.，2008）：

$$\mathrm{IFI}=\sum_{i=1}^{n}W_i\times F_i \tag{3-2}$$

式中：n 为主成分数量；W_i 为各主成分贡献率；F_i 为各植物群落主成分因子得分。

3.4.2 不同演替阶段植物群落土壤养分差异

由图 3-10 可知，不同演替阶段植物群落土壤酸碱度均呈酸性，变化范围是 4.083～5.857，平均值为 4.891；碱解氮含量的变化范围是 0.073～0.280 mg/g，平均值为 0.149 mg/g；有效磷的变化范围是 0.001～0.010 mg/g，平均值是 0.005 mg/g；全钾含量的变化范围是 7.867～8.570 mg/g，平均值是 8.073 mg/g；速效钾的变化范围为 0.021～0.076 mg/g，平均值是 0.042 mg/g。从整体上看，不同演替阶段植物群落土壤 pH 具体表现为灌木阶段最高，乔林阶段最低，各演替阶段差异显著；碱解氮含量表现为灌木最大，且显著高于其他演替阶段，乔幼林最小，与灌丛及乔灌差异不显著；有效磷含量表现为乔林最大，与灌木差异不显著，灌丛阶段最小，与乔幼林差异不显著；全钾含量为乔幼林最大，乔灌最低，但各演替阶段群落差异均不显著；速效钾含量最大为灌木阶段，最小为乔幼林阶段，群落间均差异显著。不同演替阶段植物群落的凋落物全钾含量变化范围是 2.110～2.813 mg/g，均值为 2.471 mg/g。其中，乔林含量最大，与乔幼林差异不显著；灌丛含量最小，与灌木差异不显著。

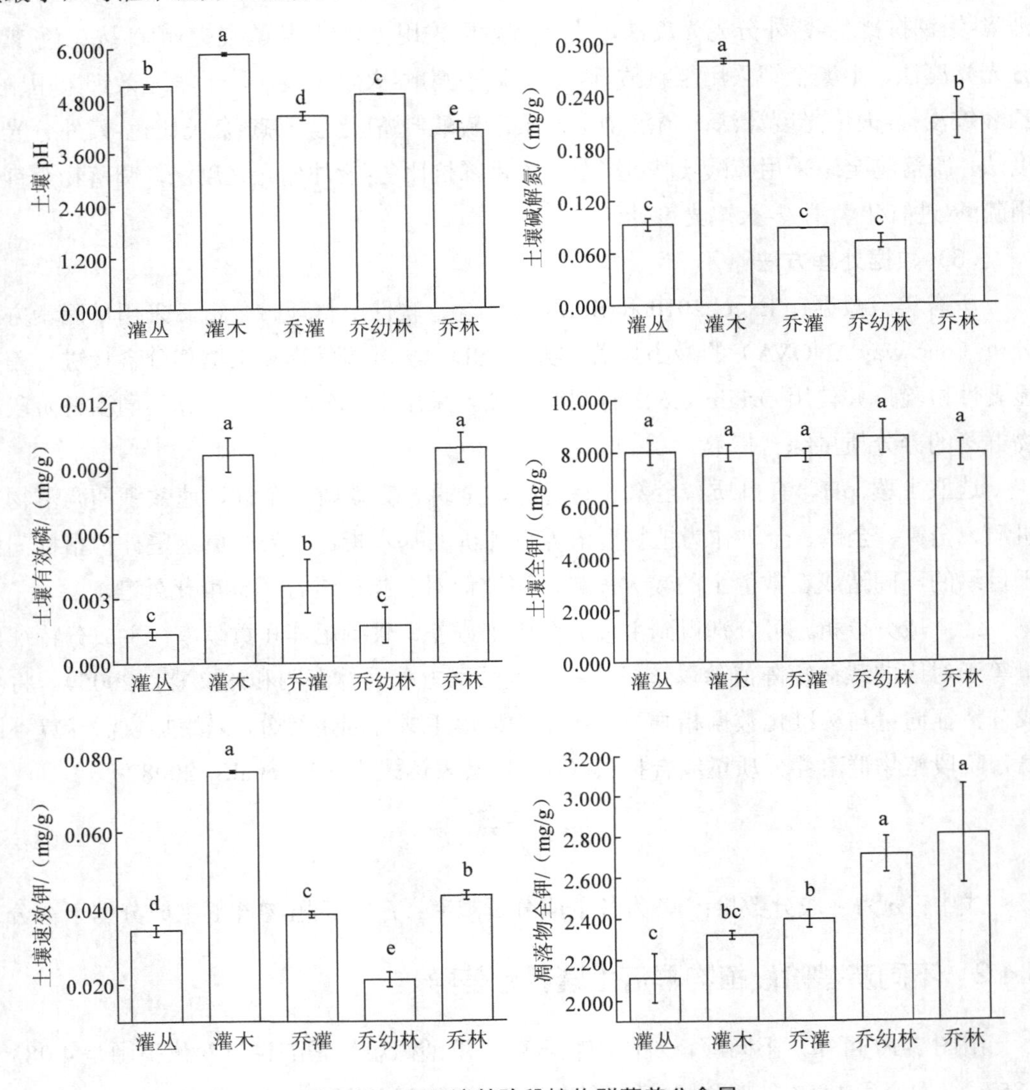

图 3-10 不同演替阶段植物群落养分含量

各演替阶段植物群落土壤与凋落物的有机质、全氮、全磷含量简要总结为土壤有机质与全氮含量均为灌木阶段最大（96.091，3.197 mg/g）、乔幼林阶段最小（15.932，0.703 mg/g），各演替阶段间差异显著；土壤全磷为灌丛（0.631 mg/g）显著高于其他演替阶段，乔灌最低，仅为 0.160 mg/g。群落间凋落物有机质表现为乔林最高（742.098 mg/g）、灌丛最低（671.681 mg/g），表现出了乔林较好的有机质储存优势；全氮为乔灌最高

（18.021 mg/g）、灌丛最低（13.488 mg/g）；全磷为乔林阶段最大（2.498 mg/g），乔灌（1.604 mg/g）最小，但各演替阶段均差异不显著。

3.4.3　不同演替阶段植物群落土壤质量评价

表 3-14 显示，各指标的公因子方差较大，土壤有机质的公因子方差最大（0.993），凋落物全氮的公因子方差最小，为 0.738，平均值为 0.904，表明变量空间转化为主成分空间时，可保留较多的信息。可见，利用主成分分析的方法具有合理性。按照特征值>1 的原则，抽取了 4 个主成分，其特征值分别为 4.934、3.378、1.386、1.151。这 4 个主成分的累计贡献率达 90.412%，即这 4 个主成分反映了原始数据所提供信息总量的 90.412%，根据累计贡献率达 85%的原则，对前 4 种主成分做进一步分析。主成分的初始因子载荷系数为原始指标与各主成分之间的相关系数。

表 3-14　植物群落初始因子载荷矩阵及主成分的贡献率

指标	主成分 1	主成分 2	主成分 3	主成分 4	公因子方差
土壤有机质	0.987	0.108	0.077	−0.012	0.993
土壤全氮	0.984	0.105	0.070	−0.064	0.987
土壤速效钾	0.948	0.056	−0.121	−0.195	0.954
土壤碱解氮	0.897	0.428	0.027	0.036	0.991
土壤有效磷	0.709	0.660	−0.073	−0.015	0.944
土壤 pH	0.626	−0.523	0.399	−0.188	0.860
凋落物全钾	−0.323	0.868	0.225	0.031	0.909
凋落物有机质	0.173	0.867	0.028	0.004	0.783
凋落物全氮	−0.437	0.702	−0.148	−0.177	0.738
土壤全磷	0.502	−0.588	0.099	0.518	0.876
土壤全钾	−0.307	0.030	0.854	−0.339	0.940
凋落物全磷	−0.103	0.438	0.351	0.741	0.875
特征值	4.934	3.378	1.386	1.151	
贡献率/%	41.113	28.154	11.552	9.593	
累计贡献率/%	41.113	69.267	80.819	90.412	

由表 3-14 可知，第 1 主成分的方差贡献率最大，为 41.113%，是最重要的影响因子，其与大多数土壤方面的指标关系密切，主要反映了土壤速效养分的重要性，可以认为是土壤速效养分因子；第 2 主成分的贡献率为 28.154%，是次重要的影响因子，该主成分在凋落物的全钾、有机质和全氮指标上负载较大，可以认为是凋落物养分因子；第 3 主

成分的贡献率为 11.552%，该主成分在土壤全钾上负载较大；第 4 主成分的贡献率是 9.593%，主要受凋落物全磷的支配。主成分的特征向量，即系数向量，等于对应的载荷系数除以特征值的平方根（林海明和张文霖，2005），结果见表 3-15。将得到的特征向量与标准化后的数据相乘，可算出各主成分因子得分（F_i）（张子龙等，2013）。

表 3-15　主成分特征向量

指标	主成分 1	主成分 2	主成分 3	主成分 4
土壤 pH	0.282	–0.285	0.339	–0.175
土壤有机质	0.444	0.059	0.065	–0.011
土壤全氮	0.443	0.057	0.059	–0.060
土壤碱解氮	0.404	0.233	0.023	0.034
土壤全磷	0.226	–0.320	0.084	0.483
土壤有效磷	0.319	0.359	–0.062	–0.014
土壤全钾	–0.138	0.016	0.725	–0.316
土壤速效钾	0.427	0.030	–0.103	–0.182
凋落物有机质	0.078	0.472	0.024	0.004
凋落物全氮	–0.197	0.382	–0.126	–0.165
凋落物全磷	–0.046	0.238	0.298	0.691
凋落物全钾	–0.145	0.472	0.191	0.029

各演替阶段植物群落的主成分因子得分（F_i）如表 3-16 所示，由主成分因子得分（F_i）和方差贡献率（W_i）加权，可得各植物群落养分质量综合指数函数（Jin et al.，2008）。结果显示，灌木阶段养分质量最高（1.510），乔灌阶段最低（–0.940）；不同演替阶段植物群落养分质量综合指数由大到小依次为：灌木阶段＞乔林阶段＞灌丛阶段＞乔幼林阶段＞乔灌阶段。

表 3-16　植物群落主成分因子得分（F_i）及养分综合指数

演替阶段	因子得分				养分综合指数
	因子 1	因子 2	因子 3	因子 4	
灌丛	–0.141	–2.770	0.059	0.981	–0.737
灌木	3.879	–0.170	0.110	–0.520	1.510
乔灌	–1.465	–0.215	–1.460	–1.132	–0.940
乔幼林	–2.461	0.371	1.526	–0.412	–0.771
乔林	0.188	2.784	–0.234	1.082	0.938

3.4.4 不同演替阶段植物群落土壤养分质量诊断

植物群落演替的过程，实质是植物与土壤相互作用的过程（韩兴国等，1995）。有研究表明，凋落物氮含量和碳氮比对土壤养分的积累影响显著，但阳离子交换量和 pH 方面的土壤基质性质才是土壤有机碳和氮积累的最主要控制因子（张伟等，2013）。本研究中，各演替阶段植物群落土壤有机质、全氮和碱解氮含量由大到小均为灌木＞乔林＞灌丛＞乔灌＞乔幼林，与养分质量评价结果（灌木＞乔林＞灌丛＞乔幼林＞乔灌）相差不大，区别在于乔灌在土壤有机质、全氮和碱解氮含量方面，优于乔幼林。另外，灌木与乔林具有较高的土壤有机质、全氮和碱解氮含量，这显然是受到了以土壤 pH 占主导，与凋落物全氮等化学性质共同控制的结果（张伟等，2013）。其中，灌木在土壤 pH 上具有优势，乔林在凋落物全氮含量上领先，且二者均具有较高的凋落物碳氮比。随着演替的正向进行，土壤其他养分指标均呈波浪形变化，无明显趋势；但凋落物有机质、全氮、全磷和全钾均随着植被的正向演替，总体呈明显的升高趋势。宋永昌和陈小勇（2007）认为，在演替初期，土壤养分瘠薄，只适合对生境条件要求低的先锋树种生长；随着凋落物的积累和分解，土壤肥力逐渐提高，演替后期种开始逐步侵入和生长。土壤状况的不同最终会导致凋落物养分含量的差异（宋新章等，2009）。而土壤养分含量未随着演替方向呈现相似的规律，这可能因为部分群落为人工林及次生林，自循环系统还未完全建立。加上研究区严重的地表流失与地下漏失，导致土壤养分流失较为严重。

据调查，灌木林中，优势树种银白杨处于灌木阶段，凋落物分解速率快，归还量大；该生境中较多的藤刺避免了外界干扰；此外，该群落处于中坡位，坡度趋缓，易蓄积养分，养分质量综合指数最大。乔林优势树种为光皮桦，其凋落物养分含量均高于灌木林。加之光皮桦为落叶树种，凋落物蓄积量大，分解速率较快，使得土壤养分能得到一定的补充，质量较好。当地曾发展林下种植，虽有助于培肥地力，但翻耕也造成了养分流失。乔林养分质量仅次于灌木林。灌丛养分质量综合指数为–0.737，此阶段群落凋落物养分除全磷外，其他养分含量均为最低；但栓皮栎和川榛均为落叶树种，凋落物蓄积量大，加之处于较缓的坡位，养分流失量较少。乔幼林的养分质量指数是–0.771，由于当地大量的放牧，存在生物践踏，使得土壤容重较大，不利于培育团粒结构；同时，该群落距耕地较近，凋落物被大量取走以制成肥料，造成该群落养分质量较差。乔灌养分质量指数最低（–0.940），其中光皮桦与银白杨林还处于小乔木或灌木阶段，树体较小，凋落物数量较少，且当地将松针作为能源，使地表凋落物大量减少；而针叶叶表被蜡质，分解速率较慢，养分归还速率低（宋新章等，2009），最终造成土壤养分“供”大于“还”，建议通过保护林地凋落物以提高该阶段土壤养分。

已有研究表明森林生长所需 70%～90%的养分来自凋落物的降解（赵其国等，1991），尤其在喀斯特强烈发育的地区，凋落物养分的归还量是贫瘠土壤养分的重要来源（左巍等，2016）。研究表明，凋落物对群落养分的贡献率达 37.75%，其养分含量随正向演替逐渐升高，因此保护凋落物数量对整个植物群落养分供应意义重大。特别是演替阶段初期，凋落物数量较演替后期少，养分含量低（张庆费等，1999），更应对凋落物采取原位保护措施，实现森林生态系统养分自循环，同时提高凋落物的蓄水能力，达到森林生态系统水肥耦合自给的目的。

乔灌阶段（云南松+银白杨-光皮桦群落）养分质量较低，云南松为飞播造林树种，树龄约为 40 年；而养分质量较高的银白杨和光皮桦均为乡土树种，已经与当地生境形成了特有的生态适应机制。有学者认为，自然恢复的植被有助于提高土壤肥力，且自然生长的植被较引进的树种提升效果更显著（张璐等，2014）。故推测银白杨+光皮桦群落具有较高的土壤肥力，是黔西北地区的目标林相之一。但是，现有银白杨+光皮桦群落处于幼林阶段，养分质量仍较低，需要加强抚育和减少人为干扰。

本研究引入凋落物的主要元素作为植物群落养分质量评价指标，结果表明这一评价指标体系能够反映影响植物群落养分质量的主导因素，说明指标体系具有合理性。但是，未建立凋落物和土壤之间的联系机制，导致影响养分质量的原因未得到深入分析，在下一步的研究中应当得到重视。同时，森林生态系统养分自循环能力与凋落物的数量、质量和分解速率密切相关（刘兴诏等，2010），但是二者的相互作用机制还需深入研究。

3.5　天然次生林土壤及凋落物生态化学计量

生态化学计量学为研究退化生态系统植物内稳性与 N、P 等限制提供了有效手段（贾国梅等，2016）。C、N、P 作为植物生长的必需元素，对植物的生长发育、养分循环以及个体功能的运行具有重要作用（Vitousek et al.，2010；王维奇等，2011）。凋落物分解过程中养分的归还使得土壤养分供应量具有明显的时空变异（Frouz et al.，2011；Han et al.，2011），增加了二者间关系的复杂性。而在喀斯特强烈发育的地区，凋落物养分的归还量是贫瘠土壤养分的重要来源（左巍等，2016），使得对森林群落凋落物、土壤的生态化学计量特征研究具有十分重要的理论和现实意义。对喀斯特区土壤水分和养分水平研究表明：土层厚度、土壤有机质含量、土壤颗粒组成及 0.03～0.3 mm 孔隙度是影响土壤水分库容的主要因素（李孝良等，2008）；推行自然恢复，减少人为干扰可有效提高喀斯特退化生态系统土壤生产力，增加土壤有机碳积累（魏亚伟等，2010）。在生态化学计量学研究方面：潘复静等（2011）分析了喀斯特峰丛洼地 4 个不同演替阶段植被生态化学计量特征在不同坡位间的差异，发现在上坡位，成熟林群落的凋落物有利于积累养分；曾昭霞等（2015）对喀斯特原生林和次生林植物-凋落物-土壤的研究结果表明喀斯特森林凋落物与植物均呈现低 C∶N 和高 N∶P 的生态化学计量特征；张亚冰等（2016）应用生态化学计量学的方法对贵州月亮山 5 种森林类型土壤进行研究，发现不同森林类型的 C、N、P 含量及其化学计量特征存在显著差异。以上学者的研究，初步揭示了喀斯特森林凋落物、土壤养分含量及生态化学计量。水源涵养林在拦蓄降水、调节径流和净化水质等方面的重要功能对喀斯特高原山地区十分重要（赵洋毅等，2010），但是关于此地区水源涵养林生态化学计量特征方面的研究却鲜有报道。本节以喀斯特高原山地区 5 种典型水源涵养林为研究对象，对不同植物群落凋落物、土壤的 C、N、P 含量及生态化学计量特征予以研究，试图回答不同水源涵养林的养分变化及其相互关系，以期完善喀斯特退化生态系统生态化学计量学的研究。

3.5.1 研究方法

（1）样品采集方法

水源涵养林以云南松（*Pinus yunnanensis*）、光皮桦（*Betula luminifera*）、银白杨（*Populus alba*）、栓皮栎（*Quercus variabilis*）、川榛（*Corylus heterophylla*）、杜鹃（*Rhododendron simsii*）为优势树种。本节选取云南松+光皮桦+银白杨林（*Pinus yunnanensis*+*Betula luminifera*+*Populus alba*，PPB）、栓皮栎+川榛林（*Quercus variabilis*+*Corylus heterophylla*，QC）、银白杨+光皮桦林（*Populus alba*+*Betula luminifera*，PB）、杜鹃+银白杨林（*Rhododendron simsii*+*Populus alba*，RP）、光皮桦林（*Betula luminifera*，B）5 种水源涵养林的土壤为研究对象（见表 3-13）。具体的采样方法见“3.4.1”。

（2）样品分析方法

用重铬酸钾-外加热法测定凋落物与土壤的有机碳。用凯氏定氮法测定土壤全氮；用高氯酸-硫酸消煮，钼锑抗比色法测定土壤全磷。用硫酸-过氧化氢消煮，奈氏比色法测定凋落物全氮；用硫酸-过氧化氢消煮，钼锑抗比色法测定凋落物全磷（鲍士旦，2008）。

（3）数据处理与分析方法

所有实验数据在 Excel 2010 和 SPSS 20 统计软件中进行统计、整理。采用单因素方差分析（one-way ANOVA）的最小显著差异（LSD）法对凋落物和土壤有机碳（OC）、全氮（TN）、全磷（TP）及其化学计量比进行差异显著性检验，采用 Pearson 相关系数法进行指标之间的相关性分析。

3.5.2 不同群落土壤及凋落物 C、N、P 元素含量

由表 3-17 可知，各水源涵养林 OC、TN、TP 含量变化规律较为相似。土壤与凋落物的 OC、TN、TP 含量均为 OC＞TN＞TP，表明土壤与凋落物连续体间具有明显的关联性，且凋落物 OC、TN、TP 高于土壤，这与植物体为维持自身正常代谢，吸收土壤中的大部分营养，并以凋落物的形式逐步返还给土壤的实际相符合（左巍等，2016）。不同群落土壤：OC 与 TN 均为 RP 群落最大（55.74 mg/g，3.20 mg/g）、PB 群落最小（9.24 mg/g，0.70 mg/g），各群落间差异显著；TP 为 QC 群落（0.63 mg/g）显著高于其

他群落，是其他群落的 1～4 倍，PPB 群落和 PB 群落最低仅为 0.16 mg/g。不同群落凋落物：①OC 为 B 群落最高（430.45 mg/g）、QC 群落最低（389.61 mg/g），TN 为 PPB 群落最高（18.02 mg/g）、QC 群落最低（13.49 mg/g），表明 B 群落凋落物分解速率相对较慢，QC 群落凋落物分解速率相对较快；②TP 差异不显著。

表 3-17 群落凋落物与土壤的 OC、TN、TP 含量 单位：mg/g

群落类型	OC		TN		TP	
	土壤	凋落物	土壤	凋落物	土壤	凋落物
PPB	12.40±0.34d	398.67±1.59bc	1.03±0.070d	18.02±1.42a	0.16±0.008 6d	1.60±0.50a
QC	20.12±0.34c	389.61±7.16c	1.26±0.032c	13.49±0.41c	0.63±0.095a	2.05±0.52a
PB	9.24±0.18e	407.86±8.99b	0.70±0.029e	16.83±0.28ab	0.16±0.006 9d	2.25±0.75a
RP	55.74±2.68a	408.87±3.95b	3.20±0.075a	14.88±1.28bc	0.43±0.002 3b	1.90±0.44a
B	27.61±0.44b	430.45±6.24a	1.63±0.096b	17.13±2.13ab	0.29±0.012c	2.50±0.76a

注：表中数据为平均值±标准差。下同。

从表 3-17 和表 3-18 中可以看出，研究区 0～20 cm 土壤层 OC 含量为 9.24～55.74 mg/g，平均值为 25.02 mg/g。土壤 C、N 等养分主要来源于凋落物的分解，这使养分首先在土壤表层聚集。在随水或其他介质向下层逐渐扩散的过程中，养分浓度存在明显的下降趋势（刘兴诏等，2010）。研究区 0～20 cm 土壤层 OC 均值高于赣中地区 4 种林分 0～10 cm 土壤层 OC 含量（杜满义等，2013），与全国土壤 0～10 cm 土壤层 OC 含量（Tian et al.，2010）接近，表明示范区 0～20 cm 土壤层 OC 含量处于较高水平。而土壤 OC 的形成和分解受植被类型、温度、降水、成土母质、土壤性质等因子的影响（白小芳等，2015），该区土壤 OC 含量水平与喀斯特高原山地区高寒干旱的气候环境有一定关系。同时，研究区土壤 OC 含量低于广西环江木论喀斯特保护区 2 种原生林分 0～20 cm 土壤层 OC 平均含量（俞月凤等，2014），这可能与喀斯特峰丛洼地复杂的生境、较高的空间异质性有关（宋同清等，2010）。研究区 0～20 cm 土壤层 TN 变化范围是 0.70～3.20 mg/g，平均值为 1.56 mg/g，低于广西环江木论喀斯特保护区 2 种原生林分 0～20 cm 土壤层 TN 含量（俞月凤等，2014）。研究区 0～20 cm 土壤层 TP 的变化幅度为 0.16～0.63 mg/g，均值是 0.33 mg/g。土壤磷（P）素的来源较为固定，主要是通过漫长的岩石风化，所以在土壤中的垂直分布呈"圆柱体"状，差异不大（刘兴诏等，2010），使得不同深度的研究区之间存在可比性。研究区 TP 含量虽然高于广西喀斯特地区 0～20 cm 土壤 TP 含量（俞月凤等，2014）和赣中地区 4 种林分 0～10 cm 土壤 TP 的研究成果（杜满义等，2013），但仅达全国 0～10 cm 土壤层 TP 平均水平（Tian et al.，2010）的 42.86%，说明研究区 0～20 cm 土壤层的 TP 含量较低。这可能与研究区地表流失和地下漏失严重有关。

由表 3-17 和表 3-18 可知，5 种群落凋落物 OC 含量为 389.61～430.45 mg/g（均值

为 407.09 mg/g），TN 为 13.49～18.02 mg/g（平均值是 16.07 mg/g），TP 为 1.60～2.50 mg/g（平均值为 2.06 mg/g），相对于广东鼎湖山亚热带常绿阔叶林（王晶苑等，2011），其 OC 含量低于后者，而 TN、TP 含量高于后者。研究区 TN、TP 含量也高于祁连山高寒半干旱山地青海云杉（赵维俊等，2016）、广西环江喀斯特地区森林（曾昭霞等，2015）和全球水平（Kang et al.，2010）（10.90 mg/g、0.90 mg/g），表明研究区凋落物 OC 含量处于偏低水平，TN、TP 含量较高。研究区喀斯特森林凋落物呈现出低 C 高 N 高 P 格局，这可能与凋落物的分解程度、植物体对养分的重吸收程度以及研究区阔叶落叶树种较多有关。

表 3-18 贵州喀斯特高寒山地与其他区域凋落物、土壤的 C、N、P 含量及计量特征

对象	研究区域	OC/（mg/g）	TN/（mg/g）	TP/（mg/g）	C∶N	C∶P	N∶P	参考文献
土壤	贵州喀斯特 0～20 cm	25.02	1.56	0.33	15.13	78.40	5.17	本研究
	广西喀斯特 0～20 cm	41.77	5.17	0.28	8.5	209.20	23.80	俞月凤等，2014
	赣中 0～10 cm	16.27	0.74	0.11	21.99	147.91	6.73	杜满义等，2013
	全国 0～10 cm	24.59	1.88	0.77	14.40	136.00	9.30	Tian，2010
	全球森林 0～10 cm	—	—	—	12.43	82.10	6.60	Cleveland and Liptzin，2007
凋落物	贵州喀斯特地区	407.09	16.07	2.06	25.67	212.87	8.38	本研究
	广东鼎湖山	522.10	14.22	0.43	37.30	1 305.00	35.00	王晶苑等，2011
	祁连山地区	379.90	12.12	0.81	33.25	484.10	13.30	赵维俊等，2016
	广西喀斯特地区	396.15	12.73	0.90	31.12	440.17	14.11	曾昭霞等，2015
	全球森林	—	—	—	56.75	1 219.27	20.58	McGroddy，2004

3.5.3 不同群落土壤及凋落物 C、N、P 化学计量特征

不同群落土壤的生态化学计量比如表 3-19 所示：C∶N 为 RP 群落最大（17.44），与 QC 群落、B 群落差异不显著，与 PPB 群落、PB 群落呈显著差异，PPB 群落最小（12.09）；C∶P、N∶P 均为 RP 群落最高（分别为 129.45、7.42）、QC 群落最低（分别为 32.44、2.03），RP 群落在这两个指标上均约为 QC 群落的 4 倍，这与 RP 群落具有较高的 OC 与 TN 有关，不同群落间均呈显著差异。如表 3-19 所示，不同群落凋落物 C∶N 表现为 QC

群落最大（28.91）、PPB 群落最小（22.22），但群落间差异不显著；C∶P 差异较小，5 个群落之间无显著差异；N∶P 表现为 PPB 群落最高，为 12.01，与 PB、RP、B 群落差异不显著，与 QC 群落差异显著。

表 3-19 群落凋落物与土壤的生态化学计量特征

群落类型	C∶N		C∶P		N∶P	
	土壤	凋落物	土壤	凋落物	土壤	凋落物
PPB	12.09±1.02b	22.22±1.76c	77.67±4.78c	268.98±99.34a	6.43±0.24b	12.01±3.89a
QC	15.98±0.17a	28.91±1.15a	32.44±5.80e	198.39±51.89a	2.03±0.39e	6.82±1.53b
PB	13.14±0.32b	24.24±0.86bc	56.77±1.69d	194.53±57.54a	4.32±0.17d	7.98±2.16ab
RP	17.44±0.87a	27.62±2.43ab	129.45±6.65a	219.25±38.26a	7.42±0.21a	7.92±0.96ab
B	16.98±1.03a	25.36±2.85abc	95.65±2.76b	183.19±54.19a	5.65±0.33c	7.16±1.61ab

5 种群落中土壤的 C∶N 波动范围为 12.09～17.44（均值 15.13），C∶P 为 32.44～129.45（均值 78.40），N∶P 为 2.03～7.42（均值 5.17）；凋落物的 C∶N 在 22.22～28.91（均值 25.67），C∶P 为 183.19～268.98（均值 212.87），N∶P 变幅为 6.82～12.01（均值 8.38）。凋落物的 C∶N 是土壤 C∶N 的 1.70 倍，C∶P 是土壤的 2.72 倍，N∶P 是土壤的 1.62 倍，表明群落 C∶N、C∶P、N∶P 均为凋落物层＞土壤层。

贵州喀斯特高原山地区水源涵养林 0～20 cm 土壤层 C∶P、N∶P 均值分别是 78.40、5.17，仅为广西环江喀斯特地区（俞月凤等，2014）0～20 cm 土壤层 C∶P、N∶P 值的 37.48%和 21.72%，同时也低于赣中地区（杜满义等，2013）、全国 0～10 cm 土壤层平均水平（Tian et al.，2010）与全球 0～10 cm 森林土壤层（Cleveland and Liptzin，2007）。可见，研究区土壤 C∶P、N∶P 值均较低。C∶P 是指示 P 有效性高低的一个指标（王绍强和于贵瑞，2008），较低的 C∶P 说明研究区土壤 P 具有较高的有效性。同时，有研究提出，在土壤 N、P 含量不太高或太低的前提下，可将 N∶P＜10 和 N∶P＞20 作为评价植被生产力受到 N 或者 P 限制的指标（Güsewell，2004）。研究区土壤 N∶P 均值为 5.17，小于 10，表明该区域的林分生产力主要是受 N 的限制。综合分析表明，森林土壤 N、P 处于亏缺状态，因此在群落建植过程中应注重养分质量的保护，可采取促进养分循环和自肥措施，尤其是促进主要限制养分 N 的循环，是研究区水源涵养林恢复的重要途径之一。

凋落物 C∶N、C∶P 和 N∶P 的均值依次为 25.67、212.87、8.38，均低于广东鼎湖山亚热带常绿阔叶林（王晶苑等，2011）、祁连山青海云杉林（赵维俊等，2016）、广西环江喀斯特森林（曾昭霞等，2015）以及全球森林（McGroddy et al.，2004）的研究结果。表明研究区 C∶N、C∶P 和 N∶P 均较低，原因与凋落物呈低 C 高 N 高 P 格局有关。有研究认为，凋落物较低的 C∶N 具有较高的分解速率（王绍强和于贵瑞，2008），这符合落叶阔叶树种凋落物的分解规律，但凋落物较快的分解速率不利于养分的储存（杨佳佳等，2014）。研究区凋落物 TN、TP 较高，但土壤 TN、TP 较低，说明土壤蓄养水分能力较弱，可能与植被退化有一定关联。因此，采取封山育林、基于生物多样性的石漠化综合治理等措施，对于保持研究区土壤养分质量尤为必要。

3.5.4　土壤及凋落物 C、N、P 及其化学计量比间的相关性

由表 3-20 可知：①土壤的 OC 与 TN、C∶N、C∶P 呈极显著正相关，相关系数分别达到了 0.99、0.77、0.79；与 N∶P 呈显著正相关，相关系数为 0.53。土壤的 TN 与 C∶N、C∶P 呈极显著正相关（相关系数分别为 0.71、0.81）；与 N∶P 呈显著正相关（相关系数为 0.58）。土壤的 TP 与 C∶N 呈显著正相关，相关系数为 0.63。土壤的 C∶P 与 N∶P 呈极显著正相关，相关系数是 0.91。②凋落物的 TN 与 C∶N 呈极显著负相关，相关系数为–0.96；凋落物的 TP 与 C∶P、N∶P 呈极显著负相关，相关系数分别为–0.91、–0.79；凋落物的 C∶P 与 N∶P 呈极显著正相关，相关系数为 0.93。③土壤的 TP 与凋落物的 TN 呈极显著负相关，系数为–0.78；与凋落物 C∶N 呈极显著正相关，系数是 0.78。土壤的 C∶N 与凋落物的 C∶N 呈极显著正相关，相关系数达到 0.65；与凋落物 N∶P 呈显著负相关，相关系数是–0.55。土壤的 C∶P 与凋落物的 OC 的相关系数达到了 0.52，为显著正相关。

表 3-20　凋落物与土壤 OC、TN、TP 含量及生态化学计量比的相关性

项目		土壤						凋落物					
		OC	TN	TP	C∶N	C∶P	N∶P	OC	TN	TP	C∶N	C∶P	N∶P
土壤	OC	1											
	TN	0.993**	1										
	TP	0.415	0.381	1									
	C∶N	0.773**	0.706**	0.634*	1								
	C∶P	0.793**	0.808**	–0.200	0.438	1							
	N∶P	0.532*	0.581*	–0.490	0.041	0.913**	1						
凋落物	OC	0.243	0.217	–0.327	0.330	0.523*	0.427	1					
	TN	–0.344	–0.310	–0.783**	–0.502	0.195	0.443	0.347	1				
	TP	–0.018	–0.044	0.006	0.197	–0.017	–0.125	0.243	0.300	1			
	C∶N	0.445	0.402	0.776**	0.645**	–0.065	–0.361	–0.095	–0.961**	–0.238	1		
	C∶P	–0.048	–0.007	–0.139	–0.313	0.044	0.215	–0.110	–0.120	–0.914**	0.079	1	
	N∶P	–0.224	–0.167	–0.407	–0.552*	0.045	0.325	–0.106	0.228	–0.792**	–0.291	0.929**	1

C 作为构成植物体干物质的最主要元素（项文化等，2006），N、P 作为生物体蛋白质和遗传物质的基本组成元素，均对植物的各种功能影响深刻（平川等，2014）。土壤 C、N、P 是植物生长的重要元素，土壤养分供养状况与植物光合作用、矿质代谢等生态过程密切相关（宾振钧等，2014）。而凋落物是养分回归土壤的主要途径，是森林系统生物地球化学流的一个重要组成部分，已有研究表明森林生长所需 70%～90%的养分来自凋落物的降解（赵其国等，1991）。本研究中，土壤和凋落物的 C∶P 与 N∶P 均呈极显著正相关关系（系数分别为 0.91、0.93），土壤 C∶N 与凋落物 C∶N 之间存在极显著正相关关系（相关系数是 0.65），土壤 C∶N 与凋落物 N∶P 呈显著负相关（相关系数为 –0.55），这与赵维俊等（2016）对祁连山青海云杉林的研究结论一致，说明土壤 C、N 主要来源于凋落物，凋落物保留了大量的 P 养分，但是归还至土壤中的 P 较少，这与土壤 P 主要来源于土壤母质的事实相符合（刘兴诏等，2010）。

研究区水源涵养林 0～20 cm 土壤层的 C∶N∶P 质量比均值为 78.22∶5.17∶1，与全球 0～10 cm 森林土壤层 C∶N∶P 质量比（82.04∶6.60∶1）（Cleveland and Liptzin，2007）接近；凋落物 C∶N∶P 质量比均值是 215.11∶8.38∶1，低于全球森林凋落物水平（1167.92∶20.58∶1）（McGroddy et al.，2004）。这与潘复静等（2011）对另一喀斯特地区植被群落凋落物的研究结论一致。同时，5 种水源涵养林凋落物 C∶N∶P 质量比分别是 266.86∶12.01∶1、197.17∶6.82∶1、193.44∶7.98∶1、218.75∶7.92∶1 和 181.58∶7.16∶1，群落间较为接近。由于植物在长期的进化过程中逐渐发育了较强的生理生化调节作用以适应环境因子的波动（曾德慧和陈广生，2005），植物体 C、N、P 含量均会随环境不断变化（曾昭霞等，2015）；而相似的环境因子可能是群落间 C∶N∶P 比值在一定程度上趋于规律性的原因。

3.6 同一流域上其他水源涵养林的土壤特征

土壤为植物生长提供机械支撑和营养物质，在森林生态系统中扮演着重要角色（杨晓娟等，2012），其质量是度量退化生态系统功能恢复与维持的关键指标（龚霞等，2013），科学确定森林土壤肥力指标并进行肥力特征研究，对立地生产力和多目标森林经营的研究有着重要意义（李静鹏等，2014），是制定森林植被恢复目标和途径的依据之一。目前对森林土壤质量评价的研究，集中在土壤质量与空间分异（蒋俊等，2014）、不同植被恢复阶段的土壤质量评价（赵娜等，2014）、元素生态化学计量特征（朱秋莲等，2013；曾昭霞等，2015）、生态效应（刘丽等，2015；颜萍等，2016）等方面。其中，土壤质量评价多以物理、化学性质为基础揭示养分供给特性，生态化学计量特征是借助计量学这一研究工具开展生态系统养分分布（Chen et al.，2013）、循环（Manzoni et al.，2010）和限制指示（崔高阳等，2015）的研究，上述分析表明植物营养及其化学计量学已经成为生态学研究的主要内容（陈军强等，2013），运用这一手段对立地质量、肥力演变、林地可持续经营进行研究是未来的一个发展方向，可实现改良土壤质量、增强土壤抗干扰能力、提高土地系统生产力的目的。

针对赤水河上游主要水源涵养林土壤特征进行系统研究的报道较少，尤其缺乏对养分供给水平、周转速率和元素限制等方面的探讨，这不利于水源涵养林的可持续经营和管理。鉴于此，以区域 10 种主要水源涵养林植物群落林地土壤为研究对象，采用主成分分析方法和生态化学计量方法等，对林地土壤特征进行研究，试图回答以下几个问题：①10 种植物群落类型不同层次的土壤化学性质；②不同层次土壤的肥力特征及其差异性；③不同土壤的 C、N、P、K 生态化学计量特征；④土壤养分含量及生态化学计量比值之间的相关性，以期揭示赤水河上游不同水源涵养林类型的土壤养分、肥力和生态化学计量特征，为该区退化生态系统的植被恢复重建提供一定的决策依据。

3.6.1 研究方法

（1）样品采集方法

研究对象包括柏木林（*Cupressus funebris*）、杉木林（*Cunninghamia lanceolata*）、丝栗栲林（*Castanopsis fargesii*）、马尾松林（*Pinus massoniana*）、撑绿竹林（*Bambusa pervariabilis*）、白栎林（*Quercus fabri*）、马尾松+柏木林（ASS. *Pinus massoniana*+ *Cupressus funebris*）、马尾松+杉木林（*Pinus massoniana*+ *Cunninghamia lanceolata*）、马尾松-白栎林（*Pinus massoniana-Quercus fabri*）、火棘+荚蒾林（*Pyracantha fortuneana* +*Viburnum chinshanense*）10 种森林类型，基本特征见文献（喻阳华等，2015）。在每个植物群落学调查地点，设置 3 个 10 m×10 m 的样方，每个样方内按照蛇形布点法采集 0～20 cm、20～40 cm、40～60 cm 土样混合为一个土壤样品，采集的土样装入封口袋内带回实验室。

（2）样品分析方法

新鲜土样自然风干、研磨、过筛后备用。土壤 pH 采用电极法，含水率和容重采用环刀法，有机质采用重铬酸钾-硫酸氧化法，全氮采用硫酸高氯酸消煮-半微量开氏法，速效氮采用氢氧化钠碱解扩散法，全磷采用硫酸高氯酸消煮-钼锑抗比色法，有效磷采用碳酸氢钠浸提-钼锑抗比色法，全钾采用开氏消煮法，速效钾采用乙酸钠浸提-火焰原子吸收法（林大仪，2004）。

（3）数据处理与统计方法

采用 SPSS 21.0 和 Excel 2010 进行数据统计与处理。运用主成分分析法提取可以反映原来多个指标的综合性指标，进行土壤肥力质量评价。运用双变量相关分析中的 Pearson 相关系数分析土壤特性及其生态化学计量比值之间的相关性。

3.6.2 不同水源涵养林的土壤养分特征

土壤样品的测定结果表明，不同植物群落类型各层次的土壤养分特性存在一定程度的差异（见表 3-21）。由表 3-21 可知，有机质含量在垂直分布上多表现为 0～20 cm 土层最高，仅丝栗栲林为 40～60 cm 土层最高，原因是森林表层有较多的凋落物，其分解释放大量养分元素（杨晓娟等，2012）；丝栗栲林为 40～60 cm 土层有机质最高，可能与丝栗栲林分凋落物现存量较大且采样点坡度较陡有关。

表 3-21 土壤养分特征

类型	层次/cm	有机质/（g/kg）	全氮/（g/kg）	碱解氮/（mg/kg）	全磷/（g/kg）	速效磷/（mg/kg）	全钾/（g/kg）	速效钾/（mg/kg）
柏木林	0～20	38.20	1.65	77.35	3.24	4.35	33.10	210.00
	20～40	17.32	1.43	54.95	3.36	7.20	45.07	147.51
	40～60	12.16	1.09	52.85	3.39	4.75	44.50	118.60
杉木林	0～20	11.62	0.56	43.05	1.10	3.55	17.27	51.65
	20～40	3.01	0.48	46.35	0.91	3.65	18.86	58.33
	40～60	1.47	0.45	40.95	0.72	4.40	18.09	78.28
丝栗栲林	0～20	3.32	0.67	50.05	0.65	3.20	5.24	19.74
	20～40	2.25	0.67	82.25	0.65	3.05	22.55	77.48
	40～60	8.15	0.48	54.25	0.92	5.00	7.25	15.15
马尾松林	0～20	7.81	0.56	51.45	1.69	5.45	26.71	41.56
	20～40	7.26	0.49	49.35	1.01	2.40	26.89	32.25
	40～60	2.53	1.71	33.25	0.70	1.80	26.19	46.42
撑绿竹林	0～20	18.12	1.04	89.95	8.14	7.95	23.24	87.94
	20～40	16.81	1.41	56.35	7.48	4.85	23.39	85.70
	40～60	16.76	1.62	94.15	7.25	16.70	23.13	55.85
白栎林	0～20	17.68	0.39	39.55	1.95	1.55	22.89	105.06
	20～40	7.83	0.62	37.62	1.96	0.45	23.49	111.13
	40～60	10.07	0.53	51.45	2.19	0.60	28.88	121.92
马尾松+柏木林	0～20	14.34	0.90	55.65	1.18	2.30	9.11	32.46
	20～40	14.07	0.56	46.55	0.33	2.40	9.12	56.66
	40～60	3.44	0.35	18.55	0.99	1.60	7.73	18.28
马尾松+杉木林	0～20	16.61	0.70	57.75	1.56	2.20	12.54	52.28
	20～40	16.40	0.62	43.75	0.85	4.15	15.53	32.75
	40～60	5.97	0.70	33.25	1.33	1.20	10.05	25.68
马尾松-白栎林	0～20	8.39	0.87	87.85	1.14	1.05	19.47	133.64
	20～40	7.08	0.53	76.65	0.92	4.00	21.61	109.14
	40～60	6.48	0.34	22.05	0.93	2.80	6.86	36.52
火棘+荚蒾林	0～20	30.17	1.18	80.85	4.46	3.41	33.71	182.49
	20～40	19.50	1.09	47.25	2.06	2.59	35.13	129.52
	40～60	10.04	0.98	66.85	2.49	4.20	39.90	134.06

土壤全氮和碱解氮的含量在撑绿竹林、火棘+荚蒾林、柏木林中较高，而在杉木林、马尾松+杉木林、白栎林中较低，这与有机质的变化规律大体一致，原因是土壤有机质含有大量的富啡酸、胡敏酸、胡敏素、氨基酸、蛋白质、胺、生物碱和维生素等富氮物质，土壤氮含量随有机质的增加而增多（李静鹏等，2014）。土壤全磷、速效磷含量在撑绿竹林、火棘+荚蒾林、柏木林中较高，在马尾松+柏木林、白栎林中较低，但是在垂直空间上的分异特征不明显，这可能是因为土壤磷来源相对固定，主要通过岩石的风化，而森林树种根系延伸范围较大，对 0～60 cm 层土壤养分的影响相对复杂。土壤全钾和速效钾的含量在柏木林、白栎林、火棘+荚蒾林中较高，在马尾松+柏木林、马尾松+杉木林、丝栗栲林中相对较低，速效钾总体呈现随土壤深度增加而递减的规律，符合土壤养分表聚性特征。

3.6.3　不同水源涵养林的土壤肥力特征

本研究的因子分析选取土壤 pH、含水率、容重、有机质、全氮、碱解氮、全磷、速效磷、全钾、速效钾 10 个变量。按照累积贡献率大于 80%的原则，抽取了 4 个主成分（见表 3-22），其初始特征值分别为 4.965、1.335、1.124 和 0.732，累积方差贡献率达 81.553%，前 4 个主成分基本包含了全部 10 个评价因子的所有信息，可以较好地表征土壤肥力质量的综合状况，表明因子分析用于评价土壤肥力特征是可靠的。

表 3-22　PCA 中解释的总方差

主成分	初始特征值			提取平方和载入			旋转平方和载入		
	合计	方差/%	累积/%	合计	方差/%	累积/%	合计	方差/%	累积/%
1	4.965	49.647	49.647	4.965	49.647	49.647	2.245	22.454	22.454
2	1.335	13.348	62.994	1.335	13.348	62.994	2.170	21.702	44.156
3	1.124	11.241	74.236	1.124	11.241	74.236	2.036	20.359	64.515
4	0.732	7.317	81.553	0.732	7.317	81.553	1.704	17.037	81.553

由载荷因子矩阵（见表 3-23）得知，第 1 主成分主要包含了全氮、碱解氮、全磷、速效磷等的信息，第 2 主成分主要包含了土壤 pH、自然含水率等的信息，第 3 主成分主要包含了土壤全钾、速效钾等的信息，第 4 主成分主要包含了土壤有机质等的信息。

表 3-23 旋转前后各因子载荷矩阵

指标	主成分			
	1	2	3	4
速效磷	0.910	0.214	–0.074	0.008
碱解氮	0.724	–0.145	0.404	0.255
全磷	0.706	0.383	0.130	0.363
容重	–0.065	–0.826	–0.103	0.054
含水率	0.216	0.759	0.340	0.223
全氮	0.480	0.491	0.385	0.263
全钾	0.162	0.343	0.857	0.049
速效钾	0.031	0.131	0.855	0.431
有机质	0.215	0.080	0.321	0.856
土壤 pH	0.202	0.563	0.085	0.682

将植物群落土壤肥力质量评价指标标准化后的数据和得分系数矩阵加权，4 个主成分可获得不同植物群落土壤在垂直剖面上的得分，进而根据各成分得分和方差贡献率加权得到不同群落类型的土壤肥力质量评价分值表（见表 3-24），结果表明柏木林、撑绿竹林和火棘+荚蒾林的土壤肥力质量较好。但是，研究所得的土壤肥力质量排序与顺向演替阶段不一致，乔木混交林的土壤肥力质量排序反而较低，原因有待进一步深入分析；10 个植物群落类型总体表现为 0～20 cm 土壤肥力质量更好，原因是凋落物的养分归还，说明凋落物层的蓄积量和分解速率对土壤养分维持具有显著作用，这对林分水源涵养功能的发挥同样重要，表明应保护好森林生态系统的凋落物层。

表 3-24 不同水源涵养林各层次土壤的因子得分及综合评价值

类型	层次	P_1	P_2	P_3	P_4	P_5	排序
柏木林	0～20	1.42	–0.52	1.05	0.68	0.80	4
	20～40	1.27	–0.37	–0.37	–0.65	0.49	9
	40～60	0.94	–0.32	0.02	–0.49	0.39	10
杉木林	0～20	–0.68	0.08	0.24	0.18	–0.29	15
	20～40	–0.90	0.15	0.28	–0.25	–0.41	22
	40～60	–0.88	0.12	0.28	–0.29	–0.41	22
丝栗栲林	0～20	–1.03	0.39	–0.64	–0.08	–0.54	27
	20～40	–0.90	0.19	0.70	–0.67	–0.39	19
	40～60	–1.08	0.63	0.34	0.21	–0.40	21

类型	层次	P_1	P_2	P_3	P_4	P_5	排序
马尾松林	0～20	−0.77	0.25	−0.22	−0.54	−0.41	22
	20～40	−1.18	0.04	0.20	−0.40	−0.59	28
	40～60	−0.79	−0.30	−0.88	−0.92	−0.60	29
撑绿竹林	0～20	1.51	0.83	0.15	0.26	0.89	3
	20～40	1.29	0.31	−0.41	0.31	0.66	7
	40～60	1.65	1.69	−0.18	−0.36	1.00	2
白栎林	0～20	−0.53	−0.53	−0.12	0.18	−0.33	16
	20～40	−0.60	−0.61	−0.13	−0.23	−0.41	22
	40～60	−0.69	−0.57	0.43	−0.33	−0.39	19
马尾松+柏木林	0～20	0.94	0.17	−0.33	0.99	0.52	8
	20～40	0.54	−0.06	−0.31	0.90	0.29	11
	40～60	0.13	−0.07	−1.11	0.62	−0.03	12
马尾松+杉木林	0～20	−0.79	0.19	0.62	0.48	−0.26	14
	20～40	−0.95	0.29	0.53	0.40	−0.34	17
	40～60	−0.99	0.12	0.00	0.28	−0.45	26
马尾松-白栎林	0～20	−0.44	−0.26	0.40	−0.44	−0.24	13
	20～40	−0.79	0.09	0.62	−0.49	−0.34	17
	40～60	−1.22	0.02	−0.64	0.17	−0.66	30
火棘+荚蒾林	0～20	2.10	−0.59	0.30	0.59	1.04	1
	20～40	1.65	−0.80	−0.47	0.26	0.68	6
	40～60	1.76	−0.57	−0.36	−0.38	0.73	5

3.6.4　不同水源涵养林的土壤生态化学计量特征

N、P 是陆地生态系统的限制性营养元素，N∶P 值被用作营养元素限制状况判断的指标。土壤 C、N、P 比是有机质成分中元素的比值，是土壤有机质组成和质量程度的一个重要指标。按照经验系数，全碳含量以有机质的 58%计算（林大仪，2004）。如表 3-25 所示，研究的 10 个群落中，0～20 cm、20～40 cm、40～60 cm 土层 C∶N 值的变化范围依次为 2.87～26.29、1.95～15.34、0.86～11.05；C∶P 值的变幅分别为 1.29～7.05、1.30～24.73、1.18～5.14；C∶K 值的变化区间依次为 0.17～0.91、0.06～0.89、0.05～0.65；N∶P 值的波动范围分别为 0.13～1.03、0.19～1.70、0.22～2.44；N∶K 值的变幅为 0.02～0.10、0.02～0.13、0.02～0.07；P∶K 值的区间为 0.06～0.35、0.03～0.32、0.03～0.31。

表 3-25 土壤生态化学计量特征

类型	层次/cm	C∶N	C∶P	C∶K	N∶P	N∶K	P∶K
柏木林	0～20	13.43	6.84	0.67	0.51	0.05	0.10
	20～40	7.02	2.99	0.22	0.43	0.03	0.07
	40～60	6.47	2.08	0.16	0.32	0.02	0.08
杉木林	0～20	12.04	6.13	0.39	0.51	0.03	0.06
	20～40	3.64	1.92	0.09	0.53	0.03	0.05
	40～60	1.89	1.18	0.05	0.63	0.02	0.04
丝栗栲林	0～20	2.87	2.96	0.37	1.03	0.13	0.12
	20～40	1.95	2.01	0.06	1.03	0.03	0.03
	40～60	9.85	5.14	0.65	0.52	0.07	0.13
马尾松林	0～20	8.09	2.68	0.17	0.33	0.02	0.06
	20～40	8.59	4.17	0.16	0.49	0.02	0.04
	40～60	0.86	2.10	0.06	2.44	0.07	0.03
撑绿竹林	0～20	10.11	1.29	0.45	0.13	0.04	0.35
	20～40	6.91	1.30	0.42	0.19	0.06	0.32
	40～60	6.00	1.34	0.42	0.22	0.07	0.31
白栎林	0～20	26.29	5.26	0.45	0.20	0.02	0.09
	20～40	7.32	2.32	0.19	0.32	0.03	0.08
	40～60	11.02	2.67	0.20	0.24	0.02	0.08
马尾松+柏木林	0～20	9.24	7.05	0.91	0.76	0.10	0.13
	20～40	14.57	24.73	0.89	1.70	0.06	0.04
	40～60	5.70	2.02	0.26	0.35	0.05	0.13
马尾松+杉木林	0～20	13.76	6.18	0.77	0.45	0.06	0.12
	20～40	15.34	11.19	0.61	0.73	0.04	0.05
	40～60	4.95	2.60	0.34	0.53	0.07	0.13
马尾松-白栎林	0～20	5.59	4.27	0.25	0.76	0.04	0.06
	20～40	7.75	4.46	0.19	0.58	0.02	0.04
	40～60	11.05	4.04	0.55	0.37	0.05	0.14
火棘+荚蒾林	0～20	14.83	3.92	0.52	0.26	0.04	0.13
	20～40	10.38	5.49	0.32	0.53	0.03	0.06
	40～60	5.94	2.34	0.15	0.39	0.02	0.06

土壤 C∶N 值与有机质分解速度成反比关系（王绍强和于贵瑞，2008），赤水河上游 10 种植物群落土壤的 C∶N 值较其他研究结果低（朱秋莲等，2013），表明有机质分解速度较快，这与该区植被类型和水热条件丰富有关；土壤 C∶P 低有利于促进微生物分解有机质释放养分，磷有效性高，赤水河上游土壤的 C∶P 远低于我国平均值（136）和全球平均值（186）（Zhao and Sun et al.，2015），说明土壤 P 有效性较高，这与 P 含

量低有关；土壤 N∶P 值低于中国平均水平（9.3）和全球平均水平（13.1）（Zhao and Sun et al.，2015），表明存在 C、N 元素限制。原因可能是该区森林生态系统受到人为干扰剧烈、破坏严重，凋落物带走的数量大，加之针叶树种凋落物分解速率较慢，应该加大对森林生态系统的封育和保护。

3.6.5　土壤养分含量与化学计量之间的相关性

进行相关性分析可以揭示碳氮磷化学计量比指标变量之间的协调关系，可以合理解释养分之间的耦合关系。对土壤养分元素以及它们化学计量比之间的相关性分析得出（见表 3-26），养分全氮和有机质之间具有极显著的正相关关系（$P<0.01$），表现出相对一致的变化规律；有机质和全磷、速效钾之间也呈现极显著正相关关系，与碱解氮之间表现出显著正相关关系；全氮和全磷、速效磷、全钾、速效钾之间呈现极显著的正相关关系，与碱解氮之间为显著的正相关关系；速效钾与 N∶K 比存在极显著负相关关系。结果表明养分全量与化学计量比之间呈现一定的相关关系，原因可能是植物能够随着周围环境的变化主动地调整养分需求，灵活地适应周围生长环境的变化（马任甜等，2016）。全氮对有机质的影响大于全磷，原因是氮来源途径广泛且稳定，磷主要来自风化的母岩且扩散速率较低（Chen et al.，2013）。研究仅对不同森林类型的土壤养分变化和化学计量特征进行了初步研究，对于全面评价森林生态系统土壤养分状况，还需要集合叶片、树干和根系等器官以及凋落物中的元素比例关系进一步开展研究。

表 3-26　土壤养分及其化学计量特征的相关性

指标	有机质	全氮	碱解氮	全磷	速效磷	全钾	速效钾
有机质	1						
全氮	0.54**	1					
碱解氮	0.42*	0.45*	1				
全磷	0.52**	0.61**	0.53**	1			
速效磷	0.24	0.47**	0.52**	0.65**	1		
全钾	0.40*	0.55**	0.34	0.39*	0.21	1	
速效钾	0.64**	0.47**	0.48**	0.35	0.01	0.75**	1
C∶N	—	—	−0.03	0.07	−0.12	−0.01	0.21
C∶P	—	−1.17	−0.10	−0.31	—	−0.28	−0.09
C∶K	—	−0.03	0.06	0.08	0.03	—	−0.12
N∶P	−0.30	—	−0.18	—	—	−0.22	−0.25
N∶K	−0.02	—	−0.05	0.01	0.07	—	−0.59**
P∶K	0.30	0.36	0.33	—	—	—	−0.12

注：“—”表示存在自相关关系，不宜进行相关分析。

3.7 小结

本章选择黔西北喀斯特高原地区天然次生林中的银白杨、云南松、华山松、白栎、毛栗、火棘、马桑、栓皮栎、川榛、杜鹃、金丝桃和光皮桦 12 个优势树种和同一流域上柏木林、杉木林、丝栗栲林、马尾松林、撑绿竹林、白栎林、马尾松+柏木林、马尾松+杉木林、马尾松-白栎林、火棘+荚蒾林 10 个典型水源涵养林的土壤为研究对象，从不同土层深度、不同植物功能群、不同植物群落演替阶段等研究角度，分析了黔西北喀斯特高原天然次生林优势树种的叶片、凋落物、土壤中的养分元素含量。总体而言，该区不同植物的叶片元素含量较低，主要受 N 元素的限制，随着植物群落的正向演替，凋落物元素含量呈升高趋势，土壤 pH 均呈酸性，土壤中 N、P 元素均处于亏缺状态，供给能力不足。但从不同土层的角度来看，表层土壤 N、K 的供肥能力较强，底层土壤则以 P 的供肥能力较强。

黔西北喀斯特高原地区天然次生林中，除金丝桃林与火棘林土壤养分释放速率过快外，其余优势树种均具有良好的保肥效果，展示了对特殊生境的适应能力，尤其是华山松林根区土壤 N、K 释放速率较小，P 有效性较高，凋落物分解较快，养分供应充足，较其他树种有较好的养分保存作用。就植物的生境适应性和生态功能而言，白栎、栓皮栎、川榛和毛栗等落叶灌木类，具有较强的资源获取能力和水土保持能力；火棘、马桑、杜鹃和金丝桃等常绿灌木类则主要通过增强防御能力来适应不利生境并发挥其水土保持的生态功能。从土壤综合质量来说，杜鹃-银白杨群落的土壤质量较好，其后依次是光皮桦林＞ 栓皮栎+川榛群落＞银白杨+光皮桦群落＞云南松+银白杨-光皮桦群落。此外，与黔西北喀斯特高原同一流域上水源涵养林的土壤肥力特性则以撑绿竹林、柏木林和火棘+荚蒾林等林分较好，但也存在 C、N 元素缺乏的土壤质量问题。

分析供肥强度、土壤元素、叶片元素、凋落物元素、生态化学计量之间的相互关系表明，土壤养分之间、土壤养分与生态化学计量之间、土壤养分与凋落物元素之间、生态化学计量比之间、供肥强度与生态化学计量之间是密切相关、互相耦合的，存在一定的协调性。故此，应该提高土壤养分含量水平和生态系统养分自循环能力。但土壤、叶片养分含量相关性不显著，说明植物体内的元素含量受多种因素共同影响。

针对黔西北喀斯特高原地区土壤养分含量较低、供肥能力较弱等土壤生态问题，可对该区植被进行封山育林等原位保护措施和植物群落结构调整等经营措施，以提高森林生态系统的养分质量。在接下来的研究工作中，可结合植物群落类型、母岩、地形、地貌等因素综合分析土壤养分产生差异的原因，将不同尺度、不同生活型植物、不同植物群落的养分循环有机联系起来，以揭示养分在植被-凋落物-土壤之间的生态化学计量特征及其相互关系，指示养分限制状况，为喀斯特高原植被恢复提供科学依据。

参考文献

[1]　白小芳，徐福利，王渭玲，等. 华北落叶松人工林土壤碳氮磷生态化学计量特征[J]. 中国水土保持科学，2015，13（6）：68-75.

[2]　白晓航，张金屯. 小五台山森林群落优势种的生态位分析[J]. 应用生态学报，2017，28（12）：3815-3826.

[3]　鲍乾，杨瑞，聂朝俊，等. 贵州喀斯特高原花江峡谷区不同恢复模式的土壤养分特征[J]. 生态学杂志，2017，36（8）：2094-2102.

[4]　鲍士旦. 土壤农化分析：第 3 版[M]. 北京：中国农业出版社，2008.

[5]　宾振钧，王静静，张文鹏，等. 氮肥添加对青藏高原高寒草甸 6 个群落优势种生态化学计量学特征的影响[J].植物生态学报，2014，38（3）：231-237.

[6]　陈军强，张蕊，侯尧宸，等. 亚高山草甸植物群落物种多样性与群落 C、N、P 生态化学计量的关系[J]. 植物生态学报，2013，37（11）：979-987.

[7]　池永宽. 石漠化治理中农草林草空间优化配置技术与示范[D]. 贵阳：贵州师范大学，2015.

[8]　崔高阳，曹扬，陈云明. 陕西省森林各生态系统组分氮磷化学计量特征[J]. 植物生态学报，2015，39（12）：1146-1155.

[9]　丁访军，王兵，钟洪明，等. 赤水河下游不同林地类型土壤物理特性及其水源涵养功能[J]. 水土保持学报，2009，23（3）：179-231.

[10]　杜满义，范少辉，刘广路，等. 土地利用方式转变对赣中地区土壤活性有机碳的影响[J]. 应用生态学报，2013，24（10）：2897-2904.

[11]　范夫静，宋同清，黄国勤，等. 西南峡谷型喀斯特坡地土壤养分的空间变异特征[J]. 应用生态学报，2014，25（1）：92-98.

[12]　方精云，朴世龙，赵淑清. CO_2 失汇与北半球中高纬度陆地生态系统的碳汇[J]. 植物生态学报，2001，25（5）：594-602.

[13]　符裕红，彭琴，李安定，等. 喀斯特石灰岩产状地下生境的土壤质量[J]. 森林与环境学报，2017，37（3）：353-359.

[14]　龚霞，牛德奎，赵晓蕊，等. 植被恢复对亚热带退化红壤区土壤化学性质与微生物群落的影响[J]. 应用生态学报，2013，24（4）：1094-1100.

[15]　关智宏，熊康宁，顾再柯，等. 撒拉溪喀斯特土地整理区动植物物种多样性[J]. 湖北农业科学，2016，55（6）：1433-1440.

[16]　郭颖，聂朝俊，向仰州，等. 不同核桃农林复合经营模式对土壤肥力的影响[J]. 土壤通报，2016，47（2）：391-397.

[17]　韩兴国，黄建辉，娄治平. 关键种概念在生物多样性保护中的意义与存在的问题[J]. 植物学通报，

1995，12：168-184.

[18] 贺金生，韩兴国. 生态化学计量学：探索从个体到生态系统的统一化理论[J]. 植物生态学报，2010，34（1）：2-6.

[19] 胡芳，杜虎，曾馥平，等. 典型喀斯特峰丛洼地不同植被恢复对土壤养分含量和微生物多样性的影响[J]. 生态学报，2018，38（6）：2170-2179.

[20] 黄昌勇. 土壤学[M]. 北京：中国农业出版社，2000.

[21] 贾国梅，何立，程虎，等. 三峡库区不同植被土壤微生物量碳氮磷生态化学计量特征[J]. 水土保持研究，2016，23（4）：23-27.

[22] 蒋俊，王晓学，屠乃美，等. 中国东部土壤生物化学性质空间分异及质量评价[J]. 生态环境学报，2014，23（4）：561-567.

[23] 李丹维，王紫泉，田海霞，等. 太白山不同海拔土壤碳、氮、磷含量及生态化学计量特征[J]. 土壤学报，2017，54（1）：160-170.

[24] 李静鹏，徐明锋，苏志尧，等. 不同植被恢复类型的土壤肥力质量评价[J]. 生态学报，2014，34（9）：2297-2307.

[25] 李孝良，陈效民，周炼川，等. 西南喀斯特石漠化过程对土壤水分特性的影响[J]. 水土保持学报，2008，22（5）：198-203.

[26] 李雪峰，韩士杰，胡艳玲，等. 长白山次生针阔混交林叶凋落物中有机物分解与碳、氮和磷释放的关系[J]. 应用生态学报，2008，19（2）：245-251.

[27] 林大仪. 土壤学实验指导[M]. 北京：中国林业出版社，2004.

[28] 林德喜，樊后保，苏兵强，等. 马尾松林下套种阔叶树土壤理化性质的研究[J]. 土壤学报，2004，41（4）：655-659.

[29] 林海明，张文霖. 主成分分析与因子分析的异同和 SPSS 软件[J]. 统计研究，2005，（3）：65-68.

[30] 刘丽，梁虹，焦树林，等. 基于 GIS 的喀斯特流域土壤侵蚀敏感性研究[J]. 贵州师范大学学报（自然科学版），2015，33（2）：12-17.

[31] 刘丽，徐明恺，汪思龙，等. 杉木人工林土壤质量演变过程中土壤微生物群落结构变化[J]. 生态学报，2013，33（15）：4692-4706.

[32] 刘少冲，段文标，钟春艳，等. 阔叶红松林不同大小林隙土壤温度、水分、养分及微生物动态变化[J]. 水土保持学报，2012，26（5）：78-89.

[33] 刘兴诏，周国逸，张德强，等. 南亚热带森林不同演替阶段植物与土壤中 N、P 的化学计量特征[J]. 植物生态学报，2010，34（1）：64-71.

[34] 刘永贤，熊柳梅，韦彩会，等. 广西典型土壤上不同林分的土壤肥力分析与综合评价[J]. 生态学报，2014，34（18）：5229-5233.

[35] 卢纹岱，朱红兵. SPSS 统计分析[M]. 北京：电子工业出版社，2015.

[36] 陆晓辉，丁贵杰，陆德辉. 人工调控措施下马尾松凋落叶化学质量变化及与分解速率的关系[J]. 生

态学报，2017，37（7）：2325-2333.

[37] 吕金林，闫美杰，宋变兰，等. 黄土丘陵区刺槐、辽东栎林地土壤碳、氮、磷生态化学计量特征[J]. 生态学报，2017，37（10）：3385-3393.

[38] 马任甜，方瑛，安韶山. 云雾山草地植物地上部分和枯落物的碳、氮、磷生态化学计量特征[J]. 土壤学报，2016，53（5）：1-11.

[39] 潘复静，张伟，王克林，等. 典型喀斯特峰丛洼地植被群落凋落物 C∶N∶P 生态化学计量特征[J]. 生态学报，2011，31（2）：335-343.

[40] 庞世龙，欧芷阳，申文辉，等. 广西喀斯特地区不同植被恢复模式土壤质量综合评价[J]. 中南林业科技大学学报，2016，36（7）：60-66.

[41] 平川，王传宽，全先奎. 环境变化对兴安落叶松氮磷化学计量特征的影响[J]. 生态学报，2014，34（8）：1965- 1974.

[42] 戚德辉，温仲明，王红霞，等. 黄土丘陵区不同功能群植物碳氮磷生态化学计量特征及其对微地形的响应[J]. 生态学报，2016，36（20）：6420-6430.

[43] 宋同清，彭晚霞，曾馥平，等. 喀斯特峰丛洼地不同类型森林群落的组成与生物多样性特征[J]. 生物多样性，2010，18（4）：355-364.

[44] 宋新章，江洪，余树全，等. 中亚热带森林群落不同演替阶段优势种凋落物分解试验[J]. 应用生态学报，2009，20（3）：537-542.

[45] 宋永昌，陈小勇. 中国东部常绿阔叶林生态系统退化机制与生态恢复[M]. 北京：科学出版社，2007.

[46] 唐健，覃祚玉，王会利，等. 广西杉木主产区连栽杉木林地土壤肥力综合评价[J]. 森林与环境学报，2016，36（1）：30-35.

[47] 陶冶，张元明，周晓兵. 伊犁野果林浅层土壤养分生态化学计量特征及其影响因素[J]. 应用生态学报，2016，27（7）：2239-2248.

[48] 王宝荣，曾全超，安韶山，等. 黄土高原子午岭林区两种天然次生林植物叶片-凋落叶-土壤生态化学计量特征[J]. 生态学报，2017，37（16）：5461-5473.

[49] 王丹，吕瑜良，徐丽，等. 植被类型变化对长白山森林土壤碳矿化及其温度敏感性的影响[J]. 生态学报，2013，33（19）：6373-6381.

[50] 王飞，李清华，林诚，等. 福建冷浸田土壤质量评价因子的最小数据集[J]. 应用生态学报，2015，26（5）：1461-1468.

[51] 王晶苑，王绍强，李纫兰，等. 中国四种森林类型主要优势植物的 C∶N∶P 化学计量学特征[J]. 植物生态学报，2011，35（6）：587-595.

[52] 王凯博，上官周平. 黄土丘陵区燕沟流域典型植物叶片 C、N、P 化学计量特征季节变化[J]. 生态学报，2011，31（17）：4985-4991.

[53] 王绍强，于贵瑞. 生态系统碳氮磷元素的生态化学计量学特征[J]. 生态学报，2008，28（8）：

3937-3947.

[54] 王维奇，仝川，贾瑞霞，等. 不同淹水频率下湿地土壤碳氮磷生态化学计量学特征[J]. 水土保持学报，2010，24（3）：238-242.

[55] 王维奇，徐玲琳，曾从盛，等. 河口湿地植物活体枯落物土壤的碳氮磷生态化学计量特征[J]. 生态学报，2011，31（23）：7119-7124.

[56] 王钰莹，孙娇，刘政鸿，等. 陕南秦巴山区厚朴群落土壤肥力评价[J]. 生态学报，2016，36（16）：5133-5141.

[57] 魏强，凌雷，柴春山，等. 甘肃兴隆山森林演替过程中的土壤理化性质[J]. 生态学报，2012，32（15）：4700-4713.

[58] 魏亚伟，苏以荣，陈香碧，等. 人为干扰对桂西北喀斯特生态系统土壤有机碳、氮、磷和微生物量剖面分布的影响[J]. 水土保持学报，2010，24（3）：164-169.

[59] 吴统贵，吴明，刘丽，等. 杭州湾滨海湿地 3 种草本植物叶片 N、P 化学计量学的季节变化[J]. 植物生态学报，2010，34（1）：23-28.

[60] 项文化，黄志宏，闫文德，等. 森林生态系统碳氮循环功能耦合研究综述[J]. 生态学报，2006，26（7）：2365-2372.

[61] 肖遥，陶冶，张元明. 古尔班通古特沙漠 4 种荒漠草本植物不同生长期的生物量分配与叶片化学计量特征[J]. 植物生态学报，2014，38（9）：929-940.

[62] 谢锦，常顺利，张毓涛，等. 天山北坡植物土壤生态化学计量特征的垂直地带性[J]. 生态学报，2016，36（14）：4363-4372.

[63] 颜萍，熊康宁，檀迪，等. 喀斯特石漠化治理不同水土保持模式的生态效应研究[J]. 贵州师范大学学报（自然科学版），2016，34（1）：1-7，21.

[64] 杨佳佳，张向茹，马露莎，等. 黄土高原刺槐林不同组分生态化学计量关系研究[J]. 土壤学报，2014，51（1）：133-142.

[65] 杨晓娟，王海燕，刘玲，等. 东北过伐林区不同林分类型土壤肥力质量评价研究[J]. 生态环境学报，2012，21（9）：1553-1560.

[66] 杨阳，刘秉儒. 荒漠草原不同植物根际与非根际土壤养分及微生物量分布特征[J]. 生态学报，2015，35（22）：7562-7570.

[67] 姚国征，杨婷婷，高永，等. 放牧强度对小针茅草原枯落物分解的影响[J]. 干旱区资源与环境，2017，31（7）：167-171.

[68] 俞月凤，彭晚霞，宋同清，等. 喀斯特峰丛洼地不同森林类型植物和土壤 C、N、P 化学计量特征[J]. 应用生态学报，2014，25（4）：947-954.

[69] 喻阳华，李光容，皮发剑，等. 赤水河上游主要森林类型水源涵养功能评价[J]. 水土保持学报，2015，29（2）：150-156.

[70] 袁红，盛浩，廖超林，等. 湖南省几种母质类型水稻土土壤肥力特征[J]. 中国农学通报，2014，

30（3）：151-156.

[71] 曾德慧，陈广生. 生态化学计量学：复杂生命系统奥秘的探索[J]. 植物生态学报，2005，29（6）：1007-1019.

[72] 曾全超，李鑫，董扬红，等. 陕北黄土高原土壤性质及其生态化学计量的纬度变化特征[J]. 自然资源学报，2015，30（5）：870-879.

[73] 曾昭霞，王克林，刘孝利，等. 桂西北喀斯特森林植物-凋落物-土壤生态化学计量特征[J]. 植物生态学报，2015，39（7）：682-693.

[74] 曾昭霞，王克林，刘孝利，等. 桂西北喀斯特区原生林与次生林鲜叶和凋落叶化学计量特征[J]. 生态学报，2016，36（7）：1907-1914.

[75] 张春华，王宗明，居为民，等. 松嫩平原玉米带土壤碳氮比的时空变异特征[J]. 环境科学，2011，32（5）：1407-1414.

[76] 张璐，文石林，蔡泽江，等. 湘南红壤丘陵区不同植被类型下土壤肥力特征[J]. 生态学报，2014，34（14）：3996-4005.

[77] 张庆费，宋永昌，吴化前，等. 浙江天童常绿阔叶林演替过程凋落物数量及分解动态[J]. 植物生态学报，1999，23（3）：250-255.

[78] 张伟，王克林，刘淑娟，等. 喀斯特峰丛洼地植被演替过程中土壤养分的积累及影响因素[J]. 应用生态学报，2013，24（7）：1801-1808.

[79] 张亚冰，吕文强，易武英，等. 贵州月亮山 5 种森林类型土壤生态化学计量特征研究[J]. 热带亚热带植物学报，2016，24（6）：617-625.

[80] 张子龙，王文全，缪作清，等. 主成分分析在三七连作土壤质量综合评价中的应用[J]. 生态学杂志，2013，32（6）：1636-1644.

[81] 赵娜，孟平，张劲松，等. 华北低丘山地不同退耕年限刺槐人工林土壤质量评价[J]. 应用生态学报，2014，25（2）：351-358.

[82] 赵其国，王明珠，何园球. 我国热带亚热带森林凋落物及其对土壤的影响[J]. 土壤，1991，（1）：8-15.

[83] 赵维俊，刘贤德，金铭，等. 祁连山青海云杉林叶片-枯落物-土壤的碳氮磷生态化学计量特征[J]. 土壤学报，2016，53（2）：477-489.

[84] 赵洋毅，王玉杰，王云琦，等. 渝北水源区水源涵养林构建模式对土壤渗透性的影响[J]. 生态学报，2010，30（15）：4162-4172.

[85] 朱丽琴，黄荣珍，段洪浪，等. 红壤侵蚀地不同人工恢复林对土壤总有机碳和活性有机碳的影响[J]. 生态学报，2017，37（1）：249-257.

[86] 朱秋莲，邢肖毅，张宏，等. 黄土丘陵沟壑区不同植被区土壤生态化学计量特征[J]. 生态学报，2013，33（15）：4674-4682.

[87] 左巍，贺康宁，田赟，等. 青海高寒区不同林分类型凋落物养分状况及化学计量特征[J]. 生态学

杂志，2016，35（9）：2271-2278.

[88] Aerts R，Chapin F S. The mineral nutrition of wild plants revisted：a re-evaluation of processes and patterns[J]. Advances in Ecological Research，1990，30：1-67.

[89] Ågren G I. The C∶N∶P stoichiometry of autotrophs-theory and observations[J]. Ecology Letters，2004，7（3）：185-191.

[90] Ai Z M，Xue S，Wang G L，et al. Responses of non-structural carbohydrates and C∶N∶P stoichiometry of *Bothriochloa ischaemum* to nitrogen addition on the Loess Plateau，China[J]. Journal of Plant Growth Regulation，2017，36（3）：714-722.

[91] Binkley D，Fisher R F. Ecology and management of forest soils[M]. New York：John Wiley and Songs，2013.

[92] Bryan S G，Annette S，Michael B. C∶N∶P stoichiometry and nutrient limitation of the soil microbial biomass in a grazed grassland site under experimental P limitation or excess[J]. Ecological Processes，2012，1：1-11.

[93] Cao J H，Yuan D X，Tong L Q，et al. An overview of karst ecosystem in Southwest China：current state and future management[J]. Journal of Resources and Ecology，2015，6（4）：247-256.

[94] Chen Y H，Han W X，Tang L Y，et al. Leaf nitrogen and phosphorus concentrations of woody plants differ in responses to climate，soil and plant growth form [J]. Ecography，2013，36（2）：178-184.

[95] Cleveland C C，Liptzin D. C∶N∶P stoichiometry in soil：Is there a "Redfield ratio" for the microbial biomass？[J]. Biogeochemistry，2007，85（3）：235-252.

[96] Crabtree B，Bayfield N. Developing sustainability indicators for mountain ecosystems：a study of the Cairngorms，Scotland[J]. Journal of Environmental Management，1998，52（1）：1-14.

[97] Du Y X，Pan G X，Li L Q，et al. Leaf N/P ratio and nutrient reuse between dominant species and stands：predicting phosphorus deficiencies in karst ecosystem，southwestern China[J]. Environmental Earth Sciences，2011，64（2）：299-309.

[98] Edward T，Cayman S，Jörg L. The C∶N∶P：S stoichiometry of soil organic matter[J]. Biogeochemistry，2016，130（1/2）：117-131.

[99] Ellison A M. Nutrient limitation and stoichiometry of carnivorous plants[J]. Plant Biology. 2006，8（6）：740-747.

[100] Elser J J，Achary K，Kyle M，et al. Growth rate-stoichiometry couplings in diverse biota[J]. Ecology Letters，2003，6（10）：936-943.

[101] Elser J J，Bracken M E S，Cleland E E，et al. Global analysis of nitrogen and phosphorus limitation of primary producers in freshwater，marine and terrestrial ecosystems[J]. Ecology Lettres，2007，10（12）：1135-1142.

[102] Elser J J，Dobberfuhl D R，MacKay N A，et al. Organism size，life history，and N∶P stoichiometry[J].

BioScience，1996，46（9）：674-684.

[103] Elser J J，Fagan W F，Denno R F，et al. Nutritional constraints in terrestrial and freshwater food webs[J]. Nature，2000，408（6812）：578-580.

[104] Elser J J，Sterner R W，Gorokhova E，et al. Biological stoichiometry from genes to ecosystems[J]. Ecology Letters，2000，3（6）：540-550.

[105] Fan H B，Wu J P，Liu W F，et al. Linkages of plant and soil C：N：P stoichiometry and their relationships to forest growth in subtropical plantations[J]. Plant and Soil，2015，392（1/2）：127-138.

[106] Frouz J，Kalčík J，Velichová V. Factors causing spatial heterogeneity in soil properties，plant cover，and soil fauna in non-reclaimed post-mining site[J]. Ecological Engineering，2011，37（11）：1910-1913.

[107] Galloway J N，Aber J D，Erisman J W，et al. The nitrogen cascade[J]. BioScience，2003，53（4）：341-356.

[108] Galloway J N，Cowling E B. Reactive nitrogen and the world：200 years of change[J]. Ambio，2002，31（2）：64-71.

[109] Grierson P F，Adams M A. Nutrient cycling and growth in forest ecosystems of south western Australia：Relevance to agricultural landscapes [J]. Agroforestry Systems，1999，45（1-3）：215-244.

[110] Gunther S，Holger K. Bulk soil C to N ratio as a simple measure of net N mineralization from stabilized soil organic matter in sandy arable soils[J]. Soil Biology and Biochemistry，2003，35（4）：629-632.

[111] Güsewell S，Koerselman W. Variation in nitrogen and phosphorus concentrations of wetland plants[J]. Perspectives in Plant Ecology Evolution and Systematics，2002，5（1）：37-61.

[112] Güsewell S，Verhoeven J T A. Litter N：P ratios indicate whether N or P limits the decomposability of graminoid leaf litter [J]. Plant and Soil，2006，287（1/2）：131-143.

[113] Güsewell S. N：P ratios in terrestrial plants：variation and functional significance[J]. New Phytologist，2004，164（2）：243-266.

[114] Han W X，Fang J Y，Guo D L，et al. Leaf N and P stoichiometry across 753 terrestrial plant species in China[J]. New Phytologist，2005，168（2）：377-385.

[115] Han W X，Fang J Y，Reich P B，et al. Biogeography and variability of eleven mineral elements in plant leaves across gradients of climate，soil and plant functional type in China[J]. Ecology Letters，2011，14（8）：788-796.

[116] Jin Z Z，Lei J Q，Xu X W，et al. Evaluation of soil fertility of the shelter- forest land along the Tarim Desert Highway[J]. China Science Bulletin，2008，53（S2）：125-136.

[117] Kang H Z，Xin Z J，Björn B，et al. Global pattern of leaf litter nitrogen and phosphorus in woody plants[J]. Annals of Forest Science，2010，67（8）：811.

[118] Koerselman W，Meuleman A F M. The vegetation N：P ratio：a new tool to detect the nature of nutrient limitation[J]. Journal of Applied Ecology，1996，33（6）：1441-1450.

[119] Li A，Guo D L，Wang Z Q，et al. Nitrogen and phosphorus allocation in leaves，twigs，and fine roots across 49 temperate，subtropical and tropical tree species：A hierarchical Pattern[J]. Functional Ecology，2010，24（1）：224-232.

[120] Liu X Z，Zhou G Y，Zhang D Q，et al. N and P stoichiometry of plant and soil in lower subtropical forest successional series in southern China[J]. Chinese Journal of Plant Ecology，2010，34（1）：64-71.

[121] Manzoni S，Trofymow J A，Jackson R B，et al. Stoichiometric controls on carbon，nitrogen，and phosphorus dynamics in decomposing litter[J]. Ecological Monographs，2010，80（1）：89-106.

[122] McGroddy M E，Daufresne T，Hedin L O. Scaling of C：N：P stoichiometry in forests worldwide：Implications of terrestrial Redfield-type ratios[J]. Ecology，2004，85（9）：2390-2401.

[123] Michaels A F. Review：the ratios of life[J]. Science，2003，300（5621）：906-907.

[124] Mooshammer M，Wane K，Schnecker J，et al. Stoichiometric controls of nitrogen and phosphorus cycling in decomposing beech leaf litter[J]. Ecology，2012，93（4）：770-782.

[125] Noble I R，Gitay H. A functional classification for predicting the dynamics of landscapes[J]. Journal of Vegetation Science，1996，7（3）：329-336.

[126] Pan F J，Zhang W，Liu S J，et al. Leaf N：P stoichiometry across plant functional groups in the karst region of southwestern China[J]. Trees，2015，29（3）：883-892.

[127] Pooter L，Bongers F. Leaf traits are good predictors of plant performance across 53 rain forest species[J]. Ecology，2006，87（7）：1733-1743.

[128] Redfield A C. The biological control of chemical factors in the environment[J]. American Scientist，1958，46（3）：205-221.

[129] Reich P B，Oleksyn J. Global patterns of plant leaf N and P in relation to temperature and latitude[J]. Proceedings of the National Academy of Sciences，2004，101（30）：11001-11006.

[130] Reich P B，Walters M B，Ellsworth D S. From tropics to tundra：Global convergence in plant functioning[J]. Proceedings of the National Academy of Sciences of the United States of America，1997，94（25）：13730-13734.

[131] Smith T M，Shugart H H，Woodward F I，et al. Plant functional types[M]. Cambridge：Cambridge University Press，1993.

[132] Spieles D J，Mitsch W J. Macroinvertebrate community structure in high and low-nutrient constructed wetlands[J]. Wetlands，2000，20（4）：716-729.

[133] Sterner R W，Elser J J. Ecological Stoichiometry：The Biology of Elements from Molecules to the Biosphere[M]. Princeton：Princeton University Press，2002.

[134] Tian H Q，Chen G S，Zhang C，et al. Pattern and variation of C：N：P ratios in china's soils：A synthesis of observational data[J]. Biogeochemistry，2010，98（1-3）：139-151.

[135] Ushio M，Wagai R，Balser T C，et al. Variations in the soil microbial community composition of a

tropical montane forest ecosystem：Does tree species matter? [J]. Soil Biology and Biochemistry，2008，40（10）：2699-2702.

[136] Van L C，Bakker P A H M，Pieterse C M J. Systemic resistance induced by rhizosphere bacteria[J]. Annual Review of Phytopathology，1998，36（1）：453-483.

[137] Vitousek P M，Porder S，Houlton B Z，et al. Terrestrial phosphorus limitation：mechanisms，implications，and nitrogen-phosphorus interactions[J]. Ecological Applications，2010，20（1）：5-15.

[138] Walker B H. Biodiversity and ecological redundancy[J]. Conservation Biology，1992，6（1）：18-23.

[139] Wang M，Murphy M T，Moore T R. Nutrient resorption of two evergreen shrubs in response to long-term fertilization in a bog[J]. Oecologia，2014，174（2）：365-377.

[140] Wang M，Tim R M. Carbon，nitrogen，phosphorus，and potassium stoichiometry in an ombrotrophic peatland reflects plant functional type[J]. Ecosystem，2014，17（4）：673-684.

[141] Wang N，Gao J，Zhang S Q，et al. Variations in leaf and root stoichiometry of *Nitraria tangutorum* along aridity grandients in the Hexi Corridor，Northwest China[J]. Contemporary Problems of Ecology，2014，7（3）：308-314.

[142] Wang W Q，Tong C，Zeng C S. Stoichiometry characteristics of carbon，nitrogen，phosphorus and anaerobic carbon decomposition of wetland soil different texture[J]. China Environmental Science，2010，30（10）：1369-1374.

[143] Wassen M J，Olde Venterink H G M，de Swart E. Nutrient concentrations in mire vegetation as a measure of nutrient limitation in mire systems[J]. Journal of Vegetation Science，1995，6（1）：5-16.

[144] Wei H，Wu B，Yang W，et al. Low rainfall-induced shift in leaf trait relationship within species along a semi-arid sandy land transect in northern China[J]. Plant Biology，2011，13（1）：381-397.

[145] Whittaker R H. Dominance and diversity in land plant communities[J]. Science，1965，147（3655）：250-260.

[146] Woodward F I，Cramer W. Plant function types and climatic change：introduction[J]. Journal of Vegetation Science，1996，7（3）：306-308.

[147] Wright I J，Reich P B，Westoby M，et al. The worldwide leaf economics spectrum[J]. Nature，2004，428（6985）：821-827.

[148] Wright I J，Reich P B，Westoby M. Strategy shifts in leaf physiology，structure and nutrient content between species of high-and low-rainfall and high-and low-nutrient habitats[J]. Functional Ecology，2001，15（4）：423-434.

[149] Wu T G，Yu M K，Wang G G，et al. Leaf nitrogen and phosphorus stoichiometry across forty-two woody species in Southeast China[J]. Biochemical Systematics and Ecology，2012，44：255-263.

[150] Yamazaki J，Shinomiya Y. Effect of partial shading on the photosynthetic apparatus and photosystem stoichiometry in sun flower leaves[J]. Photosynthetica，2013，51（1）：3-12.

[151] Yan K，Duan C Q，Fu D G，et al. Leaf nitrogen and phosphorus stoichiometry of plant communities in geochemically phosphorus-enriched soils in a subtropical mountainous region，SW China[J]. Environmental Earth Sciences，2015，74（5）：3867-3876.

[152] Yan Z B，Kim N Y，Han W X，et al. Effects of nitrogen and phosphorus supply on growth rate，leaf stoichiometry，and nutrient resorption of *Arabidopsis Thaliana*[J]. Plant and Soil，2015，388（1-2）：147-155.

[153] Zhang L X，Bai Y F，Han X G. Application of N：P stoichiometry to ecology studies[J]. Acta Botanica Sinica，2003，45（9）：1009-1018.

[154] Zhao F Z，Kang D，Han X H，et al. Soil stoichiometry and carbon storage in long-term afforestation soil affected by understory vegetation diversity[J]. Ecological Engineering，2015，74：415-422.

[155] Zhao F Z，Sun J，Ren C J，et al. Land use change influences soil C，N，P Stoichiometry under 'Grain-to-Green Program' in China[J]. Scientific Reports，2015，5：1-10.

第 4 章　人工林土壤元素与生态化学计量

刺梨和核桃是黔西北喀斯特高原地区主要的造林树种和经济树种，在喀斯特石漠化地区水土保持和经济生产中占有重要地位。相比天然林，刺梨、核桃等人工林连续栽种会破坏养分元素在植物、凋落物、土壤之间的循环，出现森林生产力、生物多样性下降等一系列生态环境问题，制约人工林的可持续经营。因此，实现人工林的可持续经营是学术界的研究热点，而土壤作为人工林能量流动与物质循环的场所，其养分元素间的平衡关系成了人工林可持续经营中的关注焦点。因此，本章将对黔西北喀斯特高原地区典型人工林的土壤养分元素含量及元素间的平衡关系进行分析，为人工林的可持续经营提供理论基础。

本章研究区的基本概况见第 3 章。

4.1　树种叶片-凋落物-土壤生态化学计量特征

生态化学计量学是一门结合了生物学、化学和物理学等基本原理，研究生物系统能量平衡和多重化学元素平衡的科学（Elser and Sterner et al.，2000；Sterner and Elser et al.，2002；曾德慧和陈广生，2005），为研究生态系统中元素的耦合关系提供一种综合方法（贺金生和韩兴国，2010）。生态化学计量学目前已有两个基本理论，即“生长速率理论”与“内稳态理论”。“生长速率理论”指与 RNA 分配、基本化学元素计量比以及有机体生活史相关的机制（Elser et al.，1996）。“内稳态理论”是指有机体赖以生存的环境资源供应量与其化学元素组成保持的一种稳定状态（Ågren，2004）。碳（C）是构成植物体干物质的主要元素（项文化等，2006），氮（N）和磷（P）是生物体蛋白质和遗传物质的基本组成元素（平川等，2014）。植物通过光合作用固定 C，同时将部分 C 转移到土壤，并以凋落物的形式将 C 和养分逐步补偿给土壤（王维奇等，2011）。生态系统内部的 C、N、P 循环在植物叶片、凋落物和土壤之间相互转换（王绍强和于贵瑞，2008），使得研究“叶片-凋落物-土壤”连续体的养分含量特征复杂性增加。目前，众多学者已对不同区域、不同尺度的生态系统开展了广泛的生态化学计量特征研究。关于喀斯特地区生态系统生态化学计量方面的研究主要集中在单一组分或两组分之间。例如，胡忠良等（2009）对贵州喀斯特山区不同植被下土壤进行研究，提出植被类型的变化对土壤有效态养分的影响较全量养分显著，在生态系统养分循环研究中应更关注有效养分的变化。潘复静等（2011）对典型喀斯特峰丛洼地植被群落凋落物进行研究，指出凋落物在P素较低的情况下具有较高的N及木质素含量，分解速率较低。罗绪强等（2014）对茂兰喀斯特森林常见钙生植物叶片进行研究，发现喀斯特钙生植物具有低 P、钾（K）和高 Ca、Mg 的特点，绝大部分植物属于 P 限制型植物。俞月凤等（2014）对喀斯特峰丛洼地不同森林类型植物和土壤进行研究，指出喀斯特峰丛洼地土壤总体养分含量较高，其温湿条件极有利于生物繁衍和生长，生物“自肥”作用强烈，同时加速了岩石溶蚀、风化以及土壤形成和发育进程。曾昭霞等（2015）对桂西北喀斯特区原生林与次生林鲜叶和凋落叶进行研究，认为原生林凋落物分解相对较慢，原生林能相对多的保留养分以供植物吸收，更能适应喀斯特石生环境。但是对于喀斯特高寒干旱区经济树种“叶片-凋落物-土壤”连续体 C、N、P、K 养分含量及生态化学计量特征的相关性、差异性研究鲜有报道，对于不同组分之间相互作用的养分调控因素认识不够深入。这阻碍了对化学计量“内稳态理论”“生长速率理论”以及生态系统养分限制状况的进一步理解。因此，加强“叶片-凋落物-土壤”连续体生态化学计量的研究，具有十分重要的理论和现实意义。

毕节市七星关区撒拉溪示范区，具有典型的喀斯特地貌，生态系统退化，水土流失以及石漠化现象严重，提高养分再吸收率是该区植物适应贫乏生境的重要竞争机制。栽种经济树种是防治喀斯特石漠化的重要措施，能使经济效益与生态效益统一，实现林分的可持续经营。喀斯特地区植被恢复不应仅关注成熟林和自然林，经济林幼龄阶段也应得到重视。本研究选取毕节市七星关区撒拉溪示范区的刺梨（*Rosa roxburghii*）、核桃（*Juglans regia*）2 种主要经济树种作为研究对象，测定其叶片、凋落物以及根区土壤的 C、N、P、K 含量，探究研究区主要经济树种的养分含量及生态化学计量特征，能够揭示经济林幼龄阶段的养分需求规律，有助于深入地认识生态系统养分循环特征和系统稳定机制，以期为研究喀斯特地区植被恢复和养分限制状况提供一定的理论依据。

4.1.1 研究方法

（1）样品采集与处理方法

分别在树龄均为 3 年的刺梨林和核桃林中设置 10 m×10 m 典型样地，于两个样地中随机、均匀地选取 5 株健康且长势相近的树种，见表 4-1，分东、南、西、北 4 个方位取其冠下部（距地面 2～3 m）的成熟叶片，分别混匀后装进信封。在样地中，按“梅花”五点法布设凋落物收集框，每个样地布设 5 个收集框，将凋落物混合收集，装入尼龙袋，带回实验室。所有植物叶片和凋落物样品放在烘箱中 75 ℃烘至恒重，经过研磨，装入自封袋以备养分分析。

表 4-1　采样树种基本概况

树种	树龄/a	树高/m	冠幅/m	土壤类型	土壤紧实度	砾石含量	干扰状况
刺梨	3	1.5	2×1.5	黄壤	紧实	较多	人为、放牧
核桃	3	2.5	1.5×1.5	黄壤	紧实	较多	人为、放牧

在采集植物叶片的同一样方处，按照“S”形布点法对刺梨、核桃两类树种的根区土壤进行取样，五点取样组成混合样约 1 kg。剔除凋落物、石砾及动物残体后，装入自封袋带回实验室。样品于室内自然风干、研磨、过筛保存备用。

（2）样品分析方法

叶片、凋落物和根区土壤有机 C 采用重铬酸钾外加热法测定，全 N 采用高氯酸-硫酸消煮后用半微量凯氏定氮法测定，全 P 采用高氯酸-硫酸消煮-钼锑抗比色-紫外分光光度法测定，全 K 采用氢氟酸-硝酸-高氯酸消解-火焰光度计法测定。根区土壤碱解 N 采用碱解扩散法测定，根区土壤速效 P 采用氟化铵-盐酸浸提-钼锑抗比色-紫外分光光度法测定，根区土壤速效 K 采用中性乙酸铵溶液浸提-火焰光度计法测定。

（3）数据处理方法

采用 Excel 2010 对本研究数据进行初步分析与整理，计算平均值及标准误差等。使用 SPSS20.0 统计软件对数据进行分析，采用单因素方差分析（one-way ANOVA）对叶片、凋落物、根区土壤养分含量以及化学计量比进行差异性检验，并使用最小显著差异（LSD）法进行多重比较，采用 Pearson 相关分析法分析各组分生态化学计量特征关系。利用 Origin 8.6 制图。N（P）再吸收率计算公式（王晶苑等，2011）为：

$$\text{N（P）再吸收率}=\frac{\text{叶片N（P）含量}-\text{凋落物N（P）含量}}{\text{叶片N（P含量）}}\times 100\% \qquad (4\text{-}1)$$

4.1.2　叶片-凋落物-土壤 C、N、P、K 含量特征

从表 4-2 中可以看出，2 种经济树种的有机 C、全 N 含量均表现为叶片＞凋落物＞根区土壤，核桃的全 P 含量为叶片＞凋落物＞根区土壤，刺梨不同组分中全 P 含量变化不显著，刺梨、核桃的全 K 含量均呈现出根区土壤最多，叶片次之，凋落物最少。比较 2 种树种各组分的养分含量可知，核桃叶片中有机 C 含量最多（均值为 436.73 mg/g），刺梨叶片中全 N、全 P 含量最多（均值为 20.77 mg/g、2.10 mg/g），核桃根区土壤中全 K 含量最丰富（均值为 17.07 mg/g）。除刺梨不同组分的全 P 含量差异不显著外，刺梨不同组分的有机 C、全 N、全 K 含量以及核桃不同组分的全 P、全 K 含量差异均达显著水平（$P<0.05$，下同）。

表 4-2　不同经济树种叶片、凋落物和根区土壤的有机 C、全 N、全 P、全 K 含量（平均值±标准差）

类型	组分	OC/（mg/g）	TN/（mg/g）	TP/（mg/g）	TK/（mg/g）
刺梨	叶片	429.28±1.56b	20.77±0.53a	2.10±0.05a	9.06±0.09d
	凋落物	422.67±2.56c	16.76±0.49b	2.05±0.07a	3.61±0.10e
	根区土壤	31.81±0.83d	3.84±0.19c	2.06±0.04a	13.68±0.43b
核桃	叶片	436.73±0.89a	20.57±0.34a	1.52±0.02b	13.05±0.01c
	凋落物	433.89±4.58ab	19.74±0.57a	1.41±0.00c	2.87±0.00f
	根区土壤	27.52±1.01d	2.81±0.07d	0.74±0.00d	17.07±0.03a

注：同一列数值后的不同小写字母代表差异显著（$P<0.05$）。OC 表示有机碳，TN 表示全氮，TP 表示总磷，TK 表示总钾。下同。

如图 4-1-所示，刺梨根区土壤的碱解 N、速效 P、速效 K 含量均值为 0.16 mg/g、0.03 mg/g、0.09 mg/g，核桃根区土壤的碱解 N、速效 P、速效 K 含量均值为 0.18 mg/g、0.01 mg/g、0.66 mg/g，核桃根区土壤中碱解 N、速效 K 含量均高于刺梨，而核桃速效 P 含量则低于刺梨，2 种树种根区土壤的碱解 N、速效 P、速效 K 含量均差异显著。

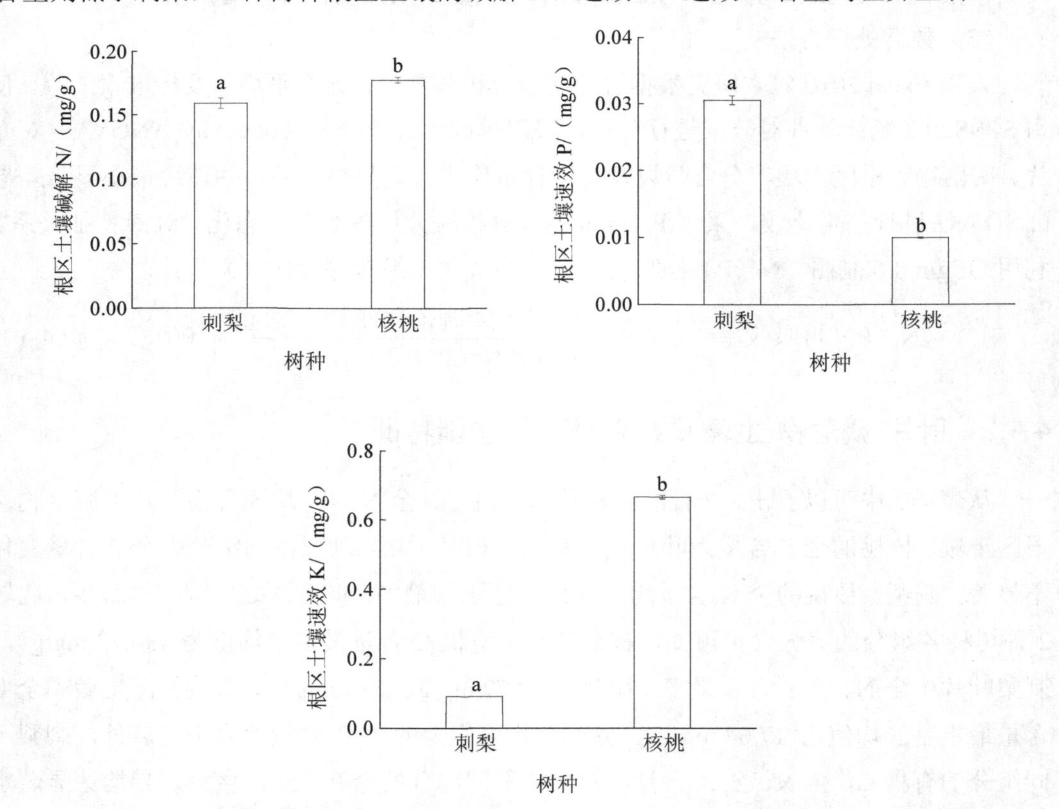

图 4-1　不同树种根区土壤的碱解 N、速效 P、速效 K 含量（平均值±标准差）

注：同一图柱上不同小写字母表示差异显著（$P<0.05$）。下同。

本研究结果表明，喀斯特高寒干旱区2种经济树种的有机C、全N含量以及核桃的全P含量均表现为叶片＞凋落物＞根区土壤。叶片C含量高于凋落物的C含量，这是由于凋落物在分解过程中初期分解粗有机化学成分中粗脂肪、单宁以及可溶性糖，使得凋落物中C含量显著降低（马任甜等，2016）。还可能与叶片凋落前，植物生长速率变慢以及光合作用减弱有关。N、P都是可移动元素，植物叶片在凋落前，会有一部分养分转移到其他组分中，被重吸收利用，这导致叶片N、P含量通常高于凋落物N、P含量，这与白雪娟等（2016）得出的3种人工林不同组分中N、P含量大小均为叶片＞凋落叶＞土壤的研究结果一致。而研究区不同经济树种P含量在不同组分间的规律存在差异，这是叶片生长后期N、P由老叶向新叶迁移程度不同所引起的（白雪娟，2016）。

本研究中，刺梨树种和核桃树种叶片有机C平均含量分别为429.28 mg/g、436.73 mg/g，与曾昭霞等（2015）研究的6种典型喀斯特林地植物的C含量均值（427.5 mg/g）相近，但均明显低于喀斯特峰丛洼地不同森林类型乔木叶片C含量平均值（496.15 mg/g）（俞月凤等，2014）和全球植物叶片C含量均值（464 mg/g）（Elser and Fagan et al.，2000）。刺梨树种和核桃树种叶片全N含量均值（20.77 mg/g、20.57 mg/g），略低于6种典型喀斯特林地植物叶片N平均含量（21.2 mg/g）（曾昭霞等，2015），高于全国叶片N含量平均水平（20.2 mg/g）（Han et al.，2005）和全球叶片N含量均值（20.1 mg/g）（Reich and Oleksyn，2004）。刺梨和核桃树种叶片全P含量（均值分别为2.1 mg/g、1.52 mg/g）高于6种典型喀斯特林地植物P含量均值（1.2 mg/g）（曾昭霞等，2015），也高于全国叶片P含量平均水平（1.46 mg/g）（Han et al.，2005），其中刺梨树种叶片P含量（2.10 mg/g）还高于全球叶片P含量平均水平（1.77 mg/g）（Reich and Oleksyn，2004）。可见，与全国、全球叶片C、N、P含量相比，喀斯特高寒干旱区主要经济树种叶片呈现低C、高N、高P的规律。造成叶片C含量较低的原因可能是研究区内刺梨、核桃的栽种年限仅为3年，时间较短，还未到达生长旺盛期，养分循环以及养分利用效率较低，导致两类树种的叶片C含量偏低。同时，喀斯特高寒干旱地区特殊的生态环境、土壤特性、群落结构，以及受到不同的人为干扰程度均可导致本研究区的叶片C含量低于其他喀斯特地区。

研究区内，刺梨、核桃2种经济树种凋落物有机C含量均值分别为422.67 mg/g、433.89 mg/g，全N平均含量分别为16.76 mg/g、19.74 mg/g，全P含量平均水平分别为2.05 mg/g、1.41 mg/g，与全球衰老叶片C、N、P均值（分别为467 mg/g、10.0 mg/g、0.7 mg/g）相比（Yuan and Chen，2009），C含量较低而N、P含量较高，与本研究中经济树种叶片呈现出的低C、高N、高P的规律一致，这表明凋落物秉承了植物叶片的性质。而本研究结果中C、N、P均值均高于桂西北喀斯特原生林凋落物C（402.47 mg/g）、N（12.93 mg/g）、P（1.03 mg/g）平均含量以及次生林凋落物C（389.83 mg/g）、N

（12.53 mg/g）、P（0.77 mg/g）均值（曾昭霞等，2015），说明本研究区的生态环境优于桂西北喀斯特区域，植物凋落物可截留更多的养分。

本研究中，刺梨树种、核桃树种根区土壤有机 C 平均含量分别为 31.81 mg/g、27.52 mg/g，全 N 含量均值分别是 3.84 mg/g、2.81 mg/g，全 P 含量平均水平分别为 2.06 mg/g、0.74 mg/g，均高于俞月凤等（2014）对喀斯特峰丛洼地人工林土壤研究得出的 C、N 平均含量（16.67 mg/g，1.71 mg/g），核桃树种根区土壤 P 含量则低于喀斯特峰丛洼地人工林土壤 P 含量均值（0.94 mg/g）（俞月凤等，2014），同时两者均低于全球平均水平（2.8 mg/g）（Zhang et al.，2005），与中国土壤 P 含量普遍较低的研究结果一致（Zhang et al.，2005）。土壤 P 的来源比较固定，主要受成土母质的影响（Chen and Li，2003），这与喀斯特区域水土流失、岩石风化以及退化的石漠化生境有较大关系。

刺梨、核桃全 K 含量均呈现出根区土壤高于植物叶片、凋落物的规律，说明植物生长所需的 K 元素主要是从土壤中获取，因土壤中存在的 K 形态较多，而植物所能吸收利用的是速效 K，故导致输入到植物叶片以及凋落物的 K 含量明显减少。在植物水分竞争中，K 具有十分重要的作用，植物对 K 的吸收能力决定植物的耐旱性（马任甜等，2016）。根区土壤速效 K 含量表现出核桃显著高于刺梨，表明核桃较刺梨具有更好的耐旱性，可能与核桃的喜光特性有关。

4.1.3 叶片 N、P 养分再吸收率特征

由图 4-2 可知，刺梨 N、P 再吸收率分别为 19.23%、2.39%，核桃 N、P 再吸收率均值为 4.05%、7.46%。刺梨 N 再吸收率显著高于核桃 N 再吸收率，P 再吸收率表现为核桃＞刺梨。刺梨 P 再吸收率低于 N 再吸收率，而核桃 P 再吸收率略高于 N 再吸收率。

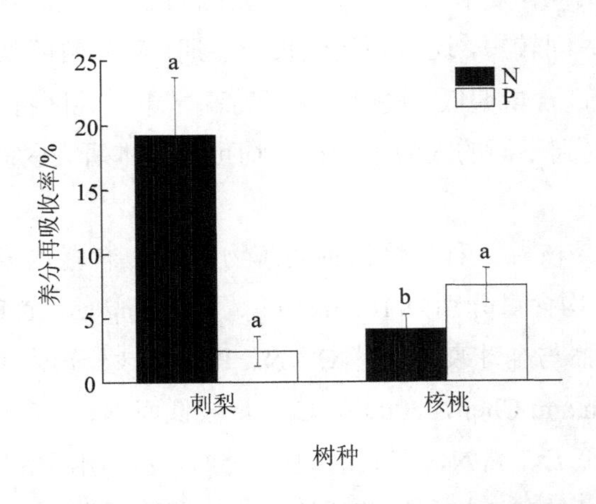

图 4-2 不同树种植物 N、P 养分再吸收率（平均值±标准差）

植物生长所需 N、P 元素可从两方面获得，一方面植物可从土壤中直接吸收 N、P 元素，另一方面土壤中 N、P 供应缺乏时，植物会增强对该种元素的再吸收，加快养分循环速度、提高利用效率（潘复静等，2011）。本研究中刺梨 N 再吸收率、P 再吸收率分别为 19.23%、2.39%，核桃 N 再吸收率、P 再吸收率均值为 4.05%、7.46%，刺梨 N 再吸收率显著高于核桃 N 再吸收率，说明刺梨与核桃相比，刺梨根区土壤 N 元素匮乏；而 P 再吸收率表现为核桃略高于刺梨，表明核桃根区土壤缺乏 P 元素可能性比刺梨大，与根区土壤全 N、全 P 含量表现为刺梨高于核桃的研究结果不符，这是因为能被植物直接吸收利用的是有效养分（白小芳等，2015），而非全量养分，故刺梨根区土壤碱解氮含量低于核桃根区土壤，而根区土壤速效 P 含量表现出刺梨显著高于核桃。与 Han 等（2013）研究的全球植物 N、P 再吸收率平均水平（57.4%、60.7%）以及曾昭霞等研究的次生林 N、P 再吸收率平均值（36.5%、32.3%）（曾昭霞等，2015）相比，刺梨与核桃 N、P 再吸收率均低于上述两种研究结果，较高的再吸收率是贫瘠环境的适应机制，而本研究中较低的再吸收率说明本研究区 N、P 养分含量均较丰富，植物主要通过根区土壤吸收养分来适应环境，而非通过增强再吸收能力适应环境。

种群尺度与群落尺度的研究结果（王璐等，2017）存在差异，这可能是由于刺梨和核桃均处于幼龄林阶段，密度较小，根系分布范围有限，导致其主要依赖于对根区土壤养分的吸收，而远离根系的土壤养分未能得到充分利用。本研究结果表明，确定种植密度时，应该综合考虑对地上空间和地下空间的应用，特别是喀斯特地区，通过调控地下生境以提高地上部分生物量，对于植被恢复和可持续经营具有重要的理论和实践价值。

4.1.4　叶片-凋落物-土壤生态化学计量特征

如图 4-3 所示，刺梨叶片、凋落物、根区土壤的 C∶N 均值分别为 20.68、25.22、8.31；C∶P 均值依次是 204.30、206.14、15.45；C∶K 均值分别是 47.37、117.27、2.33；N∶P 均值依次为 9.89、8.18、1.86；N∶K 均值分别为 2.29、4.65、0.28；P∶K 均值依次为 0.23、0.57、0.15。核桃叶片、凋落物、根区土壤的 C∶N 均值依次为 21.23、21.99、9.79；C∶P 均值分别为 286.66、307.77、37.10；C∶K 均值分别是 33.47、151.15、1.61；N∶P 均值分别为 13.51、14.00、3.79；N∶K 均值分别为 1.58、6.88、0.16；P∶K 均值依次为 0.12、0.49、0.04。刺梨不同组分 C∶P、N∶P 均低于核桃，P∶K 则均高于核桃。2 种经济树种的生态化学计量特征总体呈现出凋落物＞叶片＞根区土壤的规律。刺梨、核桃不同组分 C∶K、N∶K、P∶K，刺梨不同组分 C∶N、N∶P 以及核桃不同组分 C∶P 均达显著性差异。

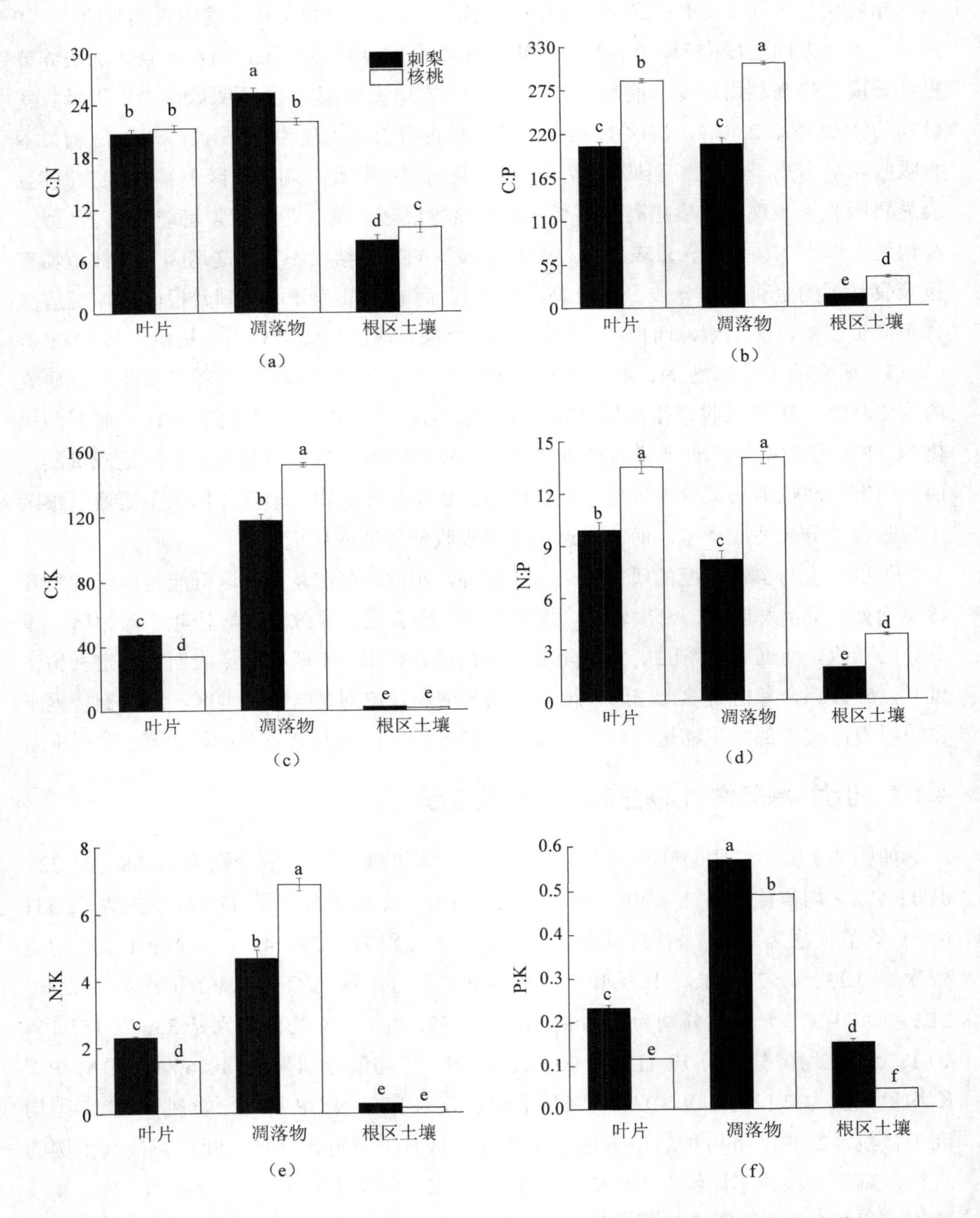

图 4-3　不同树种叶片、凋落物、根区土壤的生态化学计量特征（平均值±标准差）

叶片、凋落物和土壤C∶N、C∶P、N∶P代表着各组分为维持生态平衡以及为适应环境满足自身需求所面临的竞争（白雪娟等，2016）。其中，植物叶片的C∶N、C∶P能够反映其同化C的能力，在一定程度上反映植物营养的利用效率，具有重要的生态学意义（黄建军和王希华等，2003）。本研究中刺梨、核桃叶片C∶N（20.68、21.23）、C∶P（204.30、286.66）与全球植物叶片的C∶N（22.5）、C∶P（232）（Elser and Fagan et al.，2000）相比，C∶N均较低，刺梨叶片C∶P低于全球平均水平，可能是刺梨叶片的C含量过低导致这种差异，说明本研究区刺梨、核桃对C的利用效率均较低。N、P元素作为植物体内容易缺少的营养元素，是限制陆地生态系统生产力的重要因子（张珂等，2014）。有研究表明（Koersrlman and Meuleman，1996；Tessier and Raynal，2003），植物生长受N和P限制的N∶P临界值为14和16。N∶P小于14表示植物生长是受N限制的，N∶P大于16表示植物生长是受P限制的，N∶P在14～16时，植物生长同时受N和P的限制。而Güsewell（2004）提出当N∶P小于10时，植物生长相对会受N限制，N∶P大于20表示植物生长相对受P限制。本研究中，刺梨、核桃叶片的N∶P分别为9.89、13.51，表明喀斯特高寒干旱区刺梨生长时主要受到N的限制，核桃生长时可能受到N、P的共同限制。刺梨、核桃叶片N∶P与全国平均水平（16.3）（Han et al.，2005）、全球平均水平（13.8）（Reich and Oleksyn，2004）相比均较低。生长速率假说认为，生物体在高速生长过程中，通过富集大量P到rRNA中，以便核糖体能够快速合成大量蛋白质（Aerts，1996），故较低的C∶P、N∶P代表植物有较快的生长速率（Elser and Fagan et al.，2000）。说明2种经济树种生长速率均较高，推测栽种年限相同时，刺梨幼树生长速率相对于核桃幼树较快，成树是否符合这个规律，需要进一步开展相关的生态化学计量研究才能确定。

N∶P是影响凋落物的分解和养分归还速率的重要因素之一，较低的N∶P使凋落物更易分解（潘复静等，2011）。本研究中，刺梨凋落物N∶P为8.18，核桃凋落物N∶P为14.00，均低于Kang等（2010）在全球尺度上研究的凋落物N∶P（18.32）以及桂西北喀斯特3种次生林凋落物N∶P（16.4）（曾昭霞等，2015），说明刺梨、核桃凋落物的分解速率均较高。凋落物N∶P表现为核桃>刺梨，这使得刺梨的叶片凋落后，分解较快，不利于养分储存。相比之下，核桃凋落物能保留更多养分，归还到土壤的养分也随之增多，更多养分被输入到植物体内，最终植物才能更好地生长。喀斯特高寒干旱区因特殊的气候环境与地质环境，水土流失严重，土壤养分流失较多，故应选择保水保土功能较好的植物栽种，核桃的耐旱性较高，适应性较强，在喀斯特高寒干旱区栽种核桃有利于改善其生态环境。

本研究中，2种经济树种的根区土壤C∶N、C∶P、N∶P显著低于植物叶片及凋落物，这是由于凋落物在进入土壤转为土壤有机质的过程中还经历了复杂的微生物分解过程，在这个过程中大量有机态的C、N、P被矿化分解（聂兰琴等，2016）。刺梨、核桃根区土壤C∶N为8.31、9.79，均低于中国土壤C∶N范围（10～12）（黄昌勇，2000），同时低于全球土壤C∶N平均水平（13.33）（Post et al.，1985），有机质分解速度与土壤

C：N 是负相关关系（王绍强和于贵瑞，2008），表明 2 种经济树种栽种区域有机质分解速率较快，不利于肥力的维持，但核桃根区土壤 C：N 大于刺梨根区土壤 C：N，说明核桃的保肥能力较好一点。刺梨、核桃根区土壤 C：P（分别是 15.45、37.10）显著低于全球森林 0～10 cm 土壤 C：P 平均值（81.9）（Cleveland and Liptzin，2007）、广西喀斯特地区 0～10 cm 土壤 C：P 平均值（61）（曾昭霞等，2015），较低的 C：P 值体现本研究区域 P 有效性较高，产生差异的原因是由于本研究取土区域特殊，以及取土位置为根区附近土壤，根区土壤各种营养元素与表层土壤具有一定差异，除此之外，不同区域生长植物不相同，也会影响土壤中储存的养分含量，最终导致本研究区域的 C：P 明显低于其他区域。

4.1.5 叶片-凋落物-土壤有机 C、全 N、全 P、全 K 含量和化学计量比的相关性

采用 Pearson 相关分析法对喀斯特高寒干旱区经济树种叶片、凋落物以及根区土壤之间的有机 C、全 N、全 P、全 K 含量及其化学计量比进行两两比较。由表 4-3 可以得出，根区土壤有机 C、全 N 与叶片全 P、C：K 呈显著正相关（$P<0.05$，下同），根区土壤有机 C 与叶片有机 C 呈极显著负相关（$P<0.01$，下同），根区土壤有机 C 与叶片全 K、C：P 呈显著负相关；根区土壤全 N 与叶片全 K、C：P、N：P 呈显著负相关；根区土壤全 P 与叶片全 P、C：K 呈极显著正相关，与叶片全 K、C：P、N：P 呈极显著负相关，与叶片有机 C 呈显著负相关；根区土壤全 K 与叶片全 K、C：P、N：P 呈极显著正相关，与叶片全 P、C：K 呈极显著负相关，与叶片有机 C 呈显著正相关；根区土壤 C：P 与叶片全 K、C：P、N：P 呈极显著正相关，与叶片全 P、C：K 呈极显著负相关，与叶片有机 C 呈显著正相关；根区土壤 C：K 与叶片有机 C 呈极显著负相关，与叶片全 P、C：K 呈显著正相关，与叶片全 K、C：P、N：P 呈显著负相关；根区土壤 N：P 与叶片全 K、C：P 呈极显著正相关，与叶片全 P、C：K 呈极显著负相关，与叶片有机 C、N：P 呈显著正相关。

表 4-3 经济树种叶片与根区土壤有机 C、全 N、全 P、全 K 含量和化学计量比之间的相关性

根区土壤	叶片							
	OC	TN	TP	TK	C：N	C：P	C：K	N：P
OC	−0.994**	0.247	0.959*	−0.962*	−0.651	−0.959*	0.960*	−0.945
TN	−0.909	0.398	0.967*	−0.976*	−0.732	−0.969*	0.977*	−0.951*
TP	−0.978*	0.266	0.998**	−1.000**	−0.657	−0.999**	1.000**	−0.990**
TK	0.989*	−0.184	−0.998**	0.995**	0.595	0.998**	−0.995**	0.996**
C：N	0.720	−0.365	−0.842	0.849	0.617	0.845	−0.852	0.837
C：P	0.961*	−0.258	−0.996**	0.997**	0.642	0.997**	−0.997**	0.991**
C：K	−0.999**	0.178	0.987*	−0.984*	−0.596	−0.986*	0.983*	−0.982*
N：P	0.988*	−0.256	−0.997**	0.998**	0.653	0.997**	−0.998**	0.988*

注：**极显著相关（$P<0.01$），*显著相关（$P<0.05$）。下同。

如表 4-4 所示，根区土壤全 N 与凋落物全 P、全 K、C∶N 呈极显著正相关，与凋落物全 N、C∶P、C∶K、N∶P 呈极显著负相关，与凋落物有机 C 呈显著负相关；根区土壤全 P 与凋落物全 P、全 K、C∶N 呈显著正相关，与凋落物 C∶P、N∶P 呈极显著负相关，与凋落物全 N、C∶K 呈显著负相关；根区土壤全 K 与凋落物 C∶P、C∶K、N∶P 呈显著正相关，与凋落物全 P、全 K 呈显著负相关；根区土壤 C∶N 与凋落物有机 C、全 N 呈显著正相关；根区土壤 C∶P 与凋落物 C∶P、C∶K、N∶P 呈极显著正相关，与凋落物全 P、全 K 呈极显著负相关，与凋落物全 N 呈显著正相关，与凋落物 C∶N 呈显著负相关；根区土壤 C∶K 与凋落物全 P 呈显著正相关，与凋落物 C∶P、N∶P 呈显著负相关；根区土壤 N∶P 与凋落物 C∶P、C∶K、N∶P 呈显著正相关，与凋落物全 P、全 K、C∶N 呈显著负相关。

表 4-4　经济树种凋落物与根区土壤有机 C、全 N、全 P、全 K 含量和化学计量比之间的相关性

根区土壤	凋落物							
	OC	TN	TP	TK	C∶N	C∶P	C∶K	N∶P
OC	−0.745	−0.857	0.931	0.927	0.875	−0.934	−0.920	−0.922
TN	−0.951*	−0.993**	0.995**	0.996**	0.999**	−0.994**	−0.997**	−0.995**
TP	−0.898	−0.964*	0.990*	0.988*	0.971*	−0.994**	−0.989*	−0.991**
TK	0.877	0.944	−0.973*	−0.969*	−0.948	0.979*	0.972*	0.976*
C∶N	0.986*	0.958*	−0.895	−0.899	−0.948	0.894	0.909	0.908
C∶P	0.930	0.981*	−0.992**	−0.990**	−0.984*	0.996**	0.994**	0.997**
C∶K	−0.820	−0.906	0.954*	0.949	0.915	−0.960*	−0.949	−0.954*
N∶P	0.873	0.948	−0.983*	−0.980*	−0.956*	0.987*	0.980*	0.983*

由表 4-5 可知，凋落物全 N 与叶片全 K、C∶P、N∶P 呈显著正相关，与叶片全 P、C∶K 呈显著负相关；凋落物全 P 与叶片 C∶K 呈极显著正相关，与叶片全 K 呈极显著负相关，与叶片全 P 呈显著正相关，与叶片 C∶P、N∶P 呈显著负相关；凋落物全 K 与叶片全 P、C∶K 呈显著正相关，与叶片全 K、C∶P、N∶P 呈显著负相关；凋落物 C∶N 与叶片全 P、C∶K 呈显著正相关，与叶片全 K、C∶P、N∶P 呈显著负相关；凋落物 C∶P 与叶片全 K 呈极显著正相关，与叶片 C∶K 呈极显著负相关，与叶片有机 C、C∶P、N∶P 呈显著正相关，与全 P 呈显著负相关；凋落物 C∶K 与叶片 C∶K 呈极显著负相关，与叶片全 K、C∶P、N∶P 呈显著正相关，与叶片全 P 呈显著负相关；凋落物 N∶P 与叶片全 K 呈极显著正相关，与叶片 C∶K 呈极显著负相关，与叶片 C∶P、N∶P 呈显著正相关，与全 P 呈显著负相关。

表 4-5 经济树种叶片与凋落物有机 C、全 N、全 P、全 K 含量和化学计量比之间的相关性

凋落物	叶片							
	OC	TN	TP	TK	C∶N	C∶P	C∶K	N∶P
OC	0.796	−0.239	−0.901	0.899	0.549	0.902	−0.902	0.905
TN	0.889	−0.317	−0.961*	0.965*	0.656	0.963*	−0.966*	0.955*
TP	−0.944	0.378	0.983*	−0.991**	−0.732	−0.985*	0.991**	−0.967*
TK	−0.940	0.389	0.980*	−0.989*	−0.739	−0.982*	0.989*	−0.963*
C∶N	−0.900	0.364	0.965*	−0.972*	−0.700	−0.967*	0.973*	−0.953*
C∶P	0.950*	−0.344	−0.988*	0.994**	0.707	0.990*	−0.995**	0.975*
C∶K	0.938	−0.359	−0.983*	0.990*	0.714	0.985*	−0.990**	0.969*
N∶P	0.942	−0.329	−0.987*	0.992**	0.691	0.988*	−0.992**	0.976*

相关性分析可以揭示不同组分 C、N、P 化学计量比指标变量之间的协调关系，有助于对养分之间的耦合过程做出合理的解释（赵维俊等，2016）。有研究表明，土壤 P 含量与植物叶片 P 含量密切相关（Hedin，2004）。本研究中，根区土壤全 P 与叶片全 P 呈极显著正相关，相关系数达到 0.998，这说明植物叶片中 P 含量的来源主要是土壤，植物根系通过吸收土壤中 P 元素供给叶片，满足叶片生长所需 P 元素。根区土壤全 P 与叶片全 P、C∶K 呈极显著正相关，根区土壤 C∶P 与叶片 C∶P、N∶P 呈极显著正相关，根区土壤 C∶P 与叶片有机 C 呈显著正相关，表明植物生长过程中叶片养分含量的丰富程度与土壤养分含量密不可分。根区土壤全 N 与凋落物全 P、C∶N 呈极显著正相关，可见，根区土壤中 N 含量主要来自凋落物。根区土壤与凋落物中 N、P 有较好的相关性，这是因为凋落物中有一部分 N、P 会归还到土壤里，成为土壤养分库的主要来源。“叶片-凋落物-土壤”是一个相互联系的复杂有机整体，植物叶片通过光合作用固定 C，产生有机物，将其转移或以凋落物形式补给到土壤中，凋落物分解后养分返还土壤，植物体可进行重吸收，所以整个系统的生态化学计量特征具有明显的差异性和关联性（杜满义等，2016），这一点在本研究中也有体现。相关性结果表明，喀斯特高寒干旱区经济树种叶片、凋落物以及根区土壤 C、N、P 及其比值之间有紧密的联系。可见，生态系统内部 C、N、P 元素循环是在叶片、凋落物以及土壤 3 个库之间转移和运输的（McGroddy et al.，2004）。

4.2 经济林土壤生态化学计量

C、N、P 是生命体最重要的生源要素，其中 C 是构成生物体的物质基础，N 和 P 是组成蛋白质和遗传物质的重要元素，亦是植物生长的限制元素（韩兴国和李凌浩，2012；杨慧敏和王冬梅，2011）。土壤 C∶N∶P 比主要受区域水热条件和成土作用特征

的控制，由于气候、地貌、植被、母岩、年代、土壤动物等土壤形成因子和人类活动的影响，土壤碳氮磷总量变化很大，使得土壤 C∶N∶P 比的空间变异性较大（王绍强和于贵瑞，2008）。喀斯特高原山地区基岩裸露，生态系统退化，土壤流失严重，土层较薄，土壤肥力较低。因此，探索喀斯特高原山地区人工林土壤养分变化规律与生态化学计量特征，对完善土壤养分有效性、限制性具有重要意义。近年来，众多学者已经对不同地区的土壤生态化学计量特征进行了探究。谢锦等（2016）研究表明，在垂直地带性上，土壤主要通过生态化学计量比影响植物的生长。朱秋莲等（2013）研究认为，土壤养分受土层、植被类型及坡向的影响。张广帅等（2016）研究指出，土壤物理结构的分异是造成土壤化学计量特征发生变化的主要内在原因。李丹维等（2017）研究表明，土壤温度是影响土壤 C、N、P 生态化学计量比的主要因素，其次海拔也显著影响土壤 C、N、P 化学计量特征的变异。此外，俞月凤等（2014）对喀斯特峰丛洼地不同森林类型植物和土壤 C、N、P 化学计量特征研究发现，喀斯特峰丛洼地土壤总体养分含量较高，其温湿条件加速了岩石溶蚀、风化以及土壤形成和发育进程。曾昭霞等（2015）对桂西北喀斯特森林植物-凋落物-土壤生态化学计量特征进行研究，发现原生林土壤 N 含量略低于次生林，土壤 P 含量为原生林略大于次生林，原生林土壤 C∶N 显著大于次生林，而 C∶P、N∶P 均差异不显著。谭秋锦等（2014）探究峡谷型喀斯特不同生态系统土壤养分及其生态化学计量特征，发现土壤养分含量差异明显，且随着土层深度的增加有逐渐减少的趋势。目前，喀斯特高原山地区刺梨林（*Rosa roxburghii*）、核桃林（*Juglans regia*）不同深度土壤 C、N、P、K 的生态化学计量特征研究鲜有报道。在毕节市七星关区撒拉溪示范区内选取刺梨林、核桃林为研究对象，以裸地作对照，对其土壤养分含量进行分析测定。在此基础上，采用生态化学计量学方法，以获得土壤养分的变化规律、生态化学计量特征以及土壤养分与生态化学计量比之间的相关性，为揭示土壤养分限制状况、植被恢复和生态系统重建提供参考。

4.2.1 研究方法

（1）样品采集方法

2016 年 7 月下旬，分别在树龄均为 3 年的刺梨林和核桃林中设置 10 m×10 m 典型样地（见表 4-1），选取裸地为对照，裸地土层厚度为 30 cm，土壤紧实，石砾含量多，常用作放牧。按照“S”形布点法采集 0～10 cm、10～20 cm、20 cm 以下的土壤，五点取样组成混合样约 1 kg，用同样方法在裸地中取土样。剔除凋落物、石砾及动物残体后，装入自封袋带回实验室。样品于室内自然风干、研磨、过筛保存备用。

（2）样品分析方法

土壤化学分析方法参照《土壤农化分析》（鲍士旦，2008），详细方法见 4.1.1“研究方法”部分。

（3）数据处理方法

用 Excel 2010、SPSS 20.0、Origin 8.6 进行数据处理与制图，分析土壤 C、N、P、K 化学计量差异性和各化学计量间相关性所采用的方法见 4.1.1“研究方法”。

4.2.2 不同剖面土壤养分特征

如表 4-6 所示，刺梨林地土壤的有机 C 为 10.50～18.81 g/kg，全 N 为 0.71～1.41 mg/g，碱解 N 为 0.07～0.12 mg/g，全 P 为 0.23～0.33 mg/g，速效 P 为 0.003～0.011 mg/g，全 K 为 6.99～8.11 mg/g，速效 K 为 0.046～0.047 mg/g，有机 C、全 N、碱解 N、全 P、速效 P 均随土层深度增加而逐渐降低。单因素方差（LSD）分析表明，刺梨林地不同土层有机 C、全 P 存在显著性差异。核桃林地土壤有机 C、全 N、碱解 N、全 P、速效 P、全 K 以及速效 K 分别为 16.49～17.69 g/kg、1.49～1.79 mg/g、0.16～0.17 mg/g、0.54～0.62 mg/g、0.010～0.014 mg/g、4.38～4.92 mg/g、0.045～0.080 mg/g，表现为有机 C、全 N、碱解 N 均随土层深度增加而递减，全 K、速效 K 则相反，核桃林地不同土层有机 C、速效 K 存在显著性差异。裸地土壤有机 C、全 N、碱解 N、全 P、速效 P、全 K 以及速效 K 依次为 13.39～21.44 g/kg，1.35～1.71 mg/g，0.11～0.34 mg/g，0.43～0.53 mg/g，0.006～0.009 mg/g，4.57～4.67 mg/g，0.039～0.052 mg/g。裸地土壤除全 K 外，其余养分均随土层深度的增加而递减，其中，裸地不同层次土壤有机 C、碱解 N 存在显著性差异。综上所述，3 种土地利用类型的土壤养分随土层深度的增加总体上呈现递减的规律，表明土壤养分主要聚集在表层。

表 4-6 不同经济林土壤剖面的有机 C、N、P、K 的含量（平均值±标准差）

项目	土层/cm	有机 C/(g/kg)	全 N/(mg/g)	碱解 N/(mg/g)	全 P/(mg/g)	速效 P/(mg/g)	全 K/(mg/g)	速效 K/(mg/g)
刺梨林	0～10	18.81±0.28a	1.41±0.10a	0.12±0.01a	0.33±0.01a	0.011±0.002a	7.13±1.19a	0.046±0.004a
	10～20	14.19±0.24b	1.25±0.08a	0.10±0.01a	0.30±0.02b	0.008±0.002a	8.11±1.61a	0.047±0.002a
	>20	10.50±0.42c	0.71±0.08b	0.07±0.01b	0.23±0c	0.003±0.001b	6.99±1.69a	0.046±0.003a
核桃林	0～10	17.69±0.07a	1.79±0.08a	0.17±0a	0.62±0.02a	0.013±0a	4.38±0.05b	0.045±0c
	10～20	16.99±0.26b	1.59±0.07b	0.17±0.01a	0.54±0.09a	0.014±0.002a	4.86±0.14a	0.057±0.001b
	>20	16.49±0.17c	1.49±0.03b	0.16±0.01a	0.57±0.01a	0.010±0.001b	4.92±0.26a	0.080±0.005a
裸地	0～10	21.44±0.65a	1.71±0.06a	0.34±0.03a	0.53±0.01a	0.009±0.001a	4.63±0.16a	0.052±0.008a
	10～20	16.01±0.34b	1.39±0.21b	0.16±0.01b	0.49±0.03ab	0.008±0.001a	4.67±0.36a	0.049±0.001ab
	>20	13.39±0.33c	1.35±0.09b	0.11±0.01c	0.43±0.05b	0.006±0.001b	4.57±0.27a	0.039±0.004b

土壤养分作为森林生态系统中植物营养的主要来源，影响着森林物种组成、群落结构及生产力，全量养分一定程度上代表着土壤养分肥力的供应潜力，而有效养分可反映出土壤可供植物吸收利用养分元素的能力（庞圣江等，2015）。本研究中，随着土层的加深土壤全量养分和有效养分总体呈现逐渐降低的趋势，这与魏孝荣和邵明安（2007）得出的结论一致，原因是表层土壤更多地受到植被枯落物养分归还的影响，使养分先在土壤表层聚集，再随水或其他介质向土壤下层迁移扩散（朱秋莲等，2013）。

土壤 C、N 元素表现出耦合关系，且相关分析结果也表明土壤有机 C 与全 N 呈极显著正相关，C 含量增加时，土壤更多进行 N 的积累，同时增加 N 含量可减少 C 的矿化（Mclauchlan et al.，2006）。本研究中刺梨林、核桃林以及裸地 0～10 cm 土壤层的有机 C 含量均值分别为 18.81 g/kg、17.69 g/kg、21.44 g/kg，低于广西喀斯特峰丛洼地森林地区 0～10 cm 土壤有机 C 含量均值 92.0 g/kg（曾昭霞等，2015），也低于我国 0～10 cm 土壤有机 C 含量均值 24.56 g/kg（Tian et al.，2010），表明该区土壤有机 C 含量较低。造成这种差异的主要原因是有机 C 含量受植被类型、成土母质、土壤性质、气温、降雨量等的综合影响，而研究区高寒干旱的环境必然会影响土壤有机 C 矿化。刺梨林、核桃林以及裸地 0～10 cm 土壤层的全 N 含量平均值分别为 1.41 mg/g、1.79 mg/g、1.71 mg/g，低于我国 0～10 cm 土壤层全 N 含量均值 1.88 mg/g（Tian et al.，2010），也低于广西喀斯特地区 0～10 cm 土壤层全 N 含量均值 6.4 mg/g（曾昭霞等，2015），表明研究区土壤 N 元素可能处于低等水平。土壤 N 含量的来源主要是枯落物分解，由于本研究区域的刺梨、核桃栽种年限较短，故枯落物的数量相对较少，导致表土层 N 含量较低。

3 种土地利用类型 0～10 cm 土壤层的全 P 含量平均值分别为 0.33 mg/g、0.62 mg/g、0.53 mg/g，低于我国 0～10 cm 土壤全 P 含量均值 0.78 mg/g（Tian et al.，2010），明显低于全球土壤全 P 含量平均水平 2.8 mg/g（Zhang et al.，2005），表明该区土壤 P 素水平较低。土壤全 P 的来源相对固定，主要受成土母质的影响（Chen and Li，2003），该区地质背景和退化的石漠化生境可能是造成 P 元素偏低的原因。

结果表明（见表 4-6），刺梨林、核桃林以及裸地 0～10 cm 土壤层的全 K 含量均大于桂西北喀斯特人为干扰区乔灌丛全 K 含量（4.12 mg/g）（吴海勇等，2008）。刺梨林、核桃林 0～10 cm 土壤层碱解 N 与速效 K 平均水平均小于乔灌丛碱解 N 含量（0.39 mg/g）、速效 K 含量（0.085 mg/g），而速效 P 含量均值与乔灌丛速效 P（0.003 mg/g）相比均较高。裸地除 0～10 cm 碱解 N 含量与草灌丛的碱解 N 平均水平相比较高（0.25 mg/g）（吴海勇等，2008），速效 P 含量大于草灌丛的速效 P 平均水平（0.005 mg/g），速效 K 含量小于草灌丛的速效 K 平均水平（0.083 mg/g）。由此可见，研究区土壤碱解 N 和速效 K 含量均较低，故对 3 种土地利用类型土壤碱解 N 和速效 K 的恢复对于该退化生境植被恢复具有重要意义。

研究区裸地 0～10 cm 有机 C 和碱解 N 含量比其他类型土壤高，可能是因为刺梨和核桃正处于生长期，对养分的需求量较大；核桃、刺梨均处于幼树阶段，树体较小，凋落物养分归还的数量较少也可能导致回归土壤的养分较少；此外，当地居民的生产经营方式较为粗放，未施底肥或未追肥的现象较为普遍，这也会导致刺梨、核桃主要从土壤中获取生长所需的营养元素。

土地利用方式对土壤养分有着重要的影响，不同植物根系活动深度有异，对土壤养分的吸收强度和深度也不同，从而对土壤养分的影响范围和速率均存在显著差异（魏孝荣和邵明安，2007）。由研究结果可知，土壤全 N、全 P 为核桃林（1.79 mg/g、0.62 mg/g）＞刺梨林（1.41 mg/g、0.33 mg/g），这可能与本实验选取的植物群落类型和盖度不同有关，一般乔木植被类型的生物量、氮磷养分累积量明显高于灌木植被类型（赵护兵等，2006），人为干扰的剧烈程度也可能是造成这种差异的原因。

4.2.3 不同剖面土壤的生态化学计量特征

如图 4-4 所示，C∶N、C∶P、C∶K、N∶P、N∶K、P∶K 在不同土地利用类型土层均表现出一定的差异性。C∶N、C∶P、N∶P 表现为刺梨林地土壤最大（均值分别是 13.19、49.98、3.84），核桃林 0～10 cm 土层与 10～20 cm 土层、＞20 cm 土层 C∶N 差异显著，裸地各土层 C∶N 无显著差异，刺梨林表层土层与 10～20 cm 土层、＞20 cm 土层 C∶P 差异达显著水平，裸地与刺梨林规律一致，核桃林各土层 C∶P 不存在显著差异，核桃林与裸地各土层 N∶P 差异均不显著。刺梨林地土壤 C∶K 最小（均值为 2.01），核桃林与裸地相差不大（3.63、3.67），裸地各土层的 C∶K 差异达到显著水平。N∶K、P∶K 表现为核桃林＞裸地＞刺梨林，裸地各土层 N∶K 不存在显著差异，刺梨林各土层 P∶K 差异不显著。

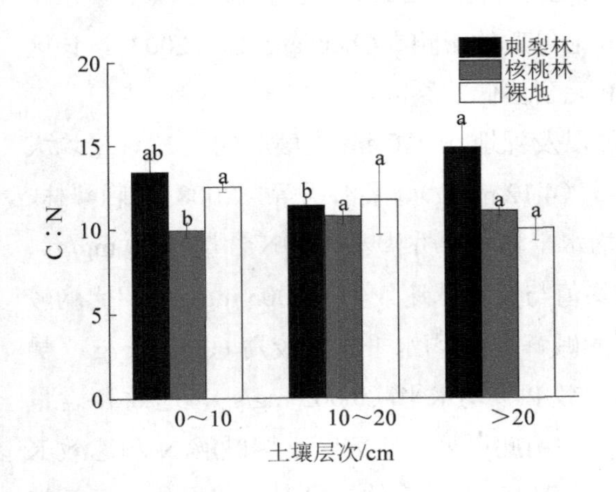

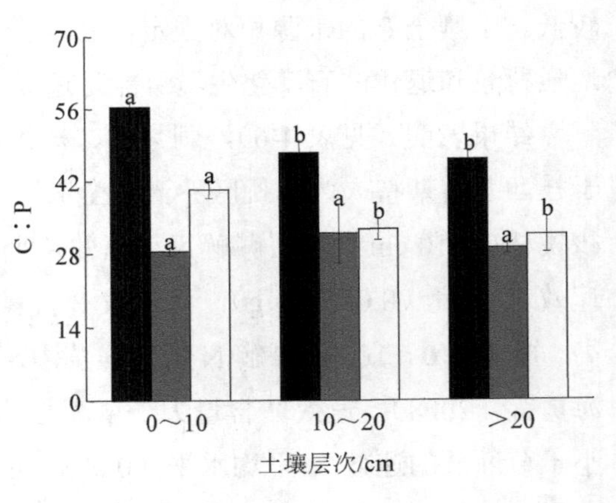

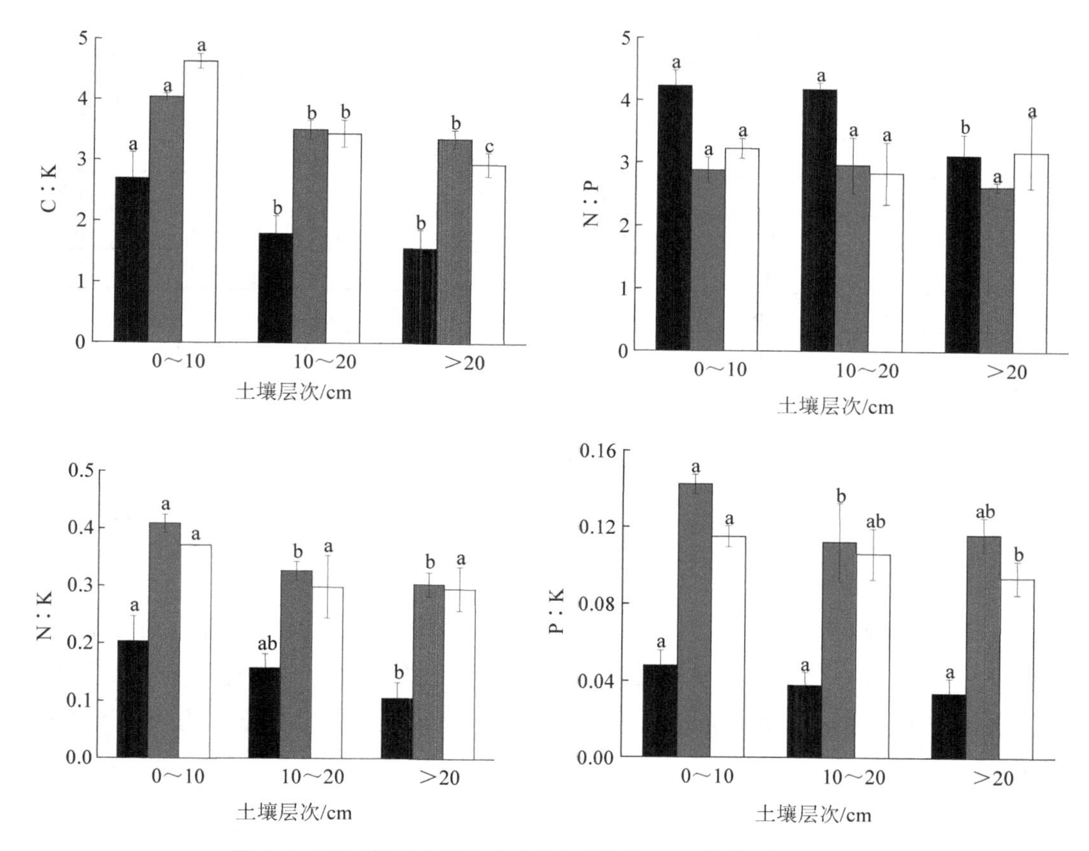

图 4-4　不同剖面土壤生态化学计量特征（平均值±标准差）

如表 4-7 所示，刺梨林土壤 C∶N、C∶K、N∶P、N∶K 均值分别是 13.20、2.01、3.84、0.16，其中 C∶K 与 N∶K 变异系数较大（30%、33%）。核桃林土壤 C∶N、C∶K、N∶P、N∶K 依次为 10.56、3.63、2.82、0.35，其中 C∶N 变异系数最小（6%）。裸地土壤 C∶N、C∶K、N∶P、N∶K 平均水平为 11.41、3.67、3.08、0.32，变异系数均较小，在 14%～21%之间波动。不同土地利用类型土壤的 C∶N、N∶P 的变化范围分别是 9.23～16.47、2.26～4.50。

土壤 C∶N、C∶P、N∶P 可在一定程度上反映有机质的分解与积累，N、P 的富集和有效性在一定范围内可以作为土壤肥力的指标，从而影响植物的养分吸收，进而影响其生长发育（Méndez and Karlsson，2005）。由于研究区气候、植被、母质层、地形、土壤微生物、土壤动物等成土因素和人类活动均可影响土壤 C、N、P 含量，使土壤 C、N、P 含量的空间变异性较大，但刺梨林、核桃林以及裸地的 C∶N 变异系数均小于 15%。这与 Tian 等（2010）对全国土壤 C、N、P 之比的研究结果一致，虽然 C 和 N 含量具有较大的空间变异性，但 C∶N 相对稳定。刺梨林、核桃林 N∶P 变异系数较 C∶N 变异系数高，主要受研究区气候以及水土流失状况等因素影响。

表 4-7　不同土地利用类型的土壤生态化学计量

类型	计量比	平均值	最小值	最大值	标准差	变异系数/%	极差
刺梨林	C∶N	13.20	11.01	16.47	1.75	13	5.46
	C∶K	2.01	1.24	3.05	0.60	30	1.81
	N∶P	3.84	2.74	4.50	0.58	15	1.75
	N∶K	0.16	0.09	0.24	0.05	33	0.15
核桃林	C∶N	10.56	9.47	11.37	0.62	6	1.90
	C∶K	3.63	3.20	4.10	0.33	9	0.89
	N∶P	2.82	2.56	3.47	0.29	10	0.92
	N∶K	0.35	0.28	0.42	0.05	14	0.14
裸地	C∶N	11.41	9.23	14.09	1.59	14	4.86
	C∶K	3.67	2.74	4.75	0.77	21	2.00
	N∶P	3.08	2.26	3.80	0.43	14	1.53
	N∶K	0.32	0.25	0.37	0.05	15	0.12

本研究中刺梨林、核桃林以及裸地 0～10 cm 土壤层的 C∶N 平均值分别为 13.37、9.90、12.52。其中，刺梨林土壤与裸地土壤的 C∶N 均值高于全球森林 0～10 cm 平均水平（12.40）（Cleveland and Liptzin，2007），也高于全球草地 0～10 cm 平均水平（11.80）（Cleveland and Liptzin，2007）。土壤有机层的 C∶N 较高表明有机质具有较慢的矿化作用。表层土壤中 C∶N 在刺梨林表现最大，可能是因为核桃林表层土壤有机 C 含量显著多于裸地和核桃林，说明核桃林的土壤有机质矿化作用比刺梨林和裸地相对较差。土壤 C∶N 高代表着有机质分解作用较慢，但有机质较慢的分解作用有利于土壤肥力的维持，故 3 种土地利用类型中刺梨林土壤肥力相对较高。本研究不同土层间的 C∶N 差异性不显著，这与王维奇等（2010）的研究结果相一致，这可能是由于土层取样较浅，未达到矿物质层。

研究区内，3 种土地利用类型 0～10 cm 土壤层的 C∶P 平均值分别为 56.37（刺梨林）、28.39（核桃林）、40.36（裸地），均低于全球森林 0～10 cm 平均水平（81.90），低于全球草地 0～10 cm 平均水平（64.30），也低于广西喀斯特地区 0～10 cm 平均水平（61）（曾昭霞等，2015）。该研究区域的 C∶P 较低，说明 P 有效性较高，可能是该区退化生境激发了对 P 元素的活化效率。

N∶P 可用作 N 饱和的诊断指标，并被用于确定养分限制的阈值（Güsewell et al.，2003；Tessier and Raynal，2003），可间接预测对植物养分的供给水平和限制水平（白小芳等，2015）。本研究中，刺梨林、核桃林以及裸地表层土壤的 N∶P 平均值分别为 4.22、2.88、3.23，均低于全球森林 0～10 cm 平均水平（6.60）和全球草地 0～10 cm 平均水平（5.60）。本研究所得的刺梨林、核桃林以及裸地表层土壤的 N∶P 与其他研究相比都较低，是由于全 N 随土层加深下降的趋势比全 P 快（见表 4-6），这从另一方面反映了喀斯特高原山地区主要人工林在一定程度上同时受到 N、P 元素的限制。

4.2.4　土壤养分含量及生态化学计量之间的相关性

由表 4-8 可以看出，土壤有机 C 与全 N、全 P、C∶K、N∶K 呈极显著正相关（$P<0.01$，下同）；全 N 与全 P、C∶K、N∶K 呈极显著正相关，而全 N 与全 K、C∶N 呈极显著负相关；全 P 与 C∶K、N∶K 呈极显著正相关，与全 K、C∶N、N∶P 呈极显著负相关；全 K 与 C∶N 呈显著正相关，与 N∶P 呈极显著正相关，与 C∶K、N∶K 呈极显著负相关；C∶N 与 C∶K 呈显著负相关，与 N∶K 呈极显著负相关；C∶K 与 N∶P 呈显著负相关，与 N∶K 呈极显著正相关；N∶P 与 N∶K 呈显著负相关。由上可知，土壤养分对人工林土壤化学计量贡献均表现出一定的差异性，全 N、全 P 对人工林土壤 C∶N 贡献为负，有机 C、全 N、全 P 对 C∶K 贡献为正，全 K 对 C∶K 贡献为负，全 P 对 N∶P 贡献为负，有机 C、全 N、全 P 对 N∶K 贡献为正，而全 K 对 N∶K 贡献为负。

表 4-8　土壤有机 C、N、P、K 含量及其化学计量特征的相关性

指标	SOC	TN	TP	TK	C∶N	C∶K	N∶P	N∶K
SOC	1							
TN	0.82**	1						
TP	0.60**	0.81**	1					
TK	−0.32	−0.54**	−0.74**	1				
C∶N	−0.16	−0.68**	−0.59**	0.47*	1			
C∶K	0.79**	0.84**	0.86**	−0.80**	−0.41*	1		
N∶P	0.03	−0.10	−0.65**	0.63**	0.10	−0.42*	1	
N∶K	0.64**	0.89**	0.90**	−0.83**	−0.67**	0.94**	−0.42*	1

4.3　小结

本章选择黔西北喀斯特高原人工林中的核桃林、刺梨林两种经济树种的土壤为研究对象，以裸地土壤为对照，从不同土地利用类型、不同土层深度等研究角度，分析了黔西北喀斯特高原人工林土壤、凋落物、叶片的元素含量及化学计量比特征。研究结果表明，核桃林、刺梨林、裸地 3 种土地利用类型的土壤有机 C、全 N、碱解 N、全 P、速效 P 多随深度增加而减少，全 K、速效 K 随土层深度增加变化不明显，养分呈表层聚集性。不同土层有机 C、全 N、碱解 N、全 P、速效 P、全 K 和速效 K 的变化范围依次为 10.50～21.44 g/kg，0.71～1.79 mg/g，0.07～0.34 mg/g，0.23～0.62 mg/g，0.003～0.014 mg/g，4.38～8.11 mg/g，0.039～0.080 mg/g。2 种经济树种不同组分中，核桃叶片有机 C 含量最高（均值为 436.73 mg/g），刺梨叶片全 N、全 P 含量最高（均值为 20.77 mg/g、

2.10 mg/g），全 K 含量则为核桃根区土壤中最丰富（均值为 17.07 mg/g）。核桃根区土壤速效 K 含量高于刺梨，表明核桃具有较好的耐旱性。刺梨 N 再吸收率（19.23%）显著高于核桃 N 再吸收率（4.05%），表明与核桃相比，刺梨根区土壤 N 元素匮乏。生态化学计量特征总体呈现出凋落物＞叶片＞根区土壤、表层土壤显著高于底层土壤的规律。刺梨叶片 N∶P 低于 14，说明刺梨生长时主要受 N 限制。刺梨叶片 C∶P、N∶P 低于核桃，推测栽种年限相同时，刺梨树种生长速率高于核桃树种。凋落物 N∶P 表现为核桃＞刺梨，故核桃凋落物能保留更多养分。核桃根区土壤 C∶N 高于刺梨，说明核桃的保肥能力较好。根区土壤全 P 与叶片全 P 呈极显著正相关，说明植物叶片中 P 主要来源于土壤。根区土壤全 N 与凋落物 C∶N 呈极显著正相关，可见根区土壤中 N 含量与凋落物分解密切相关。

本章仅对喀斯特高原山地区两种经济树种和裸地进行了养分含量以及生态化学计量方面的研究，所选的研究区域有限，如果想要全面评价喀斯特高寒干旱区植物生长过程的限制性养分以及更进一步理解“叶片-凋落物-土壤”之间的联系，下一步需要在喀斯特高原山地区开展更大尺度、更多经济树种类型的生态化学计量学研究。

参考文献

[1] 白小芳，徐福利，王渭玲，等.华北落叶松人工林土壤碳氮磷生态化学计量特征[J]. 中国水土保持科学，2015，13（6）：68-75.

[2] 白雪娟，曾全超，安韶山，等. 黄土高原不同人工林叶片-凋落叶-土壤生态化学计量特征[J]. 应用生态学报，2016，27（12）：3823-3830.

[3] 鲍士旦. 土壤农化分析：第 3 版[M]. 北京：中国农业出版社，2008.

[4] 杜满义，范少辉，刘广路，等. 中国毛竹林碳氮磷生态化学计量特征[J]. 植物生态学报，2016，40（8）：760-774.

[5] 韩兴国，李凌浩. 内蒙古草地生态系统维持机理[M]. 北京：中国农业大学出版社，2012.

[6] 贺金生，韩兴国. 生态化学计量学：探索从个体到生态系统的统一化理论[J]. 植物生态学报，2010，34（1）：2-6.

[7] 胡忠良，潘根兴，李恋卿，等. 贵州喀斯特山区不同植被下土壤 C、N、P 含量和空间异质性[J]. 生态学报，2009，29（8）：4187-4195.

[8] 黄昌勇. 土壤学[M]. 北京：中国农业出版社，2000.

[9] 黄建军，王希华. 浙江天童 32 种常绿阔叶树叶片的营养及结构特征[J].华东师范大学学报（自然科学版），2003，（1）：92-97.

[10] 李丹维，王紫泉，田海霞，等. 太白山不同海拔土壤碳、氮、磷含量及生态化学计量特征[J]. 土壤学报，2017，54（1）：160-170.

[11] 罗绪强，张桂玲，杜雪莲，等. 茂兰喀斯特森林常见钙生植物叶片元素含量及其化学计量学特征[J]. 生态环境学报，2014，23（7）：1121-1129.

[12] 马任甜，方瑛，安韶山. 云雾山草地植物地上部分和枯落物的碳、氮、磷生态化学计量特征[J]. 土壤学报，2016，53（5）：1170-1180.

[13] 聂兰琴，吴琴，尧波，等.鄱阳湖湿地优势植物叶片-凋落物-土壤碳氮磷化学计量特征[J]. 生态学报，2016，36（7）：1898-1906.

[14] 潘复静，张伟，王克林，等. 典型喀斯特峰丛洼地植被群落凋落物 C：N：P 生态化学计量特征[J]. 生态学报，2011，31（2）：335-343.

[15] 庞圣江，张培，贾宏炎，等. 桂西北不同森林类型土壤生态化学计量特征[J]. 中国农学通报，2015，31（1）：17-23.

[16] 平川，王传宽，全先奎. 环境变化对兴安落叶松氮磷化学计量特征的影响[J]. 生态学报，2014，34（8）：1965-1974.

[17] 谭秋锦，宋同清，曾馥平，等. 峡谷型喀斯特不同生态系统土壤养分及其生态化学计量特征[J]. 农业现代化研究，2014，35（2）：225-228.

[18] 王晶苑，王绍强，李纫兰，等. 中国四种森林类型主要优势植物的 C：N：P 化学计量学特征[J]. 植物生态学报，2011，35（6）：587-595.

[19] 王璐，喻阳华，邢容容，等. 喀斯特高原山地区主要人工林土壤生态化学计量特征[J]. 南方农业学报，2017，48（8）：1388-1394.

[20] 王绍强，于贵瑞. 生态系统碳氮磷元素的生态化学计量学特征[J]. 生态学报，2008，28（8）：3937-3947.

[21] 王维奇，仝川，贾瑞霞，等. 不同淹水频率下湿地土壤碳氮磷生态化学计量特征[J]. 水土保持学报，2010，24（3）：238-242.

[22] 王维奇，徐玲琳，曾从盛，等. 河口湿地植物活体-枯落物-土壤的碳氮磷生态化学计量特征[J]. 生态学报，2011，31（23）：7119-7124.

[23] 魏孝荣，邵明安. 黄土高原沟壑区小流域坡地土壤养分分布特征[J]. 生态学报，2007，27（2）：603-612.

[24] 吴海勇，彭晚霞，宋同清，等. 桂西北喀斯特人为干扰区植被自然恢复与土壤养分变化[J]. 水土保持学报，2008，22（4）：143-147.

[25] 项文化，黄志宏，闫文德，等. 森林生态系统碳氮循环功能耦合研究综述[J]. 生态学报，2006，26（7）：2365-2372.

[26] 谢锦，常顺利，张毓涛，等. 天山北坡植物土壤生态化学计量特征的垂直地带性[J]. 生态学报，2016，36（14）：4363-4372.

[27] 杨慧敏，王冬梅. 草-环境系统植物碳氮磷生态化学计量学及其对环境因子的响应研究进展[J]. 草业学报，2011，20（2）：244-252.

[28] 俞月凤，彭晚霞，宋同清，等. 喀斯特峰丛洼地不同森林类型植物和土壤C、N、P化学计量特征[J]. 应用生态学报，2014，25（4）：947-954.

[29] 曾德慧，陈广生. 生态化学计量学：复杂生命系统奥秘的探索[J]. 植物生态学报，2005，29（6）：1007-1019.

[30] 曾昭霞，王克林，刘孝利，等. 桂西北喀斯特森林植物-凋落物-土壤生态化学计量特征[J]. 植物生态学报，2015，39（7）：682-693.

[31] 曾昭霞，王克林，刘孝利，等.桂西北喀斯特区原生林与次生林鲜叶和凋落叶化学计量特征[J]. 生态学报，2016，36（7）：1907-1914.

[32] 张广帅，邓浩俊，杜锟，等. 泥石流频发区山地不同海拔土壤化学计量特征——以云南省小江流域为例[J]. 生态学报，2016，36（3）：675-687.

[33] 张珂，何明珠，李新荣，等. 阿拉善荒漠典型植物叶片碳、氮、磷化学计量特征[J].生态学报，2014，34（22）：6538-6547.

[34] 赵护兵，刘国彬，侯喜禄. 黄土丘陵区流域主要植被类型养分循环特征[J]. 草业学报，2006，15（3）：63-69.

[35] 赵维俊，刘贤德，金铭，等. 祁连山青海云杉林叶片-枯落物-土壤的碳氮磷生态化学计量特征[J]. 土壤学报，2016，53（2）：477-489.

[36] 朱秋莲，邢肖毅，张宏，等. 黄土丘陵沟壑区不同植被区土壤生态化学计量特征[J]. 生态学报，2013，33（15）：4674-4682.

[37] Aerts R. Nutrient resorption from senescing leaves of perennials：Are there general patterns[J]. Journal of Ecology，1996，84（4）：597-608.

[38] Ågren G I. The C∶N∶P stoichiometry of autotrophs-theory and observations[J]. Ecology Letters，2004，7（3）：185-191.

[39] Chen X W，Li B L. Change in soil carbon and nutrient storage after human disturbance of a primary Korean pine forest in northeast China[J]. Forest Ecology and Management，2003，186（1-3）：197-206.

[40] Cleveland C C，Liptzin D. C∶N∶P stoichiometry in soil：Is there a “Redfield ratio” for the microbial biomass？[J]. Biogeochemistry，2007，85（3）：235-252.

[41] Elser J J，Dobberfuhl D，Mackay N A，et al. Organism size，life history，and N∶P stoichiometry：towards a unified view of cellular and ecosystem processes[J]. Bioscience，1996，46（9）：674-684.

[42] Elser J J，Fagan W F，Denno R F，et al. Nutritional constraints in terrestrial and freshwater food webs[J]. Nature，2000，408（6812）：578-580.

[43] Elser J J，Sterner R W，Gorokhova E，et al. Biological stoichiometry from genes to ecosystems[J]. Ecology Letters，2000，3（6）：540-550.

[44] Güsewell S，Koerselman W，Verhoeven J T A. Biomass N∶P ratios as indicators of nutrient limitation for plant populations in wetlands[J]. Ecological Applications，2003，13（2）：372-384.

[45] Güsewell S. N∶P ratios in terrestrial plants：Variation and functional significance[J]. New Phytologist，2004，164（2）：243-266.

[46] Han W X，Fang J Y，Guo D L，et al. Leaf nitrogen and phosphorus stoichiometry across 753 terrestrial plant species in China[J]. New Phytologist，2005，168（2）：377-385.

[47] Han W X，Tang L Y，Chen Y H，et al. Relationship between the relative limitation and resorption efficiency of nitrogen vs phosphorus in woody plants[J]. PLoS ONE，2013，8（12）：e83366.

[48] Hedin L O. Global organization of terrestrial plant–nutrient interactions[J]. Proceedings of the National Academy of Sciences，2004，101（30）：10849-10850.

[49] Kang H Z，Xin Z J，Berg B，et al. Global pattern of leaf litter nitrogen and phosphorus in woody plants[J]. Annals of Forest Science，2010，67（8）：811-811.

[50] Koerselman W，Meuleman A F M. The vegetation N∶P ratio：A new tool to detect the nature of nutrient limitation[J]. Journal of Applied Ecology，1996，33（6）：1441-1450.

[51] McGroddy M E，Daufresne T，Hedin L O. Scaling of C∶N∶P stoichiometry in forests worldwide：implications of terrestrial Redfield-type ratios[J]. Ecology，2004，85（9）：2390-2401.

[52] Mclauchlan K K，Hobbie S E，Post W M. Conversion from agriculture to grassland builds soil organic matter on decadal timescales[J]. Ecological Applications，2006，16（1）：143-153.

[53] Méndez M，Karlsson P S. Nutrient stoichiometry in pinguicula vulgaris：Nutrient availability，plant size，and reproductive status[J]. Ecology，2005，86（4）：982-991.

[54] Post W M，Pastor J，Zinke P J，et al. Global patterns of soil nitrogen storage[J]. Nature，1985，317（6038）：613-616.

[55] Reich P B，Oleksyn J. Global patterns of plant leaf N and P in relation to temperature and latitude[J]. Proceedings of the National Academy of Sciences，2004，101（30）：11001-11006.

[56] Sterner R W，Elser J J. Ecological stoichiometry：The biology of elements from molecules to the biosphere[M]. Princeton：Princeton University Press，2002.

[57] Tessier J T，Raynal D J. Use of nitrogen to phosphorus ratios in plant tissue as an indicator of nutrient limitation and nitrogen saturation[J]. Journal of Applied Ecology，2003，40（3）：523-534.

[58] Tian H Q，Chen G S，Zhang C，et al. Pattern and variation of C∶N∶P ratios in China's soils：A synthesis of observational data[J]. Biogeochemistry，2010，98（3）：139-151.

[59] Yuan Z Y，Chen H Y H. Global trends in senesced-leaf nitrogen and phosphorus[J]. Global Ecology and Biogeography，2009，18（5）：532-542.

[60] Zhang C，Tian H Q，Liu J Y，et al. Pools and distributions of soil phosphorus in China[J]. Global Biogeochemical Cycles，2005，19（1）：1-8.

第5章　植物功能性状与适应策略

植物功能性状是指影响植物存活、生长和繁殖的生物属性（Ackerly，2003），是植物在漫长进化和发展过程中，为最大限度地减少环境损伤及提高对资源的获取和利用，所形成的诸多内在生理和外在形态结构（孙梅等，2017）。不同功能性状反映植物生态策略的不同（Cornelissen et al.，2003），功能性状的可塑性随物种种类不同而具有差异（Long et al.，2011）。研究发现，从寒带至热带，随着温度的增加、生长季节的延长，植物叶片氮磷含量减少，氮磷比增大（Reich and Oleksyn，2004）；随着海拔的升高，光照辐射增强，气温、降水和气压减少，许多植物叶面积减少（杨丽娟等，2013），但也有增大和先增大后减小的现象（Lebrija-Trejos et al.，2010）；生活在干旱环境中的植物将大部分的生物量分配到根器官（Fitter，1999；金不换等，2009），以增强植物获取水分和养分的能力，或改变叶片形态（减小叶面积、增加角质层厚度、气孔下陷等）来减少水分的散失（李婕等，2016）；对比水、陆生植物功能性状，发现在低光、缺氧环境中的水生植物，为了获取更多的光能、CO_2和碳酸氢盐等离子，会具有较大的比叶面积和较低的叶干物质含量（张丽霞，2017）；与土壤肥沃环境中的植物相比，生活在贫瘠环境中的植物将更多的营养保存在寿命长且抗性高的组织中（Aert and Chapin，2000）。鉴于此，基于植物功能性状研究植物与环境的关系，可以较好地揭示植物的生长规律和对环境变化的适应机制。研究植物功能性状及其适应对策，能够为植物群落配置和结构优化调控提供基础依据。通过对植物获取资源能力的探索，能够优化植物种间关系，为生物多样性保育和生态系统功能提升奠定理论依据。

本章研究区的基本概况见第3章。

5.1　植物功能性状

植物功能特性是遗传因素和外界条件共同作用的结果（Linhart and Grant，1996；Donovan et al.，2011），是植物长期对外界环境条件适应的产物，并且与生态系统过程和功能的关系密切（孟婷婷等，2007；习新强等，2011），指示了植物与环境的关系，是植物联系环境的纽带。叶经济谱的概念由澳大利亚科学家（Wright et al.，2004）于2004年提出，是指一系列相互联系、协同变化的功能性状组合，同时也数量化表示一系列有规律性地连续变化的植物资源权衡策略（Lavorel and Grigulis，2012；Funk et al.，2013）。植物功能性状和叶经济谱以表征物种对环境的适应对策、生理过程等的性状为基础，能够将物种的适应策略与植物群落构建和生态系统过程等有机结合起来（Mcgill et al.，2006；Wright et al.，2004）。运用功能性状的研究方法能有效地利用植物的生理、形态和生活史等特征，揭示性状对物种共存的影响（路兴慧等，2011）。

自 Wright 等（2004）提出全球植物叶片经济谱以来，已经开展了诸多植物叶片功能性状及其经济谱的研究，涉及的区域和植物包括内蒙古荒漠草原（于鸿莹等，2014）、南非草原植物（Fynn et al.，2011）、欧洲不同地区草地（Grigulis et al.，2013）、中国长白山森林（Sun et al.，2006）等，这些研究均验证了叶经济谱的普遍性，揭示了植物对资源的分配与投资策略，阐明不同植物通过权衡其经济性状间的关系来采取相应的适应策略。但是，有关中国喀斯特地区植物功能性状和叶经济谱的研究较少，特别是未见关于黔西北喀斯特高原山地区叶经济谱的公开报道。基于此，本研究以中国喀斯特高原优势树种为材料，分析不同物种的叶片功能性状，探究喀斯特高原山地区植物叶片性状在经济谱中的位置。试图揭示喀斯特高原山地区的植物适应机理，为合理利用植物资源、促进森林生态系统恢复和保护提供理论与实践参考。

5.1.1　研究方法

（1）研究物种

2016 年 7—8 月，设置典型样地，开展植物群落学调查，记录物种名称、数量、冠幅、株高、胸径和地径等数据，在此基础上以重要值为主要排序依据，筛选了代表黔西北地区植物群落的 14 个优势树种作为研究对象（见表 5-1）。

表 5-1　目标物种

物种	土壤类型	树高/m	生活型
云南松	黄壤	16.0	常绿乔木
华山松	黄壤	13.8	常绿乔木
白栎	黄壤	3.0	落叶灌木
火棘	黄壤	1.8	常绿灌木
马桑	黄壤	0.9	常绿灌木
栓皮栎	黄壤	2.2	落叶灌木
川榛	黄壤	1.7	落叶灌木
毛栗	石灰土	3.5	落叶灌木
杜鹃	石灰土	3.5	常绿灌木
光皮桦	黄壤	16.3	落叶乔木
金丝桃	黄壤	1.0	常绿灌木
银白杨	黄壤	15.2	落叶乔木
核桃	黄壤	9.6	落叶乔木
刺梨	石灰土	2.5	落叶灌木

（2）取样方法

对优势树种，每一树种选取 5 个成熟的植株，于上午 11 时前采集生长良好、无病虫害且较为成熟的叶片，迅速混合装入预先编号的自封袋中，冷藏带回实验室用于测定叶片的功能性状（习新强等，2011）。

（3）植物功能性状测定与计算方法

叶片鲜质量（leaf matter）采用称量法测定；叶片稳定碳同位素值（$\delta^{13}C$）采用稳定同位素质谱仪测定（喻阳华等，2015）；叶面积（leaf area）采用图纸法测定（胡启鹏等，2013），具体方法：取待测叶片，在滤纸上画出叶片轮廓，沿轮廓线裁剪并称重，然后通过滤纸的面积和质量换算叶片面积；叶片厚度（leaf thickness）采用数显游标卡尺测量；叶片干质量（leaf dry matter）采用恒温干燥法测定，具体方法：先于 105℃杀青 20 min，再于 60℃烘干至恒质量；叶片饱和鲜质量（leaf saturated fresh content）采用浸泡法测定，具体方法：将叶片于清洁自来水中避光浸泡 12 h 后，用吸水纸将叶片上的水分吸干后称重（Garnier et al.，2001）。

其他植物功能性状指标计算方法如下：比叶面积（specific leaf area）=叶面积/叶片干质量（dm^2/g）；叶干物质含量（leaf dry matter content）=叶片干质量/叶片饱和鲜质量×100%（赵新风等，2014）；相对水分亏缺（relative water deficit）=（叶片饱和鲜质量–叶片鲜质量）/（叶片饱和鲜质量–叶片干质量）×100%（喻阳华等，2015）。

可塑性指数为各指标的最大值减去最小值再除以最大值（胡启鹏等，2008）。

（4）数据处理与分析

采用 Excel 2007 和 SPSS 21.0 软件对数据进行统计分析。采用单因素（one-way ANOVA）和 Duncan 法进行方差分析和多重比较（α=0.05），用 Pearson 法对叶片功能性状各指标间的相关关系进行分析，用主成分分析（principal component analysis，PCA）对不同物种叶片性状进行综合分析。表中数据为平均值±标准差。

5.1.2 植物叶片功能性状特征

14 个优势树种的叶片性状见表 5-2，它们的性状存在显著差异。叶片厚度为 0.12～0.60 mm，银白杨最小，马桑最大；叶面积为 0.006～0.40 dm^2，云南松和华山松最小，核桃最大；比叶面积为 1.07～195.99 dm^2/g，华山松最低、毛栗最高；叶干物质含量为 27.41%～54.45%，金丝桃最低、银白杨最高；相对水分亏缺为 11.09%～44.58%，金丝桃最低、火棘最高；$\delta^{13}C$ 值为–31.2‰～–27.1‰，金丝桃最低、马桑最高。

植物功能性状作为研究植物与环境关系的最佳桥梁，是物种长期进化过程中对环境适应的结果，能够指示生态系统对环境变化的响应，植物功能性状组合的权衡能够有效指导植物群落结构配置和优化，提高生态系统服务功能。叶功能性状能够直接反映植物适应环境变化所形成的生存策略（孟婷婷等，2007）。

表 5-2　不同优势树种的叶片性状

物种	叶片厚度/mm	叶面积/dm^2	比叶面积/(dm^2/g)	叶干物质含量/%	相对水分亏缺/%	$\delta^{13}C$/‰
云南松	0.35±0.015a	0.006±0.0002a	3.63±0.74a	37.21±6.10ad	22.24±3.68ab	−28.4
华山松	0.39±0.010a	0.006±0.0003a	1.07±0.17a	28.71±1.07b	22.71±1.34ab	−30.8
白栎	0.28±0.006b	0.18±0.004b	34.65±2.39bc	46.29±1.86c	36.14±0.68cd	−28.8
火棘	0.26±0.032bf	0.022±0.004bf	34.51±1.72bc	39.03±0.42a	44.58±1.16e	−30.1
马桑	0.60±0.064c	0.11±0.003c	45.47±7.75b	33.26±0.76d	15.99±0.58bf	−27.1
栓皮栎	0.19±0.011d	0.16±0.013d	31.23±3.67bc	53.21±0.82e	41.14±1.24ef	−28.4
川榛	0.27±0.011bf	0.25±0.004bf	60.23±10.28d	47.34±1.44c	32.08±5.95dg	−29.2
毛栗	0.23±0.006bf	0.23±0.009df	195.99±22.82e	45.73±5.74c	42.10±5.02ef	−29.6
杜鹃	0.41±0.035a	0.24±0.015a	28.08±5.56c	46.48±0.79c	16.19±1.51bf	−28.7
光皮桦	0.54±0.089e	0.14±0.045e	41.38±0.87bc	40.50±1.02cf	36.05±6.49cd	−30.9
金丝桃	0.22±0.006bf	0.05±0.003bf	100.61±5.28f	27.41±0.64b	11.09±8.25f	−31.2
银白杨	0.12±0.005g	0.31±0.034g	89.68±2.28f	54.45±0.21e	17.12±7.49bf	−30.2
核桃	0.38±0.04a	0.40±0.067a	41.55±5.72bc	40.81±0.65cf	21.66±2.39ag	−29.9
刺梨	0.22±0.006bf	0.16±0.001df	10.10±1.76a	44.76±4.12cf	21.65±2.39ab	−27.7

注：同一行中不同小写字母表示差异显著（$P<0.05$）。下同。

叶片厚度能够指示植物的适应对策，通常叶片较薄的植物属于开拓性策略，主要用于投资生长速率和资源获取能力；叶片较厚的植物属于保守性策略，主要用于投资养分储存效率以获得竞争优势（Garnier et al.，2004；许洺山等，2015）。由表 5-2 可知，马桑、光皮桦、云南松等树种的叶片较厚，其中马桑是该地区分布较广的常绿树种，属于灌木或小乔木；光皮桦是植物群落演替的顶极树种，是乔木层建群种；云南松是飞机播种造林树种，已有 40 余年的历史。因此，这些树种将更多的营养投入到器官储存，以适应该地区高寒、干旱的生境条件，调整自身生存策略，保持树种的竞争优势。同为顶极树种的银白杨叶片最薄，是由于银白杨为速生树种，为了获取资源将养分投入到高生长。

比叶面积是反映植物对光照、营养以及群落环境等适应性的重要指标（刘希珍等，2015），能够揭示植物对水分的利用效率及其适应资源和环境的能力（吕金枝等，2010），该值大表明对光能量的捕获能力强、相对生长速率高（路兴慧等，2011），该值小表明适应干旱和贫瘠环境的能力更强。本研究结果表明，毛栗、金丝桃具有相对较强的捕光能力和高的生长速率，原因是毛栗和金丝桃均为乔灌林中的下层树种，必须保持较高的生长能力以适应树种间竞争，这些树种更适合在资源充沛的环境下生长，说明毛栗、金丝桃等可以作为植物群落构建的林下树种，增加林分的复层结构和丰富生物多样性水平；云南松和华山松的比叶面积较小，表明其通过调整自身功能性状以适应喀斯特干旱和养分亏缺的环境，且云南松和马尾松均为引种树种，自身会采取措施提高对生境的适应能力。

叶干物质含量可以表征植物对养分的保持能力（祁建等，2008），拥有较高的叶干物质含量的植物通常生存在较差的环境中，具有较强抵抗环境胁迫的能力（赵新风等，2014），更有利于充分利用生境的环境资源条件（李颖等，2014）。研究结果表明，落叶树种的叶干物质含量通常更大，这表明落叶是树种适应石漠化地区干旱生境胁迫的重要机制，通过积累干物质以提高植物的耐受性，增强对温度变化的抵抗能力。云南松、华山松和金丝桃等常绿树种的叶干物质含量较小，对资源的利用程度较低，主要通过调整自身功能性状来抵御环境胁迫。

叶片$\delta^{13}C$值在植物生理生态、农作物养分吸收利用等方面具有较好的指示作用，可以作为植物长期水分利用效率的指标（Ehleringer et al.，1986），$\delta^{13}C$值低的植物其水分利用效率也较低（熊鑫等，2016）。结果表明，研究区马桑、刺梨等树种的水分利用效率相对较高，金丝桃、光皮桦、银白杨则相对较低，不同的水分利用效率是遗传背景和环境选择共同作用的结果。高水分利用效率应对低水分资源胁迫的能力更强，这与马桑等采取保守性策略的结果一致；银白杨的养分可能投入到高生长，适应机制为开放性策略，水分利用效率较低，也与银白杨树体高大、能够利用更多的液态水和气态水有关；光皮桦水分利用效率较低的原因与其资源获取范围较广、生态位更宽相关。

5.1.3 植物叶片功能性状的可塑性

可塑性是植物在适应过程中通过调整形态、生理等性状使其表型与生境相一致，其值高指示植物具有高的潜在适应能力（Valladares et al.，2000；Schmitt et al.，2003）。由表 5-3 可知，不同优势树种的叶片性状可塑性指数存在差异，光皮桦、云南松、核桃等树种的可塑性指数较大，说明他们具有更高潜在适应能力；白栎、栓皮栎等树种的可塑性指数较小，表明其主要吸收漫射光能进行利用以保护光合器官。

表 5-3 不同优势树种的叶片可塑性指数

物种	叶片厚度/mm	叶面积/dm^2	比叶面积/(dm^2/g)	叶干物质含量/%	相对水分亏缺/%
云南松	0.08	0.06	0.34	0.25	0.28
华山松	0.05	0.09	0.28	0.07	0.11
白栎	0.03	0.03	0.12	0.07	0.04
火棘	0.21	0.25	0.09	0.02	0.05
马桑	0.18	0.06	0.29	0.04	0.06
栓皮栎	0.10	0.14	0.21	0.03	0.05
川榛	0.07	0.02	0.29	0.05	0.28

物种	叶片厚度/mm	叶面积/dm^2	比叶面积/（dm^2/g）	叶干物质含量/%	相对水分亏缺/%
毛栗	0.04	0.08	0.20	0.22	0.20
杜鹃	0.16	0.12	0.32	0.03	0.17
光皮桦	0.29	0.39	0.04	0.05	0.30
金丝桃	0.05	0.13	0.09	0.04	0.67
银白杨	0.10	0.19	0.05	0.01	0.53
核桃	0.20	0.26	0.21	0.03	0.29
刺梨	0.05	0.15	0.30	0.15	0.20

5.1.4　植物叶片功能性状间的相关关系

分析结果表明，叶片厚度与叶面积、比叶面积、叶干物质含量和相对水分亏缺均为负相关，与$\delta^{13}C$值则为正相关；叶面积与比叶面积、叶干物质含量和$\delta^{13}C$值均为正相关，与相对水分亏缺为负相关；比叶面积与叶干物质含量和相对水分亏缺呈正相关，与$\delta^{13}C$值呈负相关；叶干物质含量与相对水分亏缺和$\delta^{13}C$值均为正相关。除叶面积与叶干物质含量的相关系数为 0.632，达显著相关外，其余相关性均不显著（见表 5-4）。

表 5-4　不同优势树种叶片性状之间的相关性分析

因子	叶片厚度/mm	叶面积/dm^2	比叶面积/（dm^2/g）	叶干物质含量/%	相对水分亏缺/%
叶面积	−0.166	1			
比叶面积	−0.328	0.318	1		
叶干物质含量	−0.458	0.632*	0.080	1	
相对水分亏缺	−0.065	−0.040	0.248	0.248	1
$\delta^{13}C$	0.159	0.054	−0.274	0.282	−0.212

注：*表示差异显著（P=0.05）。下同。

5.1.5　植物在经济谱中的位置

叶片性状的功能和数量化方法的研究，能够阐明植物性状之间对有限资源的权衡作用（陈莹婷和许振柱，2014）。不同物种在叶经济谱中的位置不同（Osnas et al.，2013；于鸿莹等，2014），原因是植物在漫长的进化过程中，通过形成特定的功能性状属性来减小外界环境的不利影响（Donovan et al.，2011）。研究结果表明，乔木树种通常具有更大的叶片厚度、更小的比叶面积、更长的叶寿命，多属于缓慢投资-收益型物种，原因是乔木树种在演替竞争中需要充分积累物质以获得竞争优势，且乔木树种最大高度大，种子散布距离广，对生态、空间资源的竞争能力强，调整及其适应环境胁迫的能力较强。灌木树种在经济谱中的位置更靠近薄叶的一端，原因是灌木需要加强生长以适应林分层片间的竞争；尤其是落叶灌木树种的叶片厚度普遍较低、叶片寿命短、水分利用效率则较高，属于快速投资-收益型物种，这反映了落叶灌木树种对该地区生境的适应对策。14 个优势树种中，马桑为常绿树种，属于灌木或小乔木，叶片厚度最大、水分利用效率最低、比叶面积较高、叶寿命长，对生长的投资缓慢，在研究区域内分布较广泛，形成了特有的适应机制；银白杨为薄叶、比叶面积高、叶干物质含量较高，通过向叶片快速投入营养与落叶的方式来适应研究区高寒干旱石漠化的生境。本研究分析和验证了叶经济谱的存在，通过叶片功能性状体现了植物长期对低温和水分亏缺生境胁迫的适应策略，这有利于指导该区群落构建和植被恢复。

5.2 叶片功能性状对土壤养分的响应

植物在长期适应环境过程中，通过内部不同功能之间协同进化，形成能够响应生存环境变化并在一定程度上对生态系统功能有一定影响的植物性状，称为植物功能性状（Díaz and Cabido，2001；Violle et al.，2007）。它决定着植物对环境变化的响应，是联系植物与环境的重要桥梁（张莉等，2013）。研究表明，植物功能性状与环境关系的研究，有利于揭示植物适应环境的生存规律及植物对环境变化的响应（Duarte et al.，1995；Díaz et al.，1999）。

叶片作为与环境接触面积最大、对环境做出响应最为显著的器官，其功能性状是植物的重要特性之一，与植物生长对策及利用资源的能力紧密联系（戚德辉等，2015；陈文等，2016）。因此，研究植物叶片功能性状对环境变化的响应有助于揭示植物对环境的适应规律。近年来，植物叶片功能性状对环境变化的响应已成为生态学的研究热点。国内外学者主要从气候（温度、降水等）、自然因子（海拔、坡向等）等方面来研究植物叶片功能性状对环境的响应，如干旱环境条件下，植物通过减小叶片面积和单位面积的叶生物量，形成较大的叶干物质含量和较小的比叶面积，从而增加碳的获得和减少水分的散失，维持植物生存和生长（薛立和曹鹤，2010）；随着降水量增加，植物叶片变大，叶片氮、磷含量增加（Wilson et al.，1999；Wright et al.，2001）；同一物种随海拔升高，比叶面积一般出现减小趋势，通过减小叶面积获得较高的抗冻性（Song et al.，2011）；随着阳坡向阴坡的转变，植物比叶面积、叶片磷含量、叶生物量均呈逐渐上升趋势（刘旻霞和马建祖，2012）。但关于植物叶片功能性状与土壤养分的响应关系研究鲜见报道（李丹等，2016；段媛媛等，2017）。

土壤养分是重要的环境因子，而植物叶片功能性状在很大程度上受到土壤资源的影响，因此研究植物叶片功能性状与土壤养分的关系，可进一步探讨植物适应不同环境的策略。贵州省喀斯特地区岩石裸露率高，土层浅薄，水土流失与植被破坏严重，生态系统敏感脆弱（李晨等，2011），这些特殊的生态环境条件，构成了喀斯特地区植物组成的特殊性。因此，本研究以喀斯特高原地区为例，通过对各优势树种与其根区土壤养分响应关系的分析，为研究地区森林生态系统恢复提供一定的理论依据。

5.2.1　研究方法

（1）样品采集方法

对每一种优势树种随机选取 5 株，采摘树冠外围健康成熟、完整的叶片，每株共 10 片叶，采集后迅速混合装入袋中冷藏保鲜。用土钻法采集土样，对每个优势树种在各自的植物群落中按“S”形采样，采样时去除表层枯枝落叶，采集 0～20 cm 土层土样，多点采集混合均匀，采用四分法约取 1 kg 后带回实验室。

（2）测定项目与方法

1）叶功能性状的测定与计算

叶片鲜质量、叶片厚度、叶面积、叶干质量、比叶面积、叶干物质含量的测定方法见 5.1.1“研究方法”部分。

2）土壤养分的测定

采用电极电位法测定土壤 pH，采用重铬酸钾氧化还原外加热法测量土壤有机碳（soil organic carbon，SOC）含量，选用凯氏定氮法测定土壤全氮（total nitrogen，TN），采用碱解扩散法测定土壤水解氮（hydrolyzed nitrogen，N），采用高氯酸-硫酸消煮-钼锑抗比色-紫外分光光度法测定土壤全磷（total phosphorus，TP），采用氟化铵-盐酸浸提-钼锑抗比色-紫外分光光度法测定土壤有效磷（available phosphorus，AP），采用氢氟酸-硝酸-高氯酸消解-火焰光度法测定土壤全钾（total potassium，TK），采用中性乙酸铵浸提-火焰光度计法测定土壤速效钾（available potassium，AK）（鲍士旦，2008）。

（3）数据处理和分析方法

利用 Excel 2016 进行数据的初步计算整理，使用 SPSS 20.0 对叶片功能性状与土壤养分之间的关系进行 Pearson 相关分析，采用 Canoco 4.5 对植物叶片功能性状和土壤养分进行冗余分析（RDA）并绘制排序图。

5.2.2　不同植物叶片功能性状特征及适应对策

由表 5-5 可知，相比灌木型的叶片功能性状，乔木型叶片厚度较大，叶面积、比叶面积、叶干物质含量和相对水分亏缺较小。表明同一生境、不同生活型树种的叶片功能性状不同。

表 5-5 不同生活型树种的叶片性状

生活型	叶片厚度/mm	叶面/dm^2	比叶面积/（dm^2/g）	叶干物质含量/%	相对水分亏缺/%
乔木	0.345	0.123	33.944	0.402	24.530
灌木	0.308	0.155	66.345	0.423	30.015
平均	0.320	0.145	55.545	0.416	28.186

有研究表明（黄小等，2018），不同生活型植物在生长竞争过程中会采取不同的生活策略。叶片作为对环境变化最为敏感的器官，其形态特征最能体现植物对环境的适应（许松葵和薛立，2012）。叶片厚度能够指示植物的适应对策，是反应植物抗旱能力大小的一个重要指标，抗旱能力强的植物叶片较厚（丁曼等，2014；许云蕾等，2018）。叶片较厚可降低蒸腾速率，达到储水作用，同时增强水分的调节能力，适应干旱环境（周桂玲和迪利夏提，1995）；叶片较薄有利于植物叶面积的增长，提高植物的碳累积能力（魏胜利等，2004）。本研究中乔木型树种的叶片厚度大于灌木型，表明乔木型树种适应环境胁迫的能力强，而灌木型树种的碳累积能力相对较强。这与钟巧连等（2018）在贵州普定县和庞志强等（2019）在云南喀斯特地区的研究结果一致，说明相同环境条件下，相同生活型植物适应环境的结果相似；与郭庆学等（2013）在金佛山和缙云山地区的研究结果不一致，这可能与喀斯特研究区光照资源丰富、水资源匮乏有关。

比叶面积与植物的生存对策有密切的联系，它能反映植物获取利用资源的能力（盘远方等，2018）。比叶面积较高的植物，叶片碳同化能力越强，植物生物量越高，可采取快速获取外部资源的生存策略（Grassein et al.，2010；刘旻霞和马建祖，2012）；比叶面积较小时，植物会形成面积较小、厚度较大的叶片，适应干旱环境能力较强，该情况下植物会采取有效保存内部资源的策略（刘旻霞和马建祖，2012）。本研究表明，与乔木叶面积相比，灌木相对较大，表明乔木适应干旱环境的能力相对较强。这与钟巧连等（2018）和庞志强等（2019）的研究结果一致，表明不同生境的植物在资源匮乏的情况下采取的策略相似。与郭庆学等（2013）研究结果不一致，这可能与喀斯特研究区高温、季节性干旱有关。乔木型树高一般比灌木型高，导致乔木型树种叶片受到光照强度较大，从而使得乔木型树种叶片对环境胁迫的响应较为敏感。

叶干物质含量是植物获取资源的预测指标，其大小指示了植物对养分的保持能力，能反映叶片对环境胁迫的抵抗能力（张曦等，2016；周欣等，2016）。较高的叶干物质含量，植物生长较为缓慢，抗物理伤害强且叶片坚硬（Poorter and Garnier，1999）。研究表明，叶干物质含量不直接影响植物的生产力，其与植物抗干扰等功能有关（Garnier et al.，2004）。喻阳华等（2018）研究表明，叶干物质含量的累积可增强植物对温度变化的抵抗能力及植物的耐受性。本研究显示，灌木叶干物质含量大于乔木，表明灌木对环境胁迫的抵抗能力相对较高，生长速度较为缓慢。这与钟巧连等（2018）和庞志强等

（2019）的研究结果不一致，这可能与喀斯特研究区土层浅薄、岩石裸露率高、土壤资源匮乏有关。

相对水分亏缺反映了植物体内水分亏缺的程度，不同树种间在同一水分胁迫条件下的相对水分亏缺值，可以反映树种维持水分平衡的能力（谢寅峰等，1999）。较低的叶片相对水分亏缺具有较强的抗旱性，植物叶片失水速率随环境胁迫程度的增加而下降（韩艳和林夏珍，2009）。本研究表明乔木型树种的叶片相对水分亏缺小于灌木型，造成这种差异的原因可能与植物叶片的失水速率与叶片捕获光照面积有关。喀斯特高原地区大气温度高、水资源匮乏，因此，该地区树种会通过减小叶片面积来降低叶片失水速率，从而获得较高的抗旱性。

5.2.3　叶片功能性状与土壤养分的相关性

对土壤养分与不同优势树种进行 DCA 分析，得到乔木型与灌木型的前 4 个排序轴的最大长度分别为 0.620、0.914，小于 4，因此选择 RDA 进行排序分析。结果得出乔木型与灌木型的前 2 个排序轴的特征值分别为 0.965、0.035、0.950 和 0.050，乔木型与灌木型的物种与环境关系累积解释量均达到 100%，说明排序效果良好，在一定程度上可以解释植物叶片功能性状与土壤养分之间的关系，见表 5-6。

表 5-6　不同生活型 RDA 排序的特征值及累积解释量

冗余分析指标	乔木		灌木	
	轴 1	轴 2	轴 1	轴 2
特征值	0.965	0.035	0.950	0.050
物种与环境相关性	1.00	1.00	1.00	1.00
物种与环境关系累积解释量	96.5	100.0	95.0	100.0

在 RDA 排序图中，环境因子箭头的长短代表环境因子对物种的影响大小，与物种的夹角大小代表环境因子与物种数据的相关关系（Leps and Smilauer，2003）。结果表明：①乔木生活型中［见图 5-1（a）］，叶面积与土壤全磷、速效钾呈显著的正相关关系（$P<0.05$，下同）；叶片厚度与土壤 pH 呈显著的负相关关系；比叶面积与速效钾呈显著的正相关关系；叶干物质含量与速效钾呈显著的正相关关系；叶片相对水分亏缺随着土壤 pH、水解氮、有效磷、速效钾、C∶N 的增加而减少，其他叶片功能性状与土壤养分之间的相关性不显著，且叶片功能性状和土壤养分相关性大小表现为：土壤 pH＞全钾＞速效钾＞全磷＞水解氮＞全氮＞有机碳＞N∶P＞全磷＞C∶P＞C∶N，说明土壤中 pH 对乔木型树种的叶片功能性状影响较大。②灌木生活型中［见图 5-1（b）］，叶面积与土壤 C∶P 呈显著的正相关关系；叶片厚度随土壤 pH、有机碳、C∶N、C∶P 的增加而增加；比叶面积随土壤 pH、速效钾、C∶N 的增加而减少；叶干物质含量随土壤总氮、有

机碳、C∶N、C∶P、N∶P 的增加而增加；叶片相对水分亏缺随土壤 pH、全氮、水解氮、全钾、有机碳、C∶N 的增加而减少，其他叶片功能性状与土壤养分之间的相关性不显著，且叶片功能性状和土壤养分相关性大小表现为：有效磷>N∶P>全磷>水解氮>C∶P>全氮>速效钾>有机碳>全钾>C∶N>土壤 pH。说明土壤有效磷含量对灌木型树种的叶片功能性状的影响较大（见图 5-1）。

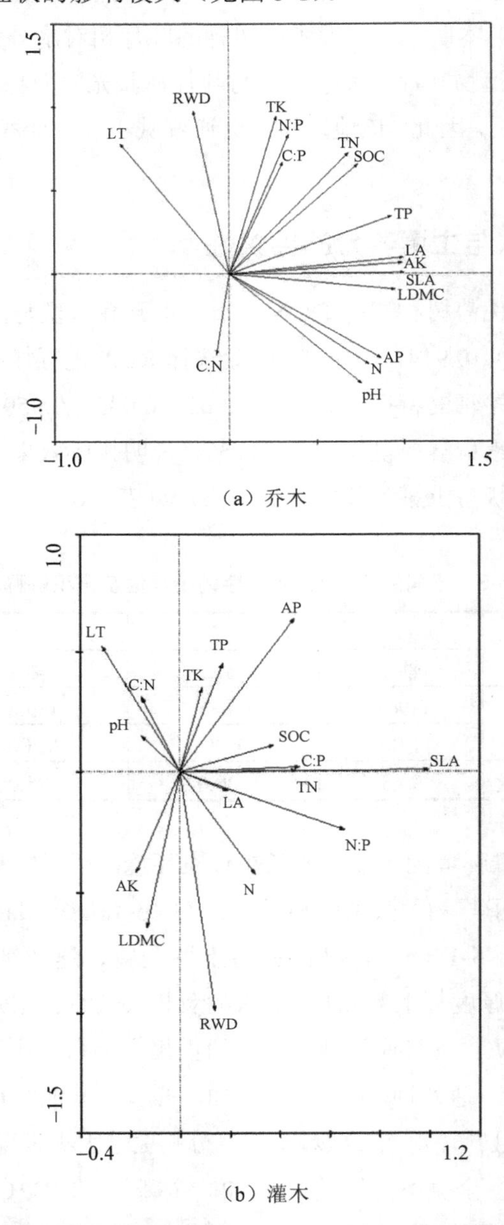

（a）乔木

（b）灌木

图 5-1　植物叶片功能性状与土壤养分的 RDA 二维排序图

注：LA 代表叶面积；SLA 代表比叶面积；LT 代表叶片厚度；LDMC 代表叶干物质含量；RWD 代表相对水分亏缺；SOC 代表有机碳；TN 代表全氮；N 代表水解氮；TP 代表全磷；AP 代表有效磷；TK 代表全钾；AK 代表速效钾。

5.2.4 叶片功能性状对土壤养分的响应

土壤资源决定了植物利用资源的策略，通过植物叶片功能性状的变异来影响植物的生存策略（刘旻霞和马建祖，2012）。土壤 pH 对植物的生长具有显著影响，其过酸或过碱都会导致植物的抗逆性、生产能力降低（于文涛等，2006）。本研究中，土壤 pH 与叶片厚度呈负相关关系，与叶面积、比叶面积和叶干物质含量呈正相关关系，与乔木型和灌木型的叶片相对水分亏缺分别呈负相关、正相关关系，原因可能是喀斯特地区土壤呈弱酸性，而不同植物的土壤 pH 阈值的不同，造成植物某些营养元素失调。

土壤磷是植物生长的主要营养元素之一，其含量与分布直接影响植物对土壤养分的吸收和转换（隋媛媛，2011）。有研究表明，植物对土壤磷表现出“低磷限制、高磷胁迫”的特征，随土壤磷素的增加，植物叶片具有较高的叶片面积、叶片厚度和叶干物质含量（何光熊，2016）。这与本研究结果基本一致。本研究中，土壤全磷与乔木型树种叶面积、叶片厚度和叶干物质含量呈正相关关系，与灌木型树种呈负相关关系，造成这种差异的原因可能与植物根系对土壤养分的吸收利用程度有关（黄小等，2018）。乔木根系比灌木庞大，从而导致乔木与灌木对土壤养分的吸收利用程度不同（陈云等，2014）。当土壤全磷含量较低时，植物可能会采取较为保守的营养投资策略（龙文兴等，2011）。

钾元素能调节植物的能量代谢和水分代谢，提高植物的抗逆性能（白宝璋等，2001）。在一定范围内，钾元素含量越高，植物叶片气孔的调节能力越强，可以促进植物的光合作用。本研究中，土壤速效钾与乔木型、灌木型的叶面积、比叶面积和叶干物质含量分别呈显著正相关关系、负相关关系，原因可能是研究区高温干旱，灌木型树种高度相对乔木型较小，导致两者叶片面积捕获光能力的强度、植物抵抗环境胁迫的能力及对土壤钾元素的利用效率不同。

土壤 C∶P 的高低会影响植物的生长发育，较低的 C∶P 值有利于有机质的分解，促进植物的生长，相反则不利于植物生长（王建林等，2014）。本研究中，土壤 C∶P 与叶面积呈正相关关系，其中与灌木型树种叶面积呈显著关系，造成这种差异的原因可能与植物凋落物输入有关。植物与土壤养分通过相互反馈来决定对所吸养分的吸收，进而促进植物生长。

5.3 优势树种叶片-凋落物-土壤连续体有机质碳同位素特征

优势树种是对群落结构与环境的形成有明显控制作用的植物种。碳作为重要的生命元素，是构成植物体干物质的主要元素，其生物地球化学循环过程一直是生态学研究的热点（熊鑫等，2016）。植物和土壤是陆地碳库的重要组成部分，有机碳及其稳定同位素组成能够反映生态系统碳循环的关键信息，表征陆地生态系统碳动态及碳资源的可持续发展（Bhattacharya et al.，2016；陈新等，2018）。植物的δ^{13}C 值能够准确记录与植物生长过程相联系的气候环境信息，综合反映植物碳同化过程和水分消耗以及水分利用效率（Tambussi et al.，2007；赵丹等，2017）。优势树种叶片、凋落物与土壤垂直层次的有机质碳同位素组成反映了森林生态系统重要的环境信息，能够揭示他们的环境行为（Balesdent et al.，1993；Michener and Lajtha，2007），对阐明δ^{13}C 值变化特征具有重要的科学意义和现实意义。

近年来，生态系统有机碳的研究已被学者们广泛关注，包括分配与周转、循环模型等（Nakane，1980；Wang et al.，2017），实现了长时间尺度的碳循环研究。李龙波等（2012）探讨了贵州喀斯特山区石灰土和黄壤有机质的垂直分布特征和稳定碳同位素组成差异；赵云飞等（2018）利用碳稳定同位素技术分析得出随着草甸退化，土壤碳汇能力减弱；司高月等（2017）基于稳定性碳同位素技术，分析了长白山垂直带森林叶片-凋落物-土壤连续体的碳含量和δ^{13}C 丰度，得知针叶树种潜在的碳蓄积能力更强。开展森林植物-凋落物-土壤连续体的碳动态研究，有助于深入了解森林生态系统碳固存及其动态变化。但是现有研究集中在群落尺度（Walker et al.，2015），未见喀斯特森林中优势树种“叶片-凋落物-土壤连续体”垂直层次中有机质碳稳定同位素变化特征的报道。增加种群尺度的研究，有利于探究喀斯特森林演替过程中碳循环和周转的变化，实现研究结果的尺度转化与提升。

黔西北地区属于喀斯特高原山地地貌，是长江流域上游重要的生态屏障和生物多样性保护区，在长江经济带建设中具有重要的战略地位。由于 20 世纪末以前受到取材、伐薪、开荒、放牧等人为过度干扰，导致植被不断退化（李开萍等，2017）。基于此，本节以黔西北次生林 14 个优势树种为研究对象（见表 3-8），采用稳定性碳同位素法，试图回答以下 2 个问题：①阐明次生林优势树种叶片-凋落物-土壤连续体的碳含量和δ^{13}C 丰度及其变化特征，揭示系统碳循环规律；②探讨不同层次碳含量和δ^{13}C 丰度之间相互作用效应，揭示碳元素的继承性与转化机理。研究结果能够为生态系统碳循环过程与机制的研究提供理论支撑。

5.3.1 研究方法

（1）优势树种确定方法

2016 年 7—8 月，选择自然、开阔的地段，避开近年来受到人为严重干扰的斑块，设置 16 块典型森林样地，开展植物群落学调查，记录海拔、经度、纬度、坡度、坡位、坡向等地理因子和物种名称、数量、冠幅、株高、胸径和地径等测树因子。计算样地内物种的重要值，由大到小进行排序，按照重要值＞25%的原则，筛选了代表黔西北地区植物群落的 14 个优势树种作为研究对象，具体见表 3-8。

（2）样品采集方法

同一植物群落类型选取 3 块坡位、坡向、坡度、海拔相似的样地，大小为 20 m×20 m，每个样地内按“S”形路线选择 5 株距离其他树种较远、受影响相对较小的植株，多点混合法采集叶片、表层凋落物与根区土壤。于上午 11 时前采集生长良好、无病虫害且较为成熟的叶片，混匀装入尼龙网袋，带回实验室后置于恒温干燥箱中 65℃烘干至恒质量，研细并充分混匀备用。在距离树干基部 0～150 cm 范围内随机均匀地采集目标树种的凋落物，采用与叶片相同的方法进行预处理。采集根区土壤时，取树干基部 20～30 cm 且距离其他树种 100～150 cm 的土壤，深度为 0～20 cm，5 点采集组成混合样，充分混匀后，四分法取约 1 kg 后立即带回实验室。采集的叶片、凋落物和土壤样品均为 42 个。土壤剔除可见砾石、根系及动植物残体，自然风干后研磨，依次通过 2.00 mm、0.15 mm 筛备用。

（3）碳含量和$\delta^{13}C$ 丰度测定方法

叶片、凋落物和土壤有机碳均采用重铬酸钾氧化-外加热法测定（鲍士旦，2008）；稳定碳同位素值（$\delta^{13}C$）采用稳定同位素质谱仪测定（喻阳华等，2015），标准样品选用美国南卡罗来纳州白垩系皮狄组地层中的美洲拟箭石（PDB），定义其$\delta^{13}C$=0.011 24。

（4）数据处理与分析

采用 Excel 2010 和 SPSS 21.0 软件对数据进行统计分析；采用单因素方差分析检验不同树种之间叶片、凋落物和根区土壤碳含量的差异；采用 Pearson 法进行不同垂直层次碳含量和$\delta^{13}C$ 丰度之间的相关关系分析；采用 OriginPro 2016 软件绘图。

5.3.2　优势树种叶片碳含量与同位素丰度

14 个优势树种叶片碳含量和$\delta^{13}C$ 丰度存在差异（见图 5-2）。碳含量为银白杨最高［（487.14±3.72）g/kg］、马桑最低［（404.67±7.74）g/kg］，总体表现为针叶树种较高、常绿灌木较低，说明针叶树种有机物含量高，潜在碳蓄积能力强；$\delta^{13}C$ 值以马桑的–27.1‰为最高、金丝桃的–31.2‰为最低，表明马桑的水分利用效率较高、金丝桃较低。从生活型看，常绿乔木、落叶乔木、常绿灌木和落叶灌木的叶片$\delta^{13}C$ 值分别为–29.6‰、–30.3‰、–29.3‰与–28.7‰，未发现水分利用效率随生活型的变化规律。

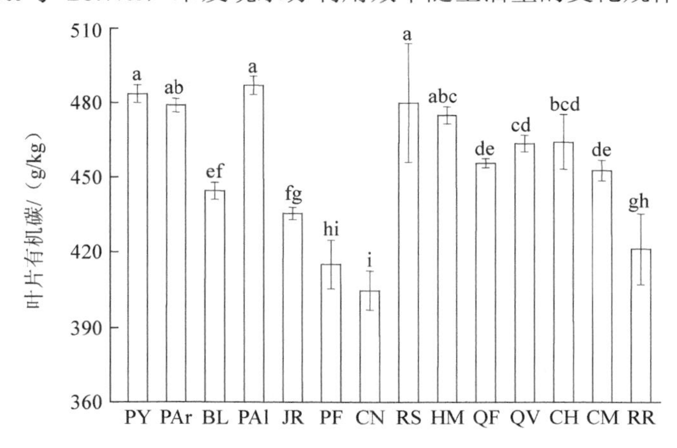

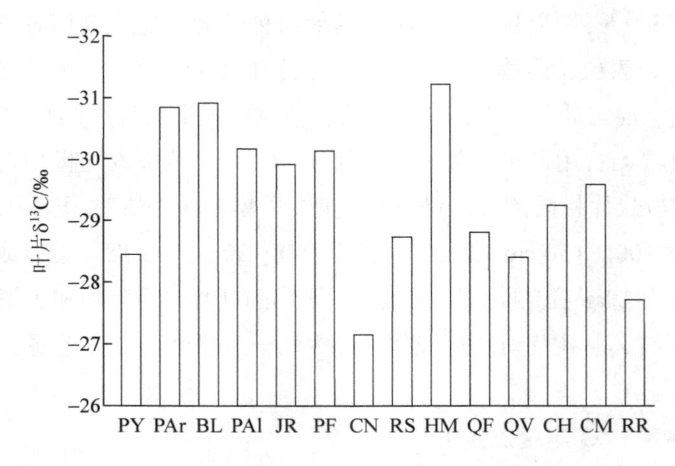

图 5-2 不同树种叶片碳含量和$\delta^{13}C$丰度

注：PY 为云南松；PAr 为华山松；BL 为光皮桦；PAl 为银白杨；JR 为核桃；PF 为火棘；CN 为马桑；RS 为杜鹃；HM 为金丝桃；QF 为白栎；QV 为栓皮栎；CH 为川榛；CM 为毛栗；RR 为刺梨。不同小写字母表示差异显著（$P<0.05$）。数据形式为平均值±标准差。下同。

5.3.3 优势树种凋落物碳含量与同位素丰度

14 个优势树种凋落物碳含量与叶片碳含量的变化规律较为一致。凋落物碳含量为常绿针叶乔木树种云南松［(561.31±5.76) g/kg］、华山松［(512.46±6.46) g/kg］最高，落叶树种川榛［(508.83±4.64) g/kg］、银白杨［(507.10±1.21) g/kg］、光皮桦［(500.91±1.86) g/kg］、毛栗［(496.42±3.84) g/kg］等次之，经济树种核桃［(433.91±2.56) g/kg］、刺梨［(422.67±4.84) g/kg］等较低；凋落物$\delta^{13}C$丰度则以马桑最高（–27.3‰）、杜鹃最低（–31.5‰）。从生活型看，常绿乔木、落叶乔木、常绿灌木和落叶灌木的凋落物$\delta^{13}C$值分别为–29.1‰、–29.7‰、–29.0‰、与–29.3‰，随树种生活型的变化特征不明显（见图 5-3）。

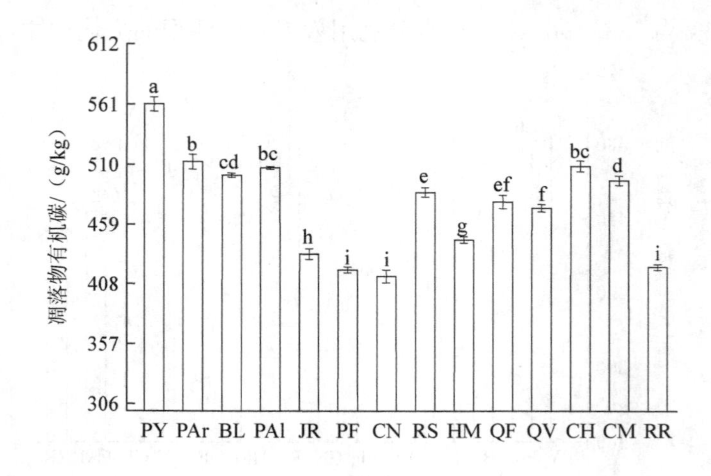

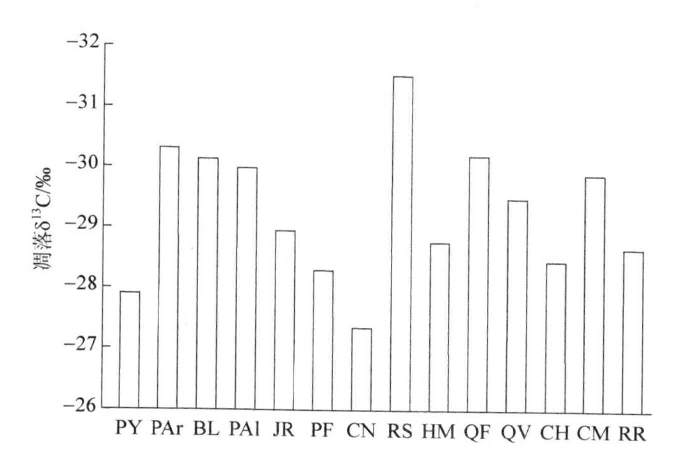

图 5-3　不同树种凋落物碳含量和δ13C 丰度

5.3.4　优势树种土壤有机碳含量与同位素丰度

土壤碳含量的变化幅度为 10.02～91.59 g/kg，δ13C 值的变化区间为–26.8‰～–22.5‰（见图 5-4）。落叶乔木树种光皮桦［(91.59±2.32) g/kg］、银白杨［(72.45±0.71) g/kg］的根区土壤碳含量较高；火棘［(10.02±0.55) g/kg］、金丝桃［(25.41±0.47) g/kg］等常绿灌木，白栎［(15.56±0.53) g/kg］、刺梨［(31.81±0.83) g/kg］等落叶灌木和华山松［(17.87±0.48) g/kg］、云南松［(31.72±0.66) g/kg］等常绿乔木的根区土壤碳含量较低。根区土壤δ13C 值以川榛（–22.5‰）最高、马桑和核桃（–26.8‰）最低。

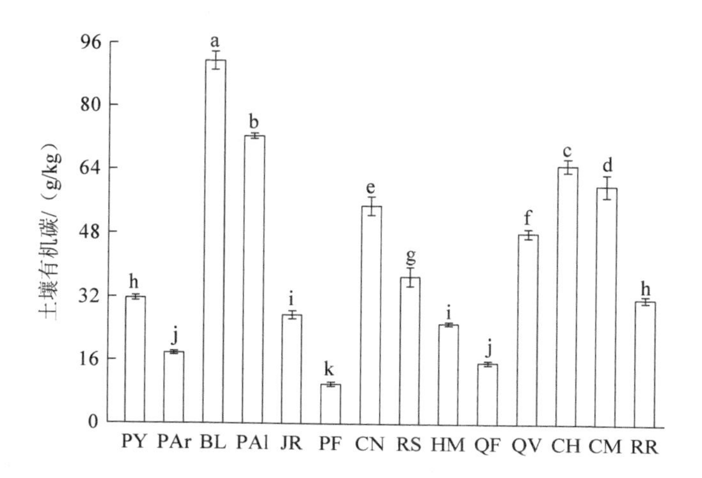

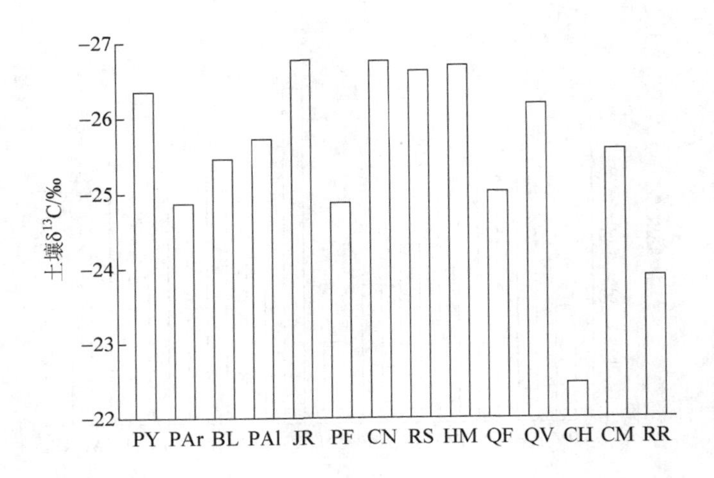

图 5-4 不同树种根区土壤碳含量和$\delta^{13}C$ 丰度

5.3.5 碳含量与$\delta^{13}C$ 丰度之间的相关性

由表 5-7 可知，叶片、凋落物层的碳含量与$\delta^{13}C$ 丰度之间均为负相关，土壤层则为正相关，但相关性均不显著；不同层次的$\delta^{13}C$ 丰度之间均表现为正相关，但关系不显著；不同层次的碳含量之间亦表现为正相关，但仅叶片层和凋落物层呈极显著相关（相关系数为 0.809），其余相关性不显著。

表 5-7 叶片、凋落物和土壤碳含量及$\delta^{13}C$ 丰度之间的相关分析

指标	$C_{叶片}$	$\delta^{13}C_{叶片}$	$C_{凋落物}$	$\delta^{13}C_{凋落物}$	$C_{土壤}$
$\delta^{13}C_{叶片}$	−0.359	1			
$C_{凋落物}$	0.809**	−0.226	1		
$\delta^{13}C_{凋落物}$	−0.516	0.350	−0.324	1	
$C_{土壤}$	0.072	−0.040	0.293	−0.098	1
$\delta^{13}C_{土壤}$	−0.084	0.001	0.097	0.055	0.080

注：$C_{叶片}$为叶片碳含量；$\delta^{13}C_{叶片}$为叶片$\delta^{13}C$ 丰度；$C_{凋落物}$为凋落物碳含量；$\delta^{13}C_{凋落物}$为凋落物$\delta^{13}C$ 丰度；$C_{土壤}$为土壤碳含量；$\delta^{13}C_{土壤}$为土壤$\delta^{13}C$ 丰度。**为极显著差异（$P<0.01$）。

土壤$\delta^{13}C$ 值较叶片偏低，这与他人的研究结果不一致（de Rouw et al.，2015；陈新等，2018），亦与$\delta^{13}C$ 更多进入土壤微生物量碳中并最终补充进入到土壤有机碳的原理不符，原因可能是根区土壤有机碳同时受到优势树种和其他伴生树种凋落物分解的影响，具有聚集效应，而土壤样本较难清晰地分辨出物种，这也给分析带来不确定性因素。此外，$\delta^{13}C$ 在土壤中的分馏过程反映了土壤有机质来源和分解过程中碳同位素分馏效应的强度，上升幅度越大则分馏效应强度越大，指示有机质分解的程度越高（陈庆强等，

2005），土壤$\delta^{13}C$值偏高的原因也可能与其分解程度有关。土壤$\delta^{13}C$值与凋落物$\delta^{13}C$值呈正相关关系，这与 Balesdent 等（1993）的研究结果一致，验证了森林土壤有机质主要来源于植被层，但是相关性不显著，表明土壤并不能完全继承凋落物的$\delta^{13}C$值，原因是土壤$\delta^{13}C$值是新碳和老碳混合作用的结果，具有同位素混合效应（Liao et al.，2006），且存在有机碳向无机碳的转换过程（李杨梅等，2018），同时也与根区土壤并非完全继承优势树种凋落物碳有关。研究结果表明了保护凋落物层对森林土壤肥力具有重要意义，该区凋落物受人为伐薪等行为影响，采掘量较大，应加强原位保护。全球碳循环的途径之一是通过陆地生物将植物残留物转换为土壤有机质，有机质的矿质化和腐殖化过程参与了元素循环，因此植物残留物的$\delta^{13}C$值对于土壤有机质的$\delta^{13}C$值具有影响。研究还发现，土壤$\delta^{13}C$值与叶片$\delta^{13}C$值之间呈现正相关关系，但不显著，原因可能是植物叶片碳含量受到植物功能型、气候因子等制约，土壤碳含量则受到土壤质地和植物功能型等驱动（司高月等，2017），亦即主控因子不完全一致是造成二者相关关系不显著的原因。影响土壤$\delta^{13}C$丰度变化的因素很多，被认为是诸多因素交互作用的结果，可能与植被更替、群落演替过程中的新碳与老碳混合效应有关，也可能与有机质分解的阶段性有关（熊鑫等，2016）。上述结果表明碳同位素示踪方法为研究长时间尺度的土壤有机碳动态过程提供了一个强有力的工具，能够示踪土壤有机碳的来源、循环和转化过程，并受到不同研究尺度的影响。

5.3.6 同位素$\delta^{13}C$丰度的分布格局与生态学意义

碳稳定同位素已被用于研究生态系统过程中的生态学效应和生物圈碳循环特征。物种水平上，叶片$\delta^{13}C$能够表征植物光合作用过程中的水分利用效率，指示固碳耗水成本（Ripullone et al.，2004；Yu et al.，2008），也能评价植物对逆境的适应能力（Hussain and Al-Dakheel，2018），这些理论能够为黔西北地区高寒、干旱生境下植被恢复树种选择提供科学依据。通常，叶片$\delta^{13}C$越大，水分利用效率越高，固碳耗水成本越低，固定相同数量的碳所消耗的水分更少。由表 5-2 可知，黔西北地区马桑、刺梨、栓皮栎等优势树种的水分利用效率较高，表明该区域灌木树种具有更高的水分利用效率，光合固碳耗水成本相对较低，适应水分胁迫生境的能力较强。研究区内水土流失严重、土层浅薄、水资源年际与年内分布不均，导致植物对干旱胁迫产生忍耐适应。随着干旱胁迫加剧，植物为了充分利用水分，采取关闭气孔、减小气孔导度和降低蒸腾的策略，导致胞间 CO_2 浓度降低，植物可选择吸收的 CO_2 减少，引起$\delta^{13}C$值增大（刘莹等，2017），提高了水分资源的利用程度和效率，表明$\delta^{13}C$值能较好地指示植物水分利用状况（Zheng et al.，2018）。刺梨是该区域大面积培育的生态经济树种，由于对生境的适应能力强和对水资源的利用效率高，目前正在逐步扩大推广种植，但是水分胁迫下如何提高养分利用效率是下一步应该关注的科学问题。

土壤有机质的源物质大部分来自生长于地表的植被，包括植物残体和根系分泌物等，根系加快了有机质的循环和周转，可以依据植物的$\delta^{13}C$值判断土壤有机质的来源，研究植被动态演替过程（Kingston et al.，1994）。土壤有机质及其稳定同位素组成能够揭示生态系统碳循环的关键信息，有助于研究全球变化下陆地生态系统的碳动态与碳资源的可持续利用（陈新等，2018）。碳同位素自然丰度可以表征土壤碳库的微小迁移和变迁，指示环境的碳储量变化（Guo et al.，2017）。本研究中，光皮桦、金丝桃等优势树种的根区土壤较其他土壤具有更加丰富的有机碳资源，华山松、火棘等树种的根区土壤有机碳资源相对稀缺，原因是光皮桦为落叶树种，金丝桃多为生长在光皮桦等乔木下层的灌木树种，蕴含较多植物残体，经多种生化作用及其微生物分解，为表土输入充足的有机物质，导致有机碳的含量较高；而华山松等针叶凋落物分解代谢速率较慢，火棘凋落物数量较少，有机质的回归量较少，导致有机碳含量偏低。结果表明针阔混交林和复层林分有助于提高土壤有机碳含量，这为造林模式的构建奠定了科学依据。

土壤$\delta^{13}C$值偏正，表明有机质的分解更加彻底（赵云飞等，2018），研究结果显示川榛、刺梨、火棘等优势树种的根区土壤分解更彻底，土壤有机碳滞留时间增加，表明不同树种对资源的利用程度各异，对生境表现出特有的适应策略。黔西北地区土壤$\delta^{13}C$平均值为–25.5‰，较青海高寒草甸土壤的–24.78‰（Boutton et al.，1998）、黄土高原草地土壤的–25.0‰（全小龙等，2016）偏负，较长白山森林土壤的–28.67‰～–27.15‰偏正（司高月等，2017），可能是地表植物系统和气候差异所致，本研究区处于喀斯特高原山地，植被类型主要为针阔混交林和阔叶林。决定土壤有机质差异的主要因素有C_3和C_4植物（李龙波等，2011），C_3型植物有机碳的$\delta^{13}C$值范围为–35‰～–23‰，平均值约为–27‰；C_4型植物有机碳的$\delta^{13}C$值范围为–19‰～–9‰，平均值约为–13‰（Deines，1980），因此黔西北地区主要植被类型是C_3植物。该区有机质$\delta^{13}C$值最低值与最高值之间的差异为4.3‰，表明该区植被和气候发生过很大变化的可能性较小。本研究丰富了黔西北地区碳资源的研究，但是还需要深化植被和环境的交互效应对碳循环过程动态变化的影响研究，加强碳资源的可持续利用。

5.3.7 对植被恢复的启示

土壤碳库包括有机碳库和无机碳库两部分，在全球碳循环中发挥着关键作用（余健等，2014），森林是陆地生态系统的主体，植被恢复有利于土壤碳蓄存和周转。黔西北地区天然次生林植被受人为干扰较大，表现出退化趋势，次生林比重较大，组成、结构和功能均发生与原有演替相反或偏移的量变或质变，影响了森林生态系统的生产力和固碳潜力，开展植被恢复和可持续经营具有重要的现实意义。从林相上看，黔西北地区应经营针阔混交林，增加落叶阔叶树种，构建固碳型植被配置模式，增加土壤有机碳资源，以加速土壤碳周转速率，增强植物的适应能力，提高生物多样性水平。从树种选择上，

表 5-9　黔西北地区优势树种适应功能群类型

序号	适应功能群类型	权衡策略	物种
1	厚叶高持水功能群	缓慢投资-收益型	云南松、华山松、马桑
2	低资源利用功能群	缓慢投资-收益型	杜鹃、银白杨、栓皮栎、白栎、川榛
3	快速生长功能群	快速投资-收益型	金丝桃、毛栗、核桃、刺梨、火棘、光皮桦

5.4.3　植物适应功能群的基本特征

由表 5-10 可知，不同植物适应功能群的资源利用效率和投资方式存在差异，厚叶高持水功能群和低资源利用功能群采取缓慢投资的方式，快速生长功能群采取快速投资生长的方式。植物适应功能群的基本特征反映了植物以牺牲其他功能性状的构建和功能维持为代价来权衡有限资源总量的分配，体现了植物功能性状之间的资源优化配置，进而适应环境条件的变化与波动。这一研究结果为适地适树及植被快速恢复与生态系统重构、重建奠定了科学基础。

表 5-10　不同适应功能群的基本特征

序号	适应功能群类型	叶片厚度	比叶面积	资源利用效率	投资方式
1	厚叶高持水功能群	总体偏厚	小	高	缓慢投资
2	低资源利用功能群	总体为中等偏薄	总体为中等偏小	低	缓慢投资
3	快速生长功能群	总体为中等偏厚	总体为中等偏大	高	快速投资

5.4.4　不同植物功能群的适应规律

叶功能性状与植物生长对策及其资源利用能力紧密联系，以叶片功能性状指标因子为基础划分适应功能群，能够降低生态系统研究的维度，简化群落物种研究的复杂性，具有更强的可操作性。同一适应功能群对环境变化有相似的生存和适应响应机制，体现出相近的资源权衡策略。通过分析不同植物群落优势树种功能性状特征的变化规律，以优势树种适应功能群为基础，能够为促进森林生态系统恢复和保护提供参考，优化植物群落结构，提高林分的生态效益和经济效益。

厚叶高持水功能群通过采取保守性策略，注重养分储存以提高竞争优势。由于研究区高海拔、低温、干旱的生境特征，植物将水分储存在叶器官中，以抵御干旱胁迫。该类功能群植物叶片养分含量较低、碳氮比较高。叶片碳氮比在一定程度上反映了植物的营养利用效率（Thompson et al.，1997），表明其营养利用效率较高，原因是它们将养分投入到木材密度和机械强度等方面，提高对低温及养分亏缺环境的适应能力及其光照与空间等资源的竞争能力。该类型植物比叶面积较小，表明获取资源的能力有限，由于低的资源限制导致高的资源利用效率，这也解释了该类植物养分利用效率较高的原因，反映了植物通过一系列功能性状的组合来增强对生境的适应能力。

低资源利用功能群多为落叶灌木树种，比叶面积处于中低水平，比叶面积与潜在相对生长速率及单位质量光合速率正相关，是能够表征植物碳收获策略的关键性状（Wright et al.，2002），与碳同化能力正相关（Grassein et al.，2010），表明这一类功能群植物生长缓慢，对资源的利用能力不高，这与资源的充沛状况有关。叶氮、叶磷、叶片碳氮比处于中等水平，生长速率高时，生物体采取增大磷的摄入量来满足合成核糖体的需要，表明该类功能群植物通过延缓生长、增加繁殖期来适应黔西北地区生境条件。本研究划分的植物适应功能群与落叶及常绿、乔木及灌木等生活型有一定的关联性，均指示了对生境的适应和资源的利用状况。

快速生长功能群具有较高的比叶面积、叶片养分含量、相对水分亏缺，叶片厚度、叶片碳氮比和水分利用效率较低，通过增加对光的消耗、提高光合能力、加快生长速度来适应环境条件。植物通过功能调节来适应环境的变化，并形成性状间的特有组合格局，研究区光照资源较少，在干旱条件下植物通过合成较多物质来构建保护组织，以适应环境胁迫。比叶面积较大而水分利用效率较低，这与该类植物功能群生境的水分相对充足有关，较好地说明了植物功能性状的权衡机制。比叶面积较小的植物能够较好地适应资源贫瘠的环境条件，比叶面积大的植物可能加快生长速度但降低资源利用效率（李颖等，2014），表明快速生长功能群植物通过加强竞争来提高对有限资源的利用效率。

5.5 植物生态适应性特征与关键种选择技术

环境是植物定居和生长的场所，植物适应性是指植物形态、结构对其生长发育的环境或条件的适应能力与等级水平（金银根，2010），适应性与抗逆性已经成为物种筛选与群落结构配置的基础性研究工作（崔高仰，2015）。目前对植物适应性的评价，主要是围绕叶片（李芳兰等，2006；苗芳等，2012）和根系（唐罗忠等，2008；郭京衡等，2014）展开，方法上包含叶片解剖结构、生理生态（马智等，2012）和根系构型（杨小林等，2008），原因是叶片和根系是植物与环境进行物质和能量交换的主要器官，其特征反映了植物对资源的利用效率和对环境的适应水平，并且这种性状能够长期遗传下去。在开展植被修复之前研究植物的适应性规律已成为广大研究者的共识（姚小华等，2013）。在植物适应性特征与机制研究的基础上，筛选适应性强的物种进行群落结构配置，形成适生的植物群落类型成为植被恢复的发展趋势之一。但是我国开展植被适应性恢复的实践研究相对薄弱，有关这方面的报道也甚少，主要集中在叶片生理生态和解剖结构的报道上（杜华栋等，2016；苏芸芸等，2016）。笔者结合自己前期开展的一部分工作，就掌握的国内外植物适应性特征及其关键种选择研究进展进行了综述，以期引起国内相关科技工作者的关注与重视，促进我国植物适应性修复的研究与发展。

5.5.1 叶片的适应性

植物器官的形态结构和生理功能与其生长环境密切适应，在长期的外界生态因素影响下，叶形态结构的变异性和可塑性最大，对生态环境的反应较为明显（康东东等，2008）。植物叶片构型、解剖结构和生理生态特征等对生境、资源位的不同形成了各自的适应性特征。

（1）对小生境的适应

植物在长期的动态演替过程中，叶片对小生境特征形成了特有的适应性并能够稳定遗传下去。沟谷地植物叶表皮生长度显著大于沟间地和沟间林地，沟间地植物表皮毛密度大于沟间林地和沟谷地，原因是沟间地土壤含水量和肥力较低、光照强度较强、表皮毛密度大，有利于保持植物体内的水分（李芳兰等，2006；苗芳等，2012）；圆叶乌桕的叶表皮形态为表皮细胞小、排列紧密，气孔集中分布在下表皮，表皮气孔大，在高温干旱的石灰岩地区具有较强的保水能力和吸收养分能力，适应在石灰岩地区生长（何敏宜等，2012），原因是气孔是植物抵御逆境胁迫与适应环境的有效策略（Gray and Hetherington，2004）。

（2）对资源环境空间分布的适应

植物对资源环境的空间分布特征表现出特有的适应规律。附生植物处于林冠层顶部、中下部等不同层次，温度、空气相对湿度、光合有效辐射等存在差异（江浩等，2012），在环境选择压力下形成了各自特殊的形态结构，对应的功能也发生改变，是植物适应环境条件的重要表现（江浩等，2012）。新疆猪牙花叶表皮角质层不明显，可减少对日光反射；叶片大而薄，有助于增大光合器官的面积；叶肉有海绵组织与“拟栅栏组织”分化，是植物对林下弱光环境长期适应的表现（马智等，2012）。同一群落的林下植物对光环境具有一定程度的趋同适应性，叶片光合组织的可塑性大于非光合组织，且各物种叶片平均可塑性与喜光特性基本吻合（何冬梅等，2008）。

（3）对生态因子变化的适应

植物对水分、光照、海拔等生态因子的变化也表现出一定的适应性规律。北戴河海滨沙地沙生植物呈叶片较小、栅栏组织发达、海绵组织退化等旱生或盐生植物特性，轴器官具有发达的表皮和机械组织，具有减少蒸腾作用、增强光合作用，储存水分和增强器官机械强度的作用（沈广爽等，2014）；相对于低温点，在热岛点生长的植物叶片表现出低的比叶面积、单位重量和单位面积叶氮含量，热岛点植物倾向于将更多的生物量分配给叶肉部分（王亚婷等，2011）；青藏高原祁连山东部蒲公英、火绒草和美丽风毛菊气孔器外拱盖内缘、角质层纹饰、气孔与表皮细胞的位置关系以及上、下表皮气孔内缘呈现不同的变化，植物叶片厚度、上下表皮厚度、上下角质层厚度、栅栏细胞系数均随海拔升高而增大，气孔密度对海拔高度变化表现出较大的可塑性（孙会婷等，2016）。目前，对叶片适应性的研究主要从适应能力评价角度，还未运用到造林树种选择和群落结构优化调控上。

5.5.2 根系的适应性

根系是植物非常重要的组成器官，既为植物生长提供机械支撑，又从土壤吸收水分和养分，直接影响着植物地上部分的生长和发育（Fang et al.，2011）。目前公开报道的文献对根系适应性的研究较少，尤其是喀斯特地区的报道较为鲜见，主要原因是根系挖掘较为困难。

（1）根系构型与适应性

根系构型是根系的各个构件在空间上的组合形式（Lynch，1995），有鱼尾形分支和叉状分支模式（郭京衡等，2014），可以通过根系根长、根重和角度等几何形态特征参数和拓扑结构来描述（杨小林等，2008），它决定了根系在土壤空间中的位置和资源获取方式，是植物对环境异质性资源相互适应的结果（Malamy，2005）。华南海岸典型沙生植物根系构型特征显示倾向于叉状分支，其中草本植物的根系构型更为接近，说明草本植物受到资源胁迫相对较小，利于在海岸沙地恢复中快速定居（杜建会等，2014）；塔克拉玛干沙漠柽柳、拐枣和罗布麻通过增加根系连接长度来扩大根系在土层中的分布范围，进而提高根系的有效营养空间，提高对贫瘠土壤环境的适应能力（杨小林等，2008），河西走廊红砂和白刺根系也表现出相同的规律（单立山等，2013）；胡杨幼苗根系通过构筑鱼尾状分支结构、增加垂直根纵向延伸能力和增大根冠比适应干旱环境（吕爽等，2015）；黄河三角洲贝壳堤岛 3 种优势灌木中，酸枣和杠柳根系呈扩大根幅的鱼尾形分支，柽柳根系深扎以充分利用地下资源，形成对生境的不同适应策略（赵艳云等，2015）。目前对脆弱生境区植物根系构型的研究较为缺乏，这些根系构型对环境条件的适应和调控等问题尚未得到深入探讨。

（2）根系生态学指标与适应性

林木根系的分布及形态中，根系的水平和垂直分布特征、密度、生物量、表面积和不同径级根系的比例最为重要，林木根系的形态特征和分布规律是林木本身生物学特性及其生存环境条件决定的（杨喜田等，2009）。根长密度、根系生物量、根系贡献度等根系生态学指标（张英虎等，2015）也能够表征根系对生境的适应特征和规律。张旭东等（2016）结合根系构型及其生理特性研究了玉米根系通过增加根冠比、增强根系活力和不同保护酶活性及降低可溶性蛋白等渗透调节物质来协同减少水分胁迫的伤害。不过现有研究中，结合根系生物学、生态学指标和构型特征来揭示根系对地下空间适应性的文献较少。

5.5.3　关键种选择技术

植物生态适应性特征的研究应该为关键树种选择服务，旨在筛选适应水平高的树种进行群落结构配置和退化植物群落树种组成调整，提高生态系统的适应性和稳定性，推动植被适应性修复取得更大进展。

（1）与立地条件相适应

立地条件不同，导致树种生理生态特征及其抗旱性存在较大差异（李俊辉等，2012；彭小平等，2013），立地条件对养分供应、水分亏缺等产生极大影响，进而限制树种的建植与定居。虽然树种选择要与立地条件相适应是老生常谈的话题，但是由于对立地条件的研究多集中在地形因子、土壤因子和气候因子（马西军等，2011），缺乏对立地性状与植物功能之间的耦合关系研究，因此在树种选择和群落结构配置时，应充分考虑立地条件的类型、养分供给能力和贮水性能，提高植株对水、肥资源的利用效率。

（2）与生态因子相适应

在树种选择时，应结合生态环境条件和树种适应策略选择适应性状好、调控效果佳、缓冲能力强的树种进行植被恢复和林分建植。例如，在土壤保水能力低、临时性干旱频繁的地区，落叶树种对干旱的适应能力更强，可减少蒸腾耗水以维持体内水分平衡（喻理飞等，2002），因而选择乔木落叶树种更能够适应小生境，配置落叶乔木-常绿灌木的垂直复层结构，增加生物多样性的同时提高生态系统的稳定性和自我调控能力。在全球极端气候不断增多的大背景下，从植物抵抗逆境能力和适应方式的角度，综合考虑上述各因素，用实验生态学的方法，对树种适应逆境能力和机理进行深入研究，合理选择造林树种是一项重要课题。

（3）与其他树种相适应

树种与树种之间也存在适应性问题，如相邻植物关系间的化感作用是造成植物种类区域性优势分布的一个重要因素，影响着植物在自然界的分布、群落的形成和演替、物种生长发育及生理代谢过程等等（胥耀平，2006），因而树种选择时应协调好种间关系。此外，树种之间对资源环境及生态因子的分配存在着强烈的竞争行为，因此种间竞争关系一直是森林生态学研究的热点问题，是林分冠层结构配置与调整的主要依据之一，对森林培育和人工林营造具有极其重要的意义。在树种选择和配置时，要处理好竞争与适应关系，避免树种之间对生态因子过度竞争而影响产量和品质。

5.5.4　研究展望

未来研究时，可以选择适应功能群作为新的组织水平，辅助树种选择和替换。综合评价生态因子的联合作用效应，调节环境因子、调控根系构型，优化植物对生境的适应能力和对养分的吸收水平。

（1）划分树种适应性功能群

在作物培育上可以物种为水平，但是在森林培育上难以做到物种水平，这就亟需在种群和群落两大组织水平上寻找新的尺度，以有效进行群落结构配置和调控，功能群可以解决这一问题（杨勇等，2016）。功能群划分指标的建立和类群划分成为生态学科的一大热点，它可以作为研究生态学的一个组织水平，但是其系统研究在国内尚处于起步阶段，关于生态系统的功能群特征还鲜见报道。保护和恢复生态系统的关键在于提高物种多样性，尤其是对主要功能群的保护和恢复（臧润国等，2010），深入分析不同适应功能群的内在机制和随时空条件的变化规律，可以分析物种对生态过程和功能的作用，找出有效的修复路径，实现结构与功能的耦合。在树种选择上，根据适应性评价结果选择适应能力强的树种；在结构调控时，根据同一功能群内物种适应水平相似，按照物种代替原理进行树种组成调整，优化群落结构。

（2）综合考虑光、温、肥与水的耦合作用关系

光、温、水、肥、热等生态因子均会对植物生长和定居产生重要影响，且表现为联合效应。不同生态因子之间如何通过耦合作用对植物产生影响，植物对这些生态因子综合效应的适应性水平等问题，一直是树种选择时关注的焦点。此外，干旱胁迫通常与其他环境因子交互作用而产生影响效应，在适应性评价时应该多因素考虑，选择综合适应能力最强的树种进行苗木培育和植被建植。

（3）根系构型调控研究

根系构型作为重要的植物形态特征之一，目前的研究集中在根系构型特征与适应策略分析方面，通过挖掘自然植物根系，采用分形理论分析自然植物根系构型特征，为植被修复提供理论参考（杨小林等，2015）。结果表明在相同的环境条件下，良好的根系构型可以提高植株对资源的利用效率，达到增产稳产稳质的目的，而根系构型同时受到遗传因素控制和环境因子调控，具有极强的可塑性（Armengaud et al.，2009），但是针对根系构型调控的文献相对较少，未来研究如何调节环境因子进而调控根系构型，在农林业生产中具有重要的现实意义和实践价值（陈伟立等，2016），还可揭示这些因素对根系构型的影响机理，找出更有利于生产实践的品质类型和根系构型，优化养分供给方式和植物对养分的吸收效率。

5.6　刺梨品质性状及其与土壤的关系

刺梨（*Rosa roxburghii*），为蔷薇科蔷薇属植物，野生资源主要分布在中国贵州、云南、四川，具有“维 C 之王”的美称，因刺梨果实具有药食兼用价值，而备受关注。土壤作为果树生长的基础载体，其理化性状对树体长势、果实品质等有重要影响。相关研究（刘科鹏等，2012；宋少华等，2015）发现，土壤养分与果实品质存在密切关系。在

刺梨研究方面，丁小艳等（2015）对喀斯特山区刺梨种植基地的土壤养分状况开展了较为全面的研究。安华明等（2005）揭示了刺梨果实发育过程中维生素 C 积累规律。樊卫国和叶双全（2016）发现硼肥对刺梨果实单果重、维生素 C、可溶性总糖、可溶性固形物、可滴定酸等有改善作用。白静等（2016）研究了野生刺梨果实品质的空间格局。代甜甜等（2018）关注刺梨总三萜的提取与含量测定。学者们对刺梨的研究多关注土壤性状或果实品质，对刺梨果实品质与土壤养分之间的关系研究还不足。鉴于此，研究选取中国刺梨之乡龙里县的 30 个刺梨园果实品质和土壤养分现状，基于典型相关分析和回归分析理论建立二者的回归方程，筛选出影响刺梨果实品质的主要土壤养分因子，以期为刺梨园可持续经营、管理提供参考。

5.6.1 研究方法

（1）采样方法

2016 年 9 月，在贵州省龙里县谷脚镇选取 30 个刺梨园（面积 0.667～1.334 hm^2），品种为“贵农 5 号”，树龄 10 年生，株行距 2 m×3 m。刺梨园土壤属于黄壤，质地为壤土。在每个刺梨园中随机设置 20 m×30 m 样地，在各样地内以梅花形布设 5 个点，采集土层厚度为 0～40 cm 的土样，混合均匀并剔除石块、植物根系、枯枝落叶等杂物后，取 1 kg 土样装入自封袋中运回实验室，置于通风处自然风干后研磨过 1 mm 筛，装入袋中用作分析土壤养分（pH、有机质、全氮、全磷、全钾、碱解氮、速效磷、速效钾）。分别在各土壤取样点附近选取长势健康的刺梨树作为目标树，采摘成熟度和大小一致的果实 20 个，每个果园采摘果实共 100 个，装入冰盒带回实验室，一部分样品用于测定外观品质指标（单果重、果形指数），另一部分保存在 5℃冰箱内，用于测定内在品质指标（维生素 C、总黄酮、可溶性总糖、可滴定酸）。

（2）样品测定方法与数据处理方法

单果重采用电子天平测定；纵径、横径用游标卡尺测定，同时采用纵径与横径之比推算果形指数；维生素 C 采用高效液相色谱法测定（王乐乐和安华明，2013）；总黄酮采用紫外分光光度法测定（杜薇和刘国文，2003）；可溶性总糖采用蒽酮试剂法测定；可滴定酸采用 NaOH 中和滴定法测定（曹建康等，2007）。

土壤养分的测定方法见 5.2.1“研究方法”部分。

（3）数据处理与分析

借助 Excel 2010 软件整理试验数据，运用 SPSS 22.0 软件对数据作 Pearson 相关分析、典型相关分析和逐步回归分析。

5.6.2 刺梨果实品质及其土壤养分的基本特征

根据对 30 个刺梨园样地的土壤养分和果实品质指标进行描述性统计分析表明（见

表 5-11），研究区刺梨平均单果重 12.82 g，果形指数 0.72，维生素 C13.35 mg/g，总黄酮 0.72%，可溶性总糖 2.75%，可滴定酸 1.41%。刺梨园土壤 pH 平均值为 5.91，有机质、全氮、全磷、全钾平均含量分别为 26.20 g/kg、0.79 g/kg、1.52 g/kg、20.72 g/kg，碱解氮、速效磷、速效钾平均值分别为 54.39 mg/kg、19.13 mg/kg、85.82 mg/kg。

表 5-11　刺梨果实品质与土壤养分概况

指标	平均值	最大值	最小值	标准差	变异系数/%
单果重/g	12.82	15.98	10.32	1.43	11.18
果形指数	0.72	0.85	0.59	0.06	7.98
维生素 C/（mg/g）	13.35	16.45	10.86	1.55	11.58
总黄酮/%	0.72	0.89	0.59	0.07	10.17
可溶性总糖/%	2.75	3.45	1.97	0.36	13.07
可滴定酸/%	1.41	1.61	1.12	0.12	8.72
pH	5.91	7.35	5.24	0.57	9.62
有机质/（g/kg）	26.20	42.03	13.76	9.56	36.48
全氮/（g/kg）	0.79	1.37	0.23	0.32	40.33
全磷/（g/kg）	1.52	2.99	0.67	0.54	35.64
全钾/（g/kg）	20.72	33.76	14.79	6.09	29.41
碱解氮/（mg/g）	54.39	104.17	19.75	25.17	46.27
速效磷/（mg/g）	19.13	34.23	8.46	8.08	42.24
速效钾/（mg/g）	85.82	110.27	55.43	16.87	19.66

5.6.3　土壤养分与果实品质的相关关系

以 30 个刺梨园土壤为样本，对不同元素的含量进行相关性分析显示（见表 5-12），土壤有机质与全氮、全磷、碱解氮、速效磷呈极显著正相关；全氮与全磷、碱解氮、速效磷呈极显著正相关；全磷与碱解氮、速效磷呈极显著正相关；碱解氮与速效磷呈极显著正相关，与速效钾呈显著正相关。其他养分之间呈正相关或负相关，但不显著。

表 5-12　土壤养分因子间的相关性

因子	pH	有机质	全氮	全磷	全钾	碱解氮	速效磷	速效钾
pH	1							
有机质	0.134	1						
全氮	0.243	0.847**	1					
全磷	0.185	0.919**	0.815**	1				
全钾	–0.018	–0.163	0.1	–0.078	1			
碱解氮	0.042	0.715**	0.758**	0.674**	–0.073	1		
速效磷	0.006	0.700**	0.499**	0.741**	0.037	0.496**	1	
速效钾	0.146	0.354	0.301	0.283	–0.189	0.383*	0.106	1

本节对土壤养分含量与刺梨果实品质指标进行了相关性分析，见表 5-13，结果显示：单果重与土壤有机质、全氮、全磷、碱解氮、速效磷呈极显著正相关；维生素 C 与土壤有机质、全氮、碱解氮呈极显著正相关，与全磷呈显著正相关；可溶性总糖与有机质、全氮、全磷、碱解氮呈极显著正相关，与速效钾呈显著正相关；可滴定酸与有机质、全氮、全磷、碱解氮呈极显著负相关，与速效钾呈显著负相关；其余刺梨品质指标与土壤养分指标之间尽管存在一定的相关性，但是不显著。

表 5-13　土壤养分与果实品质间的相关性

因子	单果重	果形指数	维生素 C	总黄酮	可溶性总糖	可滴定酸
pH	0.159	–0.146	0.060	–0.185	0.161	–0.202
有机质	0.852**	0.298	0.465**	0.360	0.622**	–0.609**
全氮	0.678**	0.241	0.477**	0.231	0.653**	–0.484**
全磷	0.820**	0.207	0.363*	0.221	0.601**	–0.643**
全钾	–0.337	0.026	–0.21	–0.097	0.036	0.337
碱解氮	0.668**	0.274	0.512**	0.281	0.526**	–0.546**
速效磷	0.579**	0.348	0.171	0.265	0.289	–0.355
速效钾	0.417*	–0.035	0.138	–0.006	0.452*	–0.366*

5.6.4　影响果实品质的土壤元素筛选

刘科鹏等（2012）、宋少华等（2015）认为土壤养分各因子相互作用的同时也影响着果实品质，简单相关分析不能较好反映土壤养分与果实品质之间的关系，有必要在单因子分析基础之上进行多元统计分析，找出影响果实品质的主要土壤养分因子。刺梨土壤养分、刺梨果实品质属于 2 个不同正态总体，有 7 项土壤养分因子间相关系数大于 0.7。多元统计理论（陈希孺和王松桂，1987）认为如果某一正态总体因子间的相关系数在 0.7 以上，说明因子间存在多重共线性，此种情况下容易出现偏回归系数很不显著而总回归却很显著的现象，可借助典型相关分析进行修正（张涓涓等，2015）。因此，本研究将土壤养分指标 pH（x_1）、有机质（x_2）、全氮（x_3）、全磷（x_4）、全钾（x_5）、碱解氮（x_6）、速效磷（x_7）、速效钾（x_8）作为一总体，刺梨果实品质指标单果重（y_1）、果形指数（y_2）、维生素 C（y_3）、总黄酮（y_4）、可溶性总糖（y_5）、可滴定酸（y_6）作为另一总体，对两个总体之间做了典型相关分析，分别筛选出影响刺梨果实品质的土壤养分因子，建立果实品质与土壤养分的回归方程（见表 5-14），并进行显著性检验，均达到极显著水平，说明所建立的方程稳定性较好。

表 5-14 影响果实品质的主要土壤养分因子筛选和回归方程建立

果实品质	回归方程	F值
单果重（y_1）	y_1=10.600+0.123*x_2–0.048 1*x_5	44.247***
维生素 C（y_3）	y_3=11.640+0.0315*x_6	9.971**
可溶性总糖（y_5）	y_5=2.168 9+0.735*x_3	20.849***
可滴定酸（y_6）	y_6=1.506–0.141*x_4+0.006*x_5	13.279***

注：***表示 0.001 显著性水平，**表示 0.01 显著性水平；*表示 0.05 显著性水平；x_1为 pH；x_2为有机质；x_3为全氮；x_4为全磷；x_5为全钾；x_6为碱解氮；x_7为速效磷；x_8为速效钾。

本节中，刺梨单果重和维生素 C 两项指标在《无公害农产品刺梨》（DB 52/T 463—2004）规定的二级果标准之上，而可溶性总糖、可滴定酸两项指标在《无公害农产品 刺梨》（DB 52/T 463—2004）规定的二级果标准之下。研究区刺梨总黄酮含量略低于盘县刺梨总黄酮含量（杜薇和刘国文，2003），这可能由于总黄酮是一类次生代谢产物，较强的光照可以促进总黄酮的合成（徐文燕等，2006），研究区光照少于盘县，因此刺梨总黄酮含量较低。

按照丁小艳等（2015）的刺梨种植基地土壤养分的分级标准，该研究区土壤多为微酸性，在适宜范围；有机质含量中等，在适宜范围；全氮含量较低，处于缺乏范围；全磷含量极丰富，处于过量范围；全钾含量丰富，处于高量范围；碱解氮含量较低，处于缺乏范围；速效磷含量中等，处于适宜范围；速效钾含量较低，处于缺乏范围。

研究发现土壤养分对刺梨果形指数的影响不明显，宋少华等（2015）研究土壤养分对甜柿果实品质影响时也得到类似的结果，这可能是因为果形指数主要由遗传因素决定（李俊才等，2002）。总黄酮是植物在受到动物啃噬、微生物侵害、干旱、紫外辐射等因素胁迫而形成的一大类次生代谢产物，它参与植物生态防御，并担当生殖过程的信使（诸姮等，2007）。本研究中刺梨果实总黄酮受土壤养分的影响不显著，说明要提高总黄酮含量不能依靠施肥，而是要通过调控光、温、水、热等因素或采用修枝、摘叶等物理创伤方式。

5.7 小结

本章以黔西北喀斯特高原地区银白杨、云南松、华山松、光皮桦、栓皮栎、白栎、毛栗、川榛、马桑、火棘、金丝桃、杜鹃、核桃、刺梨 14 个优势树种为研究对象，并将 14 个优势树种划分为不同生活型，测定其功能性状特征、土壤养分元素含量以及土壤有机质碳同位素丰度，分析黔西北喀斯特高原地区植物叶片功能性状特征、叶片功能性状与土壤养分的相互关系，探讨黔西北地区优势树种功能群的适应规律，探索植被恢复建植过程中关键种的选择技术，最后以喀斯特地区刺梨为例，分析刺梨果实品质与土壤养分的关系，为获得优质果实提供科学、合理的配方施肥决策。

研究显示，不同的植物性状指标得到的适应策略和规律并不完全一致，这可能是受到遗传背景和环境选择双重作用的结果，表明应当结合多种功能性状值进行综合评价，系统揭示植物对环境变化的响应和适应规律。特别是喀斯特地区土壤养分退化严重，植物性状的响应规律更值得研究。未来在研究植物功能性状时，应测定植株高度、枝下高、冠幅、胸径、地径等生长指标，评价植物对光照、空间等资源的竞争能力；叶片性状测定指标包括厚度、面积、比叶面积、比叶重、干物质含量、自然含水率、饱和持水量、蒸腾速率、同位素值、光合速率、解剖结构特征、有机碳、全氮、全磷等，数量化地表示一系列有规律地连续变化的植物资源权衡策略；同时测定土壤结构、容重、有机碳、全氮、速效氮、全磷、速效磷等指标，揭示植物功能性状对土壤环境变化的响应规律；大尺度的研究还应当结合海拔、坡度、坡向、坡位等地形因子，从环境因子专题图提取年均温、年均降雨量、年均蒸发量等数据（张莉等，2013），结合尺度转换方法和效应进行研究。植物功能性状的形成动力、变异特征和权衡机制也可以作为未来着重研究的方向。

黔西北地区优势树种不同生活型对土壤养分的响应分别表现为：①乔木型树种：土壤 pH 与叶片厚度呈显著负相关关系，土壤全磷与叶面积呈显著正相关关系，速效磷与叶面积、比叶面积和叶干物质含量呈显著正相关关系，其他土壤养分与叶片功能性状相关性不显著。②灌木型树种：土壤 C∶P 与叶面积呈显著正相关关系，其他土壤养分与叶片功能性状相关性不显著。表明不同生活型树种对环境的适应对策不同。

黔西北地区 14 个优势树种叶片、凋落物碳含量总体变化规律均为针叶树种较高、常绿灌木较低，叶片、凋落物有机质$\delta^{13}C$ 值随生活型的变化规律均不明显；根区土壤碳含量以光皮桦、银白杨等落叶乔木较高，$\delta^{13}C$ 值以川榛最高、马桑和核桃最低。黔西北主要植被类型是 C_3 植物，该区有机质$\delta^{13}C$ 值最低值与最高值之间的差异为 4.3‰，暗示该地区植被和气候在过去发生极大变化的可能性较低。叶片、凋落物和土壤层各层次碳含量与$\delta^{13}C$ 丰度之间均呈不显著相关；不同层次的$\delta^{13}C$ 丰度之间和碳含量之间均为正相关，但仅叶片层、凋落物层碳含量之间呈显著相关。黔西北地区植被恢复应营造针阔混交林，选择水分利用效率高的树种并保护好凋落物层。

环境变化会使植物通过调整功能性状以实现权衡作用，形成相应的生态策略，这对于群落结构配置具有指导意义，基于优势树种适应性为基础的植物群落结构配置和优化调整能够增强生态系统的稳定性，提高资源尤其是对光照、空气、水分等生态因子的利用效率。喀斯特高原区域主要植物群落类型有云南松+光皮桦+银白杨林、栓皮栎+川榛林、银白杨+光皮桦林、杜鹃-银白杨林、光皮桦林、刺梨林和核桃林等，其中刺梨林和核桃林属于人工林，其余林分为次生林。从适应性来看，以灌木为优势树种的天然林分对资源的利用效率不高，适应性较低，表明应当配置开拓型物种，营造乔木灌木混交林，目标林相如云南松（华山松）+白栎（栓皮栎）林、云南松+银白杨+毛栗林等，通过针阔混交能够获得更优的生态效益和经济效益；刺梨林、核桃林等人工林通过快速投资与加速生长来适应该区生境特征，粗放的经营管理方式极易造成养分亏缺，形成“小老头树”，应当及时、全面补充养分，促进元素的生物小循环和地质大循环，营造稳定可持续的人工林。未来要加强植物功能性状与群落物种共存机制及其构建机制的研究，使适合某类生境功能性状的物种或种群得以在该生境下繁殖和生长，指导植物群落结构配置和建植（刘晓娟和马克平，2015）。植物功能性状与生态系统功能也值得研究，通过功能性状反映物种获取资源的能力，预测生态系统功能的变化规律，揭示生物多样性效应。

参考文献

[1] 安华明，陈力耕，樊卫国，等. 刺梨果实中维生素 C 积累与相关酶活性的关系[J]. 植物生理与分子生物学学报，2005，31（4）：431-436.

[2] 白宝璋，徐克章，赵景阳. 植物生理学[M]. 北京：中国农业科技出版社，2001.

[3] 白静，张宗泽，鲁敏，等. 贵州不同地区野生刺梨果实品质分析[J]. 贵州农业科学，2016，44（3）：43-46.

[4] 鲍士旦. 土壤农化分析：第 3 版[M]. 北京：中国农业出版社，2008.

[5] 曹建康，姜微波，赵玉梅. 果蔬采后生理生化实验指导[M]. 北京：中国轻工业出版社，2007.

[6] 陈海亮. 日光温室土壤酸化的原因危害及综合防治技术[J]. 天津农林科技，2009，4：37.

[7] 陈庆强，沈承德，孙彦敏，等. 鼎湖山土壤有机质深度分布的剖面演化机制[J]. 土壤学报，2005，42（1）：1-8.

[8] 陈伟立，李娟，朱红惠，等. 根际微生物调控植物根系构型研究进展[J]. 生态学报，2016，36（17）：1-13.

[9] 陈文，王桔红，马瑞军，等. 粤东 89 种常见植物叶功能性状变异特征[J]. 生态学杂志，2016，35（8）：2101-2109.

[10] 陈希孺，王松桂. 近代回归分析[M]. 合肥：安徽教育出版社，1987.

[11] 陈新，贡璐，李杨梅，等. 典型绿洲不同土壤类型有机碳含量及其稳定碳同位素分布特征[J]. 环境科学，2018，39（10）：4735-4743.

[12] 陈莹婷，许振柱. 植物叶经济谱的研究进展[J]. 植物生态学报，2014，38（10）：1135-1153.

[13] 陈云，袁志良，任思远，等. 宝天曼自然保护区不同生活型物种与土壤相关性分析[J]. 科学通报，2014，59（24）：2367-2376.

[14] 崔高仰. 石漠化治理中耐寒性林草筛选种植技术与示范[D]. 贵阳：贵州师范大学，2015.

[15] 代甜甜，李齐激，陈晓靓，等. 刺梨总三萜的提取及含量测定[J]. 贵州师范大学学报（自然科学版），2018，36（3）：36-39.

[16] 单立山，李毅，任伟，等. 河西走廊中部两种荒漠植物根系构型特征[J]. 应用生态学报，2013，24（1）：25-31.

[17] 丁曼，温仲明，郑颖. 黄土丘陵区植物功能性状的尺度变化与依赖[J]. 生态学报，2014，34（9）：2308-2315.

[18] 丁小艳，杨皓，陈海龙，等. 喀斯特山区刺梨种植基地的土壤养分状况[J]. 贵州农业科学，2015，43（5）：120-124.

[19] 杜华栋，焦菊英，寇萌，等. 黄土高原先锋种猪毛蒿叶片形态解剖与生理特征对立地的适应性[J]. 生态学报，2016，36（10）：1-12.

[20] 杜建会，刘安隆，董玉祥，等. 华南海岸典型沙生植物根系构型特征[J]. 植物生态学报，2014，38（8）：888-893.

[21] 杜薇，刘国文. 刺梨总黄酮的含量测定及资源利用[J]. 食品科学，2003，24（1）：112-114.

[22] 段媛媛，宋丽娟，牛素旗，等. 不同林龄刺槐叶功能性状差异及其与土壤养分的关系[J]. 应用生态学报，2017，28（1）：28-36.

[23] 樊卫国，叶双全. 花期喷硼对刺梨果实产量及品质的影响[J]. 中国南方果树，2016，45（4）：111-113.

[24] 范高华，神祥金，李强，等. 松嫩草地草本植物生物多样性：物种多样性和功能群多样性[J]. 生态学杂志，2016，35（12）：3205-3214.

[25] 郭京衡，曾凡江，李尝君，等. 塔克拉玛干沙漠南缘三种防护林植物根系构型及其生态适应策略[J]. 植物生态学报，2014，38（1）：36-44.

[26] 郭庆学，柴捷，钱凤，等. 不同木本植物功能型当年生小枝功能性状差异[J]. 生态学杂志，2013，32（6）：1465-1470.

[27] 韩生慧，徐先英，贺访印，等. 干旱荒漠区几种云杉属植物的生态适应性研究[J]. 西北林学院学报，2016，31（5）：55-60.

[28] 韩艳，林夏珍. 5 种常绿阔叶树幼苗的抗旱性比较[J]. 浙江林学院学报，2009，26（6）：822-828.

[29] 何冬梅，刘庆，林波，等. 人工针叶林林下 11 种植物叶片解剖特征对不同生境的适应性[J]. 生态学报，2008，28（10）：4739-4749.

[30] 何光熊. 滇中典型植物群落叶片性状对土壤磷素的响应及其对水土保持功能的测度[D]. 昆明：云南大学，2016.

[31] 何敏宜，袁锡强，秦新生. 石灰岩特有植物圆叶乌桕叶表皮形态特征及其生态适应性研究[J]. 西北植物学报，2012，32（4）：709-715.

[32] 贺金生，韩兴国. 生态化学计量学：探索从个体到生态系统的统一化理论[J]. 植物生态学报，2010，34（1）：2-6.

[33] 胡楠，范玉龙，丁圣彦，等. 陆地生态系统植物功能群研究进展[J]. 生态学报，2008，28（7）：3302-3311.

[34] 胡楠，范玉龙，丁圣彦. 伏牛山森林生态系统灌木植物功能群分类[J]. 生态学报，2009，29（8）：

4017-4025.

[35] 胡启鹏，郭志华，李春燕，等.植物表型可塑性对非生物环境因子的响应研究进展[J]. 林业科学，2008，44（5）：135-142.

[36] 胡启鹏，郭志华，孙玲玲，等. 长白山林线树种岳桦幼树叶功能型性状随海拔梯度的变化[J]. 生态学报，2013，33（12）：3594-3601.

[37] 胡涛，李苏，柳帅，等. 哀牢山山地森林不同附生地衣功能群的水分关系和光合生理特征[J]. 植物生态学报，2016，40（8）：810-826.

[38] 黄小，姚兰，王进. 土壤养分对不同生活型植物叶功能性状的影响[J]. 西北植物学报，2018，38（12）：2293-2302.

[39] 姬明飞，韩鸿基. 两种藓类植物对光强的适应性差异[J]. 草业科学，2017，34（9）：1787-1792.

[40] 江浩，黄钰辉，周国逸，等. 亚热带常绿阔叶林冠层附生植物叶片形态结构及生理功能特征的适应性研究[J]. 植物科学学报，2012，33（3）：250-260.

[41] 江浩，周国逸，黄钰辉，等. 南亚热带常绿阔叶林林冠不同部位藤本植物的光合生理特征及其对环境因子的适应[J]. 植物生态学报，2011，35（5）：567-576.

[42] 金不换，陈雅君，吴艳华，等. 早熟禾不同品种根系分布及生物量分配对干旱胁迫的响应[J]. 草地学报，2009，17（6）：813-816.

[43] 金银根. 植物学（第二版）[M]. 北京：科学出版社，2010.

[44] 康东东，韩利慧，马鹏飞，等. 不同地理环境下酸枣叶的形态解剖结构[J]. 林业科学，2008，44（12）：135-140.

[45] 李晨，熊康宁，李晓娜，等. 贵州喀斯特生态脆弱区生态恢复响应[J]. 贵州师范大学学报（自然科学版），2011，29（2）：19-23.

[46] 李丹，康萨如拉，赵梦颖，等. 内蒙古羊草草原不同退化阶段土壤养分与植物功能性状的关系[J]. 植物生态学报，2016，40（10）：991-1002.

[47] 李芳兰，包维楷，刘俊华，等. 岷江上游干旱河谷海拔梯度上白刺花叶片生态解剖特征研究[J]. 应用生态学报，2006，17（1）：5-10.

[48] 李婕，刘楠，任海，等. 7 种植物对热带珊瑚岛环境的生态适应性[J]. 生态环境学报，2016，25（5）：790-794.

[49] 李俊才，伊凯，刘成，等. 梨果实部分性状遗传倾向研究[J]. 果树学报，2002，19（2）：87-93.

[50] 李俊辉，李秧秧，赵丽敏，等. 立地条件和树龄对刺槐和小叶杨叶水力性状及抗旱性的影响[J]. 应用生态学报，2012，23（9）：2397-2403.

[51] 李开萍，刘子琦，李渊，等. 贵州毕节地区不同石漠化程度土壤理化性质特征[J]. 水土保持学报，2017，31（4）：205-210.

[52] 李龙波，刘涛泽，李晓东，等. 贵州喀斯特地区典型土壤有机碳垂直分布特征及其同位素组成[J]. 生态学杂志，2012，31（2）：241-247.

[53] 李龙波，涂成龙，赵志琦，等. 黄土高原不同植被覆盖下土壤有机碳的分布特征及其同位素组成研究[J]. 地球与环境，2011，39（4）：441-449.

[54] 李杨梅，贡璐，安申群，等. 基于稳定碳同位素技术的干旱区绿洲土壤有机碳向无机碳的转移[J]. 环境科学，2018，39（8）：3867-3875.

[55] 李颖，姚婧，杨松，等. 东灵山主要树种在不同环境梯度下的叶功能性状研究[J]. 北京林业大学学报，2014，36（1）：72-77.

[56] 刘建荣. 云顶山草本植物功能群研究[J]. 北京林业大学学报，2017，39（9）：76-82.

[57] 刘科鹏，黄春辉，冷建华，等. 猕猴桃园土壤养分与果实品质的多元分析[J]. 果树学报，2012，29（6）：1047-1051.

[58] 刘旻霞，马建祖. 甘南高寒草甸植物功能性状和土壤因子对坡向的响应[J]. 应用生态学报，2012，23（12）：3295-3300.

[59] 刘希珍，封焕英，蔡春菊，等.毛竹向阔叶林扩展过程中的叶功能性状研究[J]. 北京林业大学学报，2015，37（8）：8-17.

[60] 刘晓娟，马克平. 植物功能性状研究进展[J]. 中国科学：生命科学，2015，45（4）：325-339.

[61] 刘莹，李鹏，沈冰，等. 采用稳定碳同位素法分析白羊草在不同干旱胁迫下的水分利用效率[J]. 生态学报，2017，37（9）：3055-3064.

[62] 龙文兴，臧润国，丁易. 海南岛霸王岭热带山地常绿林和热带山顶矮林群落特征[J]. 生物多样性，2011，19（5）：558-566.

[63] 路兴慧，丁易，臧润国，等. 海南岛热带低地雨林老龄林木本植物幼苗的功能性状分析[J]. 植物生态学报，2011，35（12）：1 300-1 309.

[64] 吕金枝，苗艳明，张慧芳，等. 山西霍山不同功能型植物叶性特征的比较研究[J]. 武汉植物学研究，2010，28（4）：460-465.

[65] 吕爽，张现慧，张楠，等. 胡杨幼苗根系生长与构型对土壤水分的响应[J]. 西北植物学报，2015，35（5）：1005-1012.

[66] 罗琦，刘慧，吴桂林，等. 基于功能性状评价 5 种植物对热带珊瑚岛环境的适应性[J]. 生态学报，2018，38（4）：1256-1263.

[67] 马西军，张洪江，程金花，等. 三峡库区森林立地类型划分[J]. 东北林业大学学报，2011，39（12）：109-113.

[68] 马智，马淼，赵红艳. 类短命植物新疆猪牙花解剖结构及其生态适应性的研究[J]. 广西植物，2012，32（3）：304-309.

[69] 孟婷婷，倪健，王国宏. 植物功能性状与环境和生态系统功能[J]. 植物生态学报，2007，30（1）：150-165.

[70] 苗芳，杜华栋，秦翠萍，等. 黄土高原丘陵沟壑区抗侵蚀植物叶表皮的生态适应性[J]. 应用生态学报，2012，23（10）：2655-2662.

[71] 盘远方，陈兴彬，姜勇，等. 桂林岩溶石山灌丛植物叶功能性状和土壤因子对坡向的响应[J]. 生态学报，2018，38（5）：1581-1589.

[72] 庞志强，卢炜丽，姜丽莎，等. 滇中喀斯特 41 种不同生长型植物叶性状研究[J]. 广西植物，2019，39（8）：1126-1138.

[73] 彭小平，樊军，米美霞，等. 黄土高原水蚀风蚀交错区不同立地条件下旱柳树干液流差异[J]. 林业科学，2013，49（9）：38-45.

[74] 戚德辉，温仲明，杨士梭，等. 基于功能性状的铁杆蒿对环境变化的响应与适应[J]. 应用生态学报，2015，26（7）：1921-1927.

[75] 祁建，马克明，张育新. 北京东灵山不同坡位辽东栎叶属性的比较[J]. 生态学报，2008，28（1）：122-128.

[76] 邱帅，卢山，余磊，等. 3 种垂直绿化基质中园林植物干旱适应性的比较[J]. 西北植物学报，2017，37（2）：286-296.

[77] 曲同宝，王呈玉，庞思娜，等. 松嫩草地 4 种植物功能群土壤微生物碳源利用的差异[J]. 生态学报，2015，35（17）：5695-5702.

[78] 全小龙，段中华，乔有明，等. 不同高寒草甸土壤碳氮稳定同位素和密度的差异[J]. 草业学报，2016，25（12）：27-34.

[79] 沈广爽，石雪芹，古松，等. 九种海滨沙生植物解剖构造及其生态适应性研究[J]. 广西植物，2014，34（2）：263-268.

[80] 司高月，李晓玉，程淑兰，等. 长白山垂直带森林叶片-凋落物-土壤连续体有机碳动态——基于稳定性碳同位素分析[J]. 生态学报，2017，37（16）：5285-5293.

[81] 宋少华，刘勤，陈卫平，等. 甜柿土壤养分与果实品质关系多元分析及优化方案[J]. 南京农业大学学报，2015，38（6）：915-922.

[82] 宋同清，彭晚霞，曾馥平，等. 木论喀斯特峰丛洼地森林群落空间格局及环境解释[J]. 植物生态学报，2010，34（3）：298-308.

[83] 苏芸芸，王康才，李丽. 5 种不同产地藿香叶片解剖结构与光合特性比较研究[J]. 西北植物学报，2016，36（1）：78-84.

[84] 隋媛媛. 黄土区撂荒地土壤养分空间异质性及其对植物生长的影响[D]. 杨凌：西北农林科技大学，2011.

[85] 孙会婷，江莎，刘婧敏，等. 青藏高原不同海拔 3 种菊科植物叶片结构变化及其生态适应性[J]. 生态学报，2016，36（6）：1559-1570.

[86] 孙梅，田昆，张赟等. 植物叶片功能性状及其环境适应研究[J]. 植物科学学报，2017，35（6）：940-949.

[87] 唐罗忠，黄宝龙，生原喜久雄，等. 高水位条件下池杉根系的生态适应机制和膝根的呼吸特性[J]. 植物生态学报，2008，32（6）：1258-1267.

[88] 王建林，钟志明，王忠红，等. 青藏高原高寒草原生态系统土壤碳磷比的分布特征[J]. 草业学报，2014，23（2）：9-19.

[89] 王乐乐，安华明. HPLC 测定刺梨果实中维生素 C 含量方法的优化[J]. 现代食品科技，2013，29（2）：397-400.

[90] 王亚婷，范连连. 热岛效应对植物生长的影响以及叶片形态构成的适应性[J]. 生态学报，2011，31（20）：5992-5998.

[91] 魏胜利，王文全，秦淑英，等. 桔梗、射干的耐阴性研究[J]. 河北农业大学学报，2004，27（1）：52-57.

[92] 习新强，赵玉杰，刘玉国，等. 黔中喀斯特山区植物功能性状的变异和关联[J]. 植物生态学报，2011，35（10）：1000-1008.

[93] 谢寅峰，沈惠娟，罗爱珍，等. 南方 7 个造林树种幼苗抗旱生理指标的比较[J]. 南京林业大学学报（自然科学版），1999，23（4）：13-16.

[94] 熊鑫，张慧玲，吴建平，等. 鼎湖山森林演替序列植物-土壤碳氮同位素特征[J]. 植物生态学报，2016，40（6）：533-542.

[95] 胥耀平. 植物相邻关系中的化感物质研究——核桃叶化感物质及化感作用研究[D]. 杨凌：西北农林科技大学，2006.

[96] 徐文燕，高微微，何春年. 环境因子对植物黄酮类化合物生物合成的影响[J]. 世界科学技术：中医药现代化，2006，8（6）：68-72.

[97] 许洺山，黄海侠，史青茹，等. 浙东常绿阔叶林植物功能性状对土壤含水量变化的响应[J]. 植物生态学报，2015，39（9）：857-866.

[98] 许松葵，薛立. 6 种阔叶树种幼林的叶性状特征[J]. 西北林学院学报，2012，27（6）：20-25.

[99] 许云蕾，蒲文彩，余志祥，等. 金沙江干热河谷同一群落不同生活型植物叶片解剖结构差异分析[J]. 西南林业大学学报，2018，38（6）：74-82.

[100] 薛立，曹鹤. 逆境下植物叶性状变化的研究进展[J]. 生态环境学报，2010，19（8）：2004-2009.

[101] 杨丽娟，邵殿坤，栾志慧. 长白山牛皮杜鹃叶片功能性状随海拔的变化[J]. 江苏农业科学，2013，41（9）：149-151.

[102] 杨喜田，杨小兵，曾玲玲，等. 林木根系的生态功能及其影响根系分布的因素[J]. 河南农业大学学报，2009，43（6）：681-690.

[103] 杨小林，张希明，李义玲，等. 基于分形理论的塔克拉玛干沙漠腹地自然植物根系构型特征分形[J]. 干旱区资源与环境，2015，29（8）：145-150.

[104] 杨小林，张希明，李义玲，等. 塔克拉玛干沙漠腹地 3 种植物根系构型及其生境适应策略[J]. 植物生态学报，2008，32（6）：1268-1276.

[105] 杨勇，刘爱军，李兰花，等. 不同干扰方式对内蒙古典型草原植物种组成和功能群特征的影响[J]. 应用生态学报，2016，27（3）：794-802.

[106] 姚小华，任华东，李生，等. 石漠化植被恢复科学研究[M]. 北京：科学出版社，2013.

[107] 于鸿莹，陈莹婷，许振柱，等. 内蒙古荒漠草原植物叶片功能性状关系及其经济谱分析[J]. 植物生态学报，2014，38（10）：1029-1040.

[108] 余健，房莉，卞正富，等. 土壤碳库构成研究进展[J]. 生态学报，2014，34（17）：4829-4838.

[109] 喻理飞，朱守谦，叶镜中. 喀斯特森林不同种组的耐旱适应性[J]. 南京林业大学学报（自然科学版）2002，26（1）：19-22.

[110] 于文涛，孙召贵，宋正修. 蔬菜大棚土壤酸化的原因危害及综合防治技术[J]. 现代农业，2006，（10）：27.

[111] 喻阳华，李光容，皮发剑，等. 赤水河上游水源涵养树种的水分生理特征[J]. 水土保持学报，2015，29（4）：201-206.

[112] 喻阳华，钟欣平，程雯. 黔西北地区优势树种叶片功能性状与经济谱分析[J]. 森林与环境学报，2018，38（2）：196-201.

[113] 臧润国，丁易，张志东，等. 海南岛热带天然林主要功能群保护与恢复的生态学基础[M]. 北京：科学出版社，2010.

[114] 张涓涓，杨莉，刘德春，等. 土壤养分状况与马家柚果实品质相关性的多元分析[J]. 经济林研究，2015，33（4）：25-31.

[115] 张莉，温仲明，苗连朋. 延河流域植物功能性状变异来源分析[J]. 生态学报，2013，33（20）：6543-6552.

[116] 张丽霞. 基于功能性状的水生植物及邻近陆生植物的生态策略[D]. 西安：西北大学，2017.

[117] 张曦，王振南，陆姣云，等. 紫花苜蓿叶性状对干旱的阶段性响应[J]. 生态学报，2016，36（9）：2669-2676.

[118] 张旭东，王智威，韩清芳，等. 玉米早期根系构型及其生理特性对土壤水分的响应[J]. 生态学报，2016，36（10）：2969-2977.

[119] 张英虎，牛健植，朱蔚利，等. 森林生态系统林木根系对优先流的影响[J]. 生态学报，2015，35（6）：1788-1797.

[120] 赵丹，程军回，刘耘华，等. 荒漠植物梭梭稳定碳同位素组成与环境因子的关系[J]. 生态学报，2017，37（8）：2743-2752.

[121] 赵新风，徐海量，张鹏，等. 养分与水分添加对荒漠草地植物钠猪毛菜功能性状的影响[J]. 植物生态学报，2014，38（2）：134-146.

[122] 赵艳云，陆兆华，夏江宝，等. 黄河三角洲贝壳堤岛 3 种优势灌木的根系构型[J]. 生态学报，2015，35（6）：1688-1695.

[123] 赵云飞，汪霞，欧延升，等. 若尔盖草甸退化对土壤碳、氮和碳稳定同位素的影响[J]. 应用生态学报，2018，29（5）：1405-1411.

[124] 钟巧连，刘立斌，许鑫，等. 黔中喀斯特木本植物功能性状变异及其适应策略[J]. 植物生态学报，

2018，42（5）：562-572.

[125] 周桂玲，迪利夏提. 新疆滨藜属植物叶表皮微形态学及叶的比较解剖学研究[J]. 干旱区研究，1995，12（3）：34-37.

[126] 周欣，左小安，赵学勇，等. 科尔沁沙地植物功能性状的尺度变异及关联[J]. 中国沙漠，2016，36（1）：20-26.

[127] 诸姮，胡宏友，卢昌义，等. 植物体内的黄酮类化合物代谢及其调控研究进展[J]. 厦门大学学报（自然科学版），2007，46（S1）：136-143.

[128] Ackerly D D. Community Assembly，Niche Conservatism，and Adaptive Evolution in Changing Environments[J]. International Journal of Plant Sciences，2003，164（S3）：S165-S184.

[129] Adler P B，Seabloom E W，Borer E T，et al. Productivity is a poor predictor of plant species richness[J]. Science，2011，333（6050）：1750-1753.

[130] Aerts R，Chapin F S. The mineral nutrition of wild plants revisited：a re-evaluation of processes and patterns[J]. Advances in Ecological Research，2000，30（8）：1-67.

[131] Armengaud J A，Zambaux K，Hills A，et al. EZ-Rhizo：integrated software for the fast and accurate measurement of root system architecture[J]. The plant Journal，2009，57（5）：945-956.

[132] Balesdent J，Girardin C，Mariotti A. Site-related $\delta^{13}C$ of tree leaves and soil organic matter in a temperate forest[J]. Ecology，1993，74（6）：1713-1721.

[133] Bhattacharya S S，Kim K H，Das S，et al. A review on the role of organic inputs in maintaining the soil carbon pool of the terrestrial ecosystem[J]. Journal of Environmental Management，2016，167：214-227.

[134] Boutton T W，Archer S R，Midwood A J，et al. $\delta^{13}C$ values of soil organic carbon and their use in documenting vegetation change in a subtropical savanna ecosystem[J]. Geoderma，1998，82（1）：5-41.

[135] Cornelissen J H C，Lavorel S，Garnier E，et al. A handbook of protocols for standardised and easy measurement of plant functional traits worldwide[J]. Australian Journal of Botany，2003，51（4）：335-380.

[136] de Rouw A，Soulileuth B，Huon S. Stable carbon isotope ratios in soil and vegetation shift with cultivation practices（Northern Laos）[J]. Agriculture，Ecosystems and Environment，2015，200：161-168.

[137] Deines P. The isotopic composition of reduced organic carbon//Fritz P，Fontes J C，eds. Handbook of Environmental Isotope Geochemistry[D]. Amsterdam：Elsevier，1980.

[138] Díaz S，Cabido M，Zak M，et al. Plant functional traits，ecosystem structure and land-use history along a climatic gradient in central-western Argentina[J]. Journal of Vegetation Science，1999，10（5）：651-660.

[139] Díaz S，Cabido M. Vive la difference：Plant functional diversity matters to ecosystem processes[J]. Trends in Ecology and Evolution，2001，16（11）：646-655.

[140] Donovan L A，Maherali H，Caruso C M，et al. The evolution of the worldwide leaf economics

spectrum[J]. Trends in Ecology and Evolution，2011，26（2）：88-95.

[141] Duarte C M，Sand-Jensen K，Nielsen S L，et al. Comparative functional plant ecology：Rationale and potentials[J]. Trends in Ecology and Evolution，1995，10（10）：418-421.

[142] Ehleringer J R，Field C B，Lin Z F，et al. Leaf carbon isotope ratio and mineral composition in subtropical plants along an irradiance cline[J]. Oecologia，1986，70（4）：109-114.

[143] Fang S Q，Clark R，Liao H. 3D quantification of plant root architecture in situ[M]. Berlin：Springer Berlin Heidelberg，2011.

[144] Fitter A H. Roots as dynamic systems the development ecology of roots and root system[M]. BES：Blackwell Scientific Co，1999.

[145] Funk J L，Glenwinkel L A，Scak L. Differential allocation to photosynthetic and non-photosynthetic nitrogen fractions among native and invasive species[J]. PloS ONE，2013，8（5）：1-10.

[146] Fynn R，Morris C，Ward D，et al. Trait-environment relations for dominant grasses in South African mesic grassland support a general leaf economic model[J]. Journal of Vegetation Science，2011，22（3）：528-540.

[147] Garnier E，Cortez J，Billes G，et al. Plant functional markers capture ecosystem properties during secondary succession [J]. Ecology，2004，85（9）：2630-2637.

[148] Garnier E，Laurent G，Bellmann A，et al. Consistency of species ranking based on functional leaf traits[J]. New Phytologist，2001，152（1）：69-83.

[149] Grassein F，Till-bottraud I，Lavorel S. Plant resource-use strategies：The importance of phenotypic gradient for two subalpine species[J]. Annals of Botany，2010，106（4）：637-645.

[150] Gray J E，Hetherington A M. Plant development：YODA the stomatal switch[J]. Current Biology，2004，14（12）：488-490.

[151] Grigulis K，Lavorel S，Krainer U，et al. Relative contributions of plant traits and soil microbial properties to munutain grassland ecosystem services[J]. Journal of Ecology，2013，101（1）：47-57.

[152] Guo Q J，Zhu G X，Chen T B，et al. Spatial variation and environmental assessment of soil organic carbon isotopes for tracing sources in a typical contaminated site[J]. Journal of Geochemical Exploration，2017，175：11-17.

[153] Hussain M I，Al-Dakheel A J. Effect of salinity stress on phenotypic plasticity，yield stability，and signature of stable isotopes of carbon and nitrogen in safflower[J]. Environmental Science and Pollution Research，2018，25（24）：23685-23694.

[154] Kingston J D，Hill A，Marino B D. Isotopic evidence for neogene hominid paleoenvironments in the Kenya Rift Valley[J]. Science，1994，264（5161）：955-959.

[155] Kong D L，Wu H F，Zeng H，et al. Plant functional group removal alters root biomass and nutrient cycling in a typical steppe in Inner Mongolia，China[J]. Plant and Soil，2011，346（1）：133-144.

[156] Lavorel S，Grigulis K. How fundamental plant functional trait relationships scale-up to trade-offs and

synergies in ecosystem servies[J]. Journal of Ecology，2012，100（1）：128-140.

[157] Lebrija-Trejos E，Pérez-García E A，Meave J A，et al. Functional traits and environmental filtering drive community assembly in a species-rich tropical system[J]. Ecology，2010，91（2）：386-398.

[158] Leps J，Smilauer P. Multivariate analysis of ecological data using canoco[M]. Cambridge：Cambridge University Press，2003.

[159] Liao J D，Boutton T W，Jastrow J D. Organic matter turnover in soil physical fractions following woody plant invasion of grassland：Evidence from natural 13C and 15N[J]. Soil Biology and Biochemistry，2006，38（11）：3197-3210.

[160] Linhart Y B，Grant M C. Evolutionary significance of local genetic differentitation in plants[J]. Annual Review of Ecology and Systematics，1996，27：237-277.

[161] Long W，Zang R，Ding Y. Air temperature and soil phosphorus availability correlate with trait differences between two types of tropical cloud forests[J]. Flora，2011，206（10）：896-903.

[162] Lynch J. Root architecture and plant productivity[J]. Plant Physiology，1995，109（1）：7-13.

[163] Malamy J E. Intrinsic and environmental response pathways that regulate root system architecture[J]. Plant，Cell and Environment，2005，28：67-77.

[164] Mcgill B J，Enquist B J，Weiher E，et al. Rebuilding community ecology from functional traits[J]. Trends in Ecology and Evolution，2006，21（4）：178-185.

[165] Michener R H，Lajtha K. Stable Isotopes in Ecology and Environmental Science（2nd ed）[M]. Malden，MA：Blackwell，2007.

[166] Nakane K. A simulation model of the seasonal variation of cycling of soil organic carbon in forest ecosystems[J]. Japanese Journal of Ecology，1980，30（1）：19-29.

[167] Osnas J L，Lichstein J W，Reich P B，et al. Global leaf trait relationships：mass，area，and the leaf economics spectrum[J]. Science，2013，340（6133）：741-744.

[168] Poorter H，Garnier E. Ecological significance of inherent variation in relative growth rate and its components[M]. New York：Marcel Dekker，1999.

[169] Reich P B，Oleksyn J. Global patterns of plant leaf N and P in relation to temperature and latitude[J]. Proceedings of the National Academy of Sciences，2004，101（30）：11001-11006.

[170] Ripullone F，Lauteri M，Grassi G，et al. Variation in nitrogen supply changes water-use efficiency of Pseudotsuga menziesii and Populusx euroamericana；a comparison of three approaches to determine water-use efficiency[J]. Tree Physiology，2004，24（6）：671-679.

[171] Schmitt J，Stinchcombe J R，Heschel M S，et al. The adaptive evolution of plasticity：phytochrome-mediated shade avoidance responses[J]. Integrative and Comparative Biology，2003，43（3）：459-469.

[172] Song L L，Fan J W，Wu S H. Research advances on changes of leaf traits along an altitude gradient[J].

Progress in Geography，2011，30（11）：1431-1439.

[173] Sun S C，Jin D M，Shi P L. The leaf size-twig size spectrum of temperate woody species along an altitudinal gradient：an invariant allometric scaling relationship[J]. Annals of Botany，2006，97（1）：97-107.

[174] Sun S Q，Wu Y H，Wang G X，et al. Bryophyte species richness and composition along an altitudinal gradient in Gongga Mountain，China[J]. PloS ONE，2013，8（3）：1-10.

[175] Tambussi E A，Bort J，Araus J L. Water use efficiency in C3 cereals under Mediterranean conditions：a review of physiological aspects[J]. Annals of Applied Biology，2007，150（3）：307-321.

[176] Thompson K，Parkinson J A，Band S R，et al. A comparative study of leaf nutrient concentrations in a regional herbaceous flora[J]. New Phytologist，1997，136（4）：679-689.

[177] Valladares F，Wright S J，Lasso E，et al. Plastic phenotypic response to light of 16 congeneric shrubs from a Panamanian rainforest [J]. Ecology，2000，81（7）：1925-1936.

[178] Violle C，Navas M L，Vile D，et al. Let the concept of trait be function！[J]. Oikos，2007，116（5）：882-892.

[179] Walker X J，Mack M C，Johnstone J F. Stable carbon isotope analysis reveals widespread drought stress in boreal black spruce forests[J]. Global Change Biology，2015，21（8）：3102-3113.

[180] Wang Z C，Liu S S，Huang C，et al. Impact of land use change on profile distributions of organic carbon fractions in peat and mineral soils in northeast China[J]. Catena，2017，152：1-8.

[181] Westoby M，Wright I J. Land-plant ecology on the basis of functional traits[J]. Trends in Ecology and Evolution，2006，21（5）：261-268.

[182] Wilson P J，Thompson K，Hodgson J G. Specific leaf area and leaf dry matter content as alternative predictors of plant strategies[J]. New Phytologist，1999，143：155-162.

[183] Wright I J，Reich P B，Westoby M，et al. The worldwide leaf economics spectrum[J]. Nature，2004，428（6985）：821-827.

[184] Wright I J，Reich P B，Westoby M. Strategy shifts in leaf physiology，structure and nutrient content between species of high- and low-rainfall and high- and low-nutrient habitats [J]. Functional Ecology，2001，15：423-434.

[185] Wright I J，Westoby M，Reich P B. Convergence towards higher leaf mass per area in dry and nutrient-poor habitats has different consequences for leaf life span[J]. Journal of Ecology，2002，90（3）：534-543.

[186] Yu G R，Song X，Wang Q F，et al. Water-use efficiency of forest ecosystems in eastern China and its relations to climatic Variables[J]. New Phytologist，2008，177（4）：927-937.

[187] Zheng L J，Ma J J，Sun X H，et al. Responses of photosynthesis，dry mass and carbon isotope discrimination in winter wheat to different irrigation depths[J]. Photosynthetica，2018，56（4）：1437-1446.

第 6 章　森林植被建植与恢复关键技术

6.1　优势树种的树木学特征

（1）光皮桦（*Betula luminifera*）

1）形态特征

乔木，高达 20 m，干径达 0.8 m。树皮为暗黄灰色或红褐色，平滑且具明显横条皮孔。分枝细长，无毛，有蜡质白粉附着；幼枝密生黄色或灰色短柔毛，长有少数树脂腺体；芽鳞无毛，四周有短纤毛。叶片长 4～10 cm，宽 2～6 cm，矩圆形、矩圆披针形、椭圆形或卵形，先端急尖，基部圆形、宽楔形或近心形，四周有不规则刺芒状锯齿；叶柄长 1～2 cm，除极少数无毛，其余覆盖腺点和短柔毛；幼叶上面覆盖短柔毛，下面长有许多树脂腺点，沿脉长有少许长柔毛，脉腋间有时有髯毛，侧脉 12～14 对。雄花序生于枝顶或小枝上部叶腋处，一般 2～5 枚；序梗长有许多树脂腺体；苞鳞反面无毛，四周有短纤毛。果序长 3～9 cm，径 6～10 mm，大多单生，时有两枚单生于叶腋的果序长在一个短枝上；序梗长 1～2 cm，密生树脂腺体和短柔毛；果苞长 2～3 mm，背面有少许短柔毛，周围有短纤毛，中裂片披针形、倒披针形或矩圆形，先端圆或渐尖。果长约 2 mm，倒卵形，背面有少许短柔毛，膜质翅宽较果宽 1～2 倍。3—4 月开花，5—6 月结果。

2）生长环境

适宜生长在海拔 500～2 500 m 阳坡杂木林，喜爱温暖湿润气候以及酸性肥沃沙质壤土的生长环境，耐干旱、瘠薄土壤。

3）地理分布

在中国的云南、贵州、四川、陕西、甘肃、湖北、江西、浙江、广东、广西各省均有分布，其中贵州分布最为广泛。

4）主要价值

木材质坚，纹理细致，不易裂开，是建筑、航空、家具等的优良原料；树皮、木材、叶、芽均可作为提炼香桦油、桦焦油的原料；树干易燃，是农村极好的薪炭材；光皮桦枯枝落叶层厚，是优良的造林树种。

（2）银白杨（*Populus alba*）

1）形态特征

乔木，高 15～30 m。树干有些歪斜，雌株更严重。树皮平滑，下部较粗糙，常为灰白色或白色。小枝有白色绒毛，萌条覆盖绒毛，淡褐色或灰绿色。芽长约 5 mm，呈卵圆形，顶端渐尖，覆盖白绒毛，后全部或局部掉落，具有光泽；长枝、新枝叶长 4～10 cm，宽 3～8 cm，卵圆形，掌状，3～5 浅裂，裂片顶端钝尖，下部阔楔形、近心形、圆形或平截，侧裂片远小于中裂片，侧裂片呈钝角伸展，呈凹缺状浅裂或完全不裂，起初两面有白绒毛，后来上面掉落；短枝叶长 4～8 cm，宽 2～5 cm，椭圆状卵形或卵圆形，顶端钝尖，下部近心形、圆形、阔楔形或平截，四周有不规则、不对称钝齿牙；叶柄略短于叶片，略扁，有白绒毛。雄花序长 3～6 cm；总花轴长约 3 mm，呈椭圆形，苞叶膜质，具毛，四周具长毛与不规则齿牙；花盘具短梗，呈宽椭圆形，略歪斜；雄蕊数 8～10，花药呈紫红色，花丝纤细；雌花序长为 5～10 cm，总花轴具毛，雌蕊有短柄，花柱较短，柱头数 2，具黄色的长裂片。果长约 5 mm，细圆锥形，没有毛，2 瓣裂。4—5 月为花期，5 月为果熟期。

2）生长环境

喜大陆性气候，深根性，根蘖力、抗风力强，耐寒，不耐阴，不耐湿热，对土壤条件无严格要求，但在湿润肥沃的沙质土中生长最好。

3）地理分布

在中国的辽宁南部、甘肃、宁夏、青海、河南、河北、山东、山西、陕西等地区有种植，只在新疆有野生。

4）主要价值

木材结构细，纹理直，质软，在建筑、家具、造纸等方面均有应用；叶经磨碎后可驱虫；树皮能提栲胶；树可作绿化树种，亦可作沙荒造林树种。

（3）云南松（*Pinus yunnanensis*）

1）形态特征

乔木，高达 30 m，干径达 1 m。幼时树皮红褐色，老时灰褐色，深纵裂，形成不规则开裂的鳞状块片掉落。枝呈轮生状展开，略下垂；一年生枝红褐色，无毛，2～3 年后鳞叶常常脱落；二、三年生枝上鳞叶掉落后会露出红褐色内皮；冬芽红褐色，圆锥状卵圆形，粗大，无树脂；芽鳞披针形，顶端渐尖，鳞片部分反曲或散开，四周有丝状毛齿。针叶长 10～30 cm，径 1～2 mm，一般 3 针一束，稀 2 针一束，微下垂或不下垂，顶端尖，正反面都有气孔线，四周有细锯齿，常常能在枝上宿存三年；横切面呈半圆形、扇状三角形，二型皮下层细胞，表层细胞连续排列，在其下有散生细胞，树脂管一般 4～5 个，边生和中生共同存在；叶鞘灰褐色，宿存。雄球花长约 1.5 cm，圆柱状，位于新枝基部苞腋之内，聚拢形成穗状。果长 5～11 cm，圆锥状卵圆形，基部宽，有短梗，熟前呈绿色，熟后呈栗褐色或褐色；中部种鳞长约 3 cm，宽约 1.5 cm，矩圆状椭圆形；鳞盾近菱形，厚实、隆起或稍平，稀反曲，有横脊，鳞脐略微隆起或凹陷，具短尖刺；种子长约 5 mm，连翅长 1.6～1.9 cm，倒卵形或卵圆形，褐色，稍扁；子叶长 2.8～3.8 cm，通常有 6～8 枚，四周具有疏毛状细锯齿。4—5 月开花，翌年 10 月果熟。

2）生长环境

生于海拔 600～3 100 m 区域，大多形成单纯林，少数与华山松、云南油杉及栎类等树种组成混交林。深根系阳性树种，喜光，适应能力强，耐干旱、瘠薄土壤，在酸性红壤、红黄壤、棕色森林土或微石灰性土壤上均可生长。但最优生长环境为土层深厚、肥沃、气候温和、酸质砂质壤土、排水通畅的北坡或半阴坡地带。

3）地理分布

在中国的云南、西藏东南部、四川、贵州、广西等地分布较广，其中贵州省内主要分布于毕节以西、七星关、安龙、普安、册亨以及兴仁等地。

4）主要价值

木材纹理不直，力学性质不均，质轻，细密，树脂含量丰富；树皮可提炼栲胶；树干可割取树脂；松针可提取松针油；树根可培养茯苓；木材干馏可获得多种化工原料。故在建筑、板材、家具及木纤维工业方面得到广泛应用。

（4）华山松（*Pinus armandii*）

1）形态特征

乔木，高达 35 m，干径达 1 m。树皮幼时平滑，呈浅灰色或灰绿色，老时呈灰色，裂成长方形或方形厚块脱离或附着在树干上。枝条向外伸展，长成柱状塔形、圆锥形树冠；一年生枝无毛，呈绿色，干后变为褐色；冬芽栗褐色，圆柱形，具少数树脂，芽鳞疏松排列。针叶长 8～15 cm，径 1～1.5 mm，常 5（稀 6～7）针一束，略粗硬且细长，四周有细锯齿，腹面两边各有 4～8 条气孔线；横切面为三角形，具单层皮下层细胞，通常 3（稀 4～7）个树脂管；叶鞘早早掉落。雄球花长约 1.4 cm，黄色，卵状圆柱形，有近 10 枚卵状匙形鳞片围在其基部周围，大多集中在新枝下部形成穗状，疏松排列。果长 10～20 cm，径 5～8 cm，圆锥状长卵圆形，幼果呈绿色，熟后变为褐黄色，果梗长约 3 cm；中部种鳞长 3～4 cm，径 2.5～3 cm，斜方状倒卵形；鳞盾近斜方形或宽三角状斜方形，没有纵脊，顶端不反曲或稍反曲，鳞脐顶生；种子长 1～1.5 cm，径 6～10 mm，倒卵圆形，微扁，呈褐色或黑色，两侧和上端有棱脊或无翅，少数有极短木质翅；子叶长 4～6.4 cm，径约 1 mm，通常 10～15 枚，呈针形，具三角形横切面，顶端渐尖，上部棱脊有少数细齿或全缘。4—5 月开花，次年 9—10 月果熟。

2）生长环境

产于海拔 1 000～2 500 m 的钙质土和酸性黄壤、黄褐壤土。阳性树种，幼时需要一定的庇荫，耐寒，不耐炎热，不耐盐碱土，耐瘠薄能力一般，喜温和湿润气候，在高温时间长的地带生长发育不好。多种土壤类型均适宜种植，但最适生长环境为土层深厚、疏松、湿润的中性或微酸性壤土。

3）地理分布

在山西南部中条山、河南西南部、陕西南部、甘肃南部、四川、湖北西部、云南及西藏雅鲁藏布江下游、贵州西北部及中部等地均有分布。贵州省内主要分布在贵阳、毕节、水城、盘县、威宁、赫章和安龙等地，其余部分地区有种植。

4）主要价值

木材结构略粗、纹理直、质地轻软、耐水、耐腐、耐久用；在建筑、枕木、家具及木纤维工业原料等方面广泛应用；树干可割取树脂；树皮单宁含量为12%～23%，可提取栲胶；针叶可提炼芳香油；种子含油量42.8%，可食用，亦可榨油；沉积的天然松渣，可提炼凡士林、人造石油及柴油等。

（5）白栎（*Quercus fabri*）

1）形态特征

灌木或落叶乔木，高可达 20 m。树皮深纵裂，呈灰褐色。小枝有沟槽，密布灰色柔毛；冬芽长 4～6 mm，呈卵状圆锥形，芽鳞较多，少毛。叶长 7～15 cm，宽 3～8 cm，倒卵形或椭圆状倒卵形，先端钝或短渐尖，基部纯圆形或楔形，四周有粗钝锯齿或波状浅齿，幼叶正反面密生黄灰色星状毛，侧脉 8～12 对，叶背支脉显而易见；叶柄短，长 3～5 mm，覆盖棕黄色绒毛。雄花序长 6～9 cm，花序轴上有绒毛；雌花序长 1～4 cm，呈壳斗杯形，生 2～4 朵花，包裹约 1/3 坚果，高 4～8 mm，径 0.8～1.1 cm；苞片卵形，紧密排列，密生灰白色毛，从口缘略微伸出去。果长 1.7～2 cm，径 0.7～1.2 cm，长椭圆形或椭圆状卵形，无毛，果脐微隆起。4 月开花，10 月结果。

2）生长环境

产于海拔 50～1 900 m 山地杂木林或丘陵内，常常与麻栎、马尾松、杜鹃等树种形成混生林。萌芽力强，寿命长，但不耐移植。喜光、温暖气候，喜土层深厚的湿润肥沃土壤。耐干旱、耐瘠薄、耐阴、抗风、抗尘土、抗污染能力强。最适生长环境为湿润肥沃、土层深厚、排水良好的中性或微酸性沙壤土，不宜种植在积水地内。

3）地理环境

在中国的陕西、江西、江苏、浙江、河南、福建、湖北、湖南、安徽、广东、广西、云南、四川、贵州各省区均有分布。贵州省内普遍生长。

4）主要价值

种子富含淀粉，可充当酿造原料；树皮、壳斗可提炼栲胶；树干能培育香菇；果皮虫瘿可入药，主治疝气，疳积等；木材花纹美丽，富有光泽，结构微粗，纹理直，硬度和重量适中，耐腐，可用于制造车船、农具、地板、室内装饰等。

（6）毛栗（*Castanea mollissima*）

1）形态特征

乔木，高达20 m，干径达0.8 m。小枝呈灰褐色。托叶长10～15 mm，长圆形，有少许长毛和鳞腺。叶长11～17 cm，宽稀达7 cm，长圆形或椭圆，先端渐尖，下部圆或近截平，或者两边微向内弯曲呈耳垂状，一边通常歪斜不对称；新生叶下部常狭楔尖，两边对称，叶背长有星芒状伏贴绒毛或者几近无毛；叶柄长约2 cm。雄花序长10～20 cm，花序轴长毛；3～5朵花聚集成簇状，雌花1～3（稀5）朵，发育结实，花柱下部长毛。壳斗连刺宽4.5～6.5 cm，成熟壳斗锐刺长短不一，疏密不匀，浓密时可掩盖壳斗外壁，稀疏时可看见外壁；果长1.5～3 cm，径1.8～3.5 cm。4—6月开花，8—10月结果。

2）生长环境

生长于海拔370～2 800 m的山地，目前已由人工广泛栽培。

3）地理环境

在中国，除青海、宁夏、新疆、海南等少数省区外，南北各地均广泛分布，在广西止于平果县，在广东止于广州附近，在云南东南部则越过河口向南到越南沙坝地带。

4）主要价值

结构粗，坚硬，纹理直，耐水湿，是优质木材；叶可养蚕；外果皮可入药；果实可食用，具止泻治咳、清热解毒、健脾益气之功效。

（7）栓皮栎（*Quercus variabilis*）

1）形态特征

乔木，高可达30 m，干径达1 m。树皮深纵裂，黑褐色，木栓层厚实且发达。小枝无毛，灰棕色。芽圆锥形，芽鳞有缘毛，褐色。叶长11～18（稀20）cm，宽3～5（稀6）cm，长椭圆状披针形或卵状披针形，下部宽楔形或圆形，先端渐尖；叶缘锯齿，有刺芒状尖头；叶背面生有星状绒毛层；侧脉13～18对，直通齿尖；叶柄无毛，长2～4（稀5）cm。雌花序位于新枝上端叶腋，花柱包着坚果2/3，连同小苞片直径2.5～4 cm，高约1.5 cm；雄花序长约14 cm，其花序轴密生褐色绒毛，花被4～6裂，雄蕊较多，一般10枚或更多；小苞片钻形，向外反曲，有短毛。坚果宽卵形或近球形，径、高均约1.5 cm，上端平圆，果脐隆起。3—4月开花，次年9—10月结果。

2）生长环境

在中国华北地区，栓皮栎通常生长在低于海拔800 m的阳坡，而在西南地区栓皮栎可在海拔2 000～3 000 m处生长。萌芽力强，喜爱阳光，幼苗耐阴，根系深且发达，适应能力强，可生长在酸性、中性或钙质土壤中，最优生长环境为排水通畅、土壤肥沃的沙壤土或壤土。

3）地理分布

在中国的辽宁、陕西、山西、甘肃、山东、安徽、浙江、江苏、江西、福建、台湾、河北、河南、湖北、湖南、四川、广东、广西、云南、贵州等省区均有分布。贵州省内主要分布在毕节、威宁、大方三县，其余各县也有零星分布。

4）主要价值

种子淀粉含量 50.4%～63.5%，可作酿酒原料；树皮木栓层发达，可作为生产软木的主要原料；壳斗、树皮单宁含量丰富，可用于提炼栲胶；木材是环孔材，气干密度为 0.87 g/cm^3，木材坚硬，可供建筑、车辆、枕木等用；树干可放养木耳；叶可饲养蚕。

（8）川榛（*Corylus heterophylla*）

1）形态特征

小乔木或落叶灌木，高可达 7 m。树皮呈灰色。枝条无毛；小枝褐色或灰色，皮孔显而易见，幼枝有短毛，有时有少许刺毛状腺毛。叶长 4～13 cm，宽 2.5～10 cm，呈矩圆形或宽倒卵形，先端截形或凹陷，中部有三角状急尖，下部呈心形，时而两边不等，四周有不规则重锯齿，从中部以上有浅裂，上面无毛，下面幼时长有一些短柔毛，沿脉有少数短柔毛，其余无毛，侧脉 3～5 对；叶柄长 1～2 cm，有少许短毛或几近无毛。雄花序长约 4 cm，3～4 枚，单生，成总状下垂。果 2～6 枚簇生成头状或单生；果苞钟状，外面有细条棱，密生短柔毛兼有少许长柔毛，密布刺状腺体，极少无腺体，通常比果长，但不超 1 倍，极少比果短，上部具浅裂，三角形裂片常全缘；序梗总长约 1.5 cm，密生短柔毛。坚果长 7～15 mm，球形，仅先端有少许长柔毛或无毛。花期为 3—4 月，果熟期为 9—10 月。

2）生长环境

生长于海拔 200～1 000 m 的山地阴坡灌丛中，喜温和湿润气候，优良生长条件为年平均气温 11.5～17.1℃、年降雨量 922～1 328 mm、微酸性或中性、腐殖质含量丰富的土壤。

3）地理分布

在中国的黑龙江、吉林、辽宁、河北、山西及陕西省均有分布。贵州各地生长居多。

4）主要价值

种子可食用，也可榨油；果仁是优良的干果食品，亦可成为食品工业原料；川榛与欧洲榛子的生态适应性、树形相近，可作为理想栽培树形的优良亲本材料。

（9）马桑（*Coriaria nepalensis*）

1）形态特征

灌木，高可达 2.5 m。老枝紫褐色，具明显隆起的圆形皮孔；小枝常带紫色，四棱形或成四狭翅，幼枝上有少许微柔毛，后来变成无毛；芽鳞长 1～2 mm，呈紫红色卵形或卵状三角形，无毛。叶长 2.5～8 cm，宽 1.5～4 cm，阔椭圆形或椭圆形，对生，顶端突尖，下部圆形，全缘，两面无毛或背面沿脉上有少许毛，基三出脉，弧形伸到上端，在叶背隆起，叶面略凹；叶柄短，长 2～3 mm，紫色，少毛，下部有垫状突起物。总状花序位于二年生枝上，下垂，雄花序长 1.5～2.5 cm，多花聚集，序轴上有腺状微柔毛；苞片、小苞片长约 2.5 mm，宽约 2 mm，卵圆形，膜质，半透明，向内凹陷，上部四周有流苏状细齿；花梗无毛；萼片长 1.5～2 mm，宽 1～1.5 mm，卵形，四周半透明；花瓣长约 0.3 mm，极小，卵形，内部龙骨状；雄蕊数 10，长约 1 mm，花丝线形，花开时伸长，长 3～3.5 mm，花药长约 2 mm，长圆形，有细小疣体，药隔伸出，下部呈短尾状；有不育雌蕊；雌花序长 4～6 cm，和叶同出，序轴有腺状微柔毛；苞片长约 4 mm，紫色；花柄长 1.5～2.5 mm；花瓣较小，肉质，龙骨状；雄蕊短，花药长达 0.8 mm，花丝长达 0.5 mm，心皮常为 5，长约 0.7 mm，宽约 0.5 mm，耳状，侧向压扁；花柱长达 1 mm，紫红色，有小疣体，柱头顶部向外弯曲。果径 4～6 mm，球形，果熟期间，花瓣肉质变大围在果实外，从红色变为紫黑色；种子呈卵状长圆形。

2）生长环境

生长在海拔 400～3 200 m 的灌丛中。在荒山、荒地比较常见，喜光且耐干旱瘠薄。

3）地理分布

产于云南、贵州、四川、湖北、陕西、甘肃、西藏各省区。在贵州各地均有野生。

4）主要价值

茎叶可提栲胶；果实可提酒精；种子榨油后可生产油漆、油墨；整株含有马桑碱，有毒，可制作土农药。

（10）火棘（*Pyracantha fortuneana*）

1）形态特征

灌木，高可达 3 m。老枝深褐色，表面无毛；侧枝较短，顶端刺状，枝条幼嫩时表面有锈色短柔毛；芽外有短柔毛。叶长 1.5～6 cm，宽 0.5～2 cm，倒卵状长圆形或倒卵形，顶端略凹或圆钝，有时候有短尖头，下部楔形，往下延伸到叶柄，叶边具钝锯齿，齿尖往内弯曲，近下部全缘，两面均没有毛；叶柄较短，幼时有柔毛或无毛，叶托较小，落叶早；花序轴径 3～4 cm，伞房状；花梗长度约 1 cm，总花梗和花梗几近无毛；花朵径约 1 cm；萼筒呈种状，没有毛；萼片呈三角卵形，顶端圆钝；花瓣长约 4 mm，宽约 3 mm，白色，圆形；雄蕊数为 20，花丝长 3～4 mm，花药呈黄色；花柱数为 5，离生，同雄蕊一样长；子房顶端密布白色柔毛。果径约 5 mm，近圆形，红色，萼片不自然脱落。3—5 月开花，8—11 月果熟。

2）生长环境

常生于海拔 500～2 800 m 的山地、河沟、山坡灌木丛中，好强光，耐贫瘠，抗干旱，不耐寒，土壤要求较低，以排水良好、湿润、疏松的中性或微酸性壤土为宜。

3）地理分布

中国范围内主要产于西藏、陕西、河南、江苏、浙江、福建、湖北、湖南、广西、云南、四川、贵州等地。贵州主要分布于毕节、清镇、赤水、习水、德江、印江、江口、湄潭、翁安、安顺、安龙。

4）主要价值

果实可食用，还可作为酿酒原料；果、根、叶均可入药；绿化美化效果好，在园林艺术方面有应用。

（11）金丝桃（*Hypericum monogynum*）

1）形态特征

灌木，高为 0.5～1.5 m，整株没有毛。分枝众多，小枝对生。茎呈红色，初时有 2 或 4 纵线棱，两边压扁，后即为圆柱形。叶对生，具长约 1.5 mm 短柄或无柄；叶长为 2～11.2 cm，宽为 1～4.1 cm，椭圆形、长圆形或倒披针形，稀披针形、卵形或卵状三角形，上部渐尖至圆形，一般有细而小的尖突，下部楔形、圆形，四周平坦，坚纸质，全缘，上面绿色，下面淡绿色，密生透明腺点，侧脉每边 7～8 条，上面中脉略凹，下面凸起，第三级脉网密布，不明显，叶片具小点状腺体。花单生、顶生或形成聚伞花序，花序有 1～15（稀 30）花，从茎端第一节长出，有时从茎端 1～3 节长出，很少具 1～2 对次生分枝；花梗长为 0.8～2.8（稀 5）cm；花径 3～6.5 cm，星状，具线状披针形小苞片，苞片早落；花蕾呈卵珠形。萼片数为 5，披针形或卵状长圆形，顶端锐尖至圆形，全缘，细脉不分明，中脉明显，有腺体，在下部的呈线形、条纹形，往顶端的呈点状。花瓣 5，长为 2～3.4 cm，宽为 1～2 cm，金黄色，无红晕，宽倒卵形，长是萼片的 2.5～4.5 倍，全缘，无腺体，具侧生小尖突，小尖突顶端消失或急尖至圆形。雄蕊 5 束，每束具雄蕊 25～35，最长的有 1.8～3.2 cm，同花瓣几乎等长，花药暗橙色。子房长 2.5～5 mm，宽 2.5～3 mm，卵珠状圆锥形、卵珠形或近球形；花柱长 1.2～2 cm，细长，先端 5 裂；柱头小。蒴果长 6～10 mm，宽 4～7 mm，呈卵球形。种子长达 2 mm，深红褐色，圆柱形，微弯，两边有狭的龙骨状突出，表面有浅的细蜂窝状纹至线状网纹。5—8 月为花期，8—9 月为果期。

2）生长环境

常生长在低于 2 300 m 海拔的路旁、山坡、灌木丛中以及林下。

3）地理分布

在中国主要分布在河北、陕西、山东、江苏、安徽、浙江、江西、福建、台湾、河南、湖北、湖南、广东、广西、四川及贵州等地区。贵州省内分布于贵阳、清镇、平坝、瓮安、黄平、施秉、印江、江口、兴仁、册亨、望漠、安龙、独山、三都、凯里、盘县、普安、息烽、黔西、金沙、毕节等地区。

4）主要价值

金丝桃花美丽，可供观赏；种子、根均可入药，能活血、消积、利湿及解热。

（12）杜鹃（*Rhododendron simsii*）

1）形态特征

灌木，高可达 2（稀 5）m。分枝众多，细长，密布亮棕褐色的扁平糙伏毛。叶长 1.5～5 cm，宽 0.5～3 cm，革质，一般集生于枝端，卵状披针形至椭圆状披针形，顶端渐尖，下部宽楔形或楔形，周边略反卷，有小齿，正面呈深绿色，有少许糙伏毛，反面呈淡白色，有许多褐色糙伏毛，中脉在叶上面凹陷，叶下面隆起；叶柄长为 2～6 mm，密生亮棕褐色扁平糙伏毛。花芽呈卵球状，鳞片外边中部以上有糙伏毛，四周有睫毛。花 2～3（稀 6）朵簇生于枝的顶部；花梗长约 8 mm，覆盖亮棕褐色糙伏毛；花萼长约 5 mm，5 深裂，裂片呈三角状长卵形，长有糙伏毛，四周有睫毛；花冠长 3.5～4 cm，宽 1.5～2 cm，杯状或宽钟状碗形，暗红色、鲜红色或玫瑰色，裂片数 5，呈倒卵形，上部裂片有深红色的斑点；雄蕊数 10，长度与花冠相近，呈花丝线状，从中部往下有微柔毛；子房 10 室，呈卵球形，有许多亮棕褐色糙伏毛，花柱往花冠外延伸。蒴果长约 1 cm，呈卵球形，密布糙伏毛。4—5 月为花期，6—8 月为果期。

2）生长环境

生长在海拔 500～1 200 m（稀 2 500 m）的松林或山地疏灌丛下。喜酸性土壤，喜温，耐阴，不宜长时间暴晒，忌积水。

3）地理分布

在中国的江苏、浙江、江西、台湾、福建、安徽、湖北、湖南、广东、广西、云南、四川和贵州等地区均有分布。贵州省内东部分布较为广泛。

4）主要价值

整株可入药，有行气活血、补虚等功效，可治疗月经不调，肾虚耳聋，内伤咳嗽以及风湿等疾病；花色艳丽，具有较高的观赏价值，是著名的花卉植物之一，亦是优良的盆景材料。

（13）核桃（*Juglans regia*）

1）形态特征

乔木，高达 20～25 m。树冠宽阔。幼时树皮灰绿色，不裂，老时树皮则由灰绿色转为灰褐色，纵裂；小枝有光泽，无毛，长有盾状腺体。单数羽状复叶长为 25～30 cm，幼时叶轴、叶柄长有腺体和极短腺毛；小叶长 6～15 cm，宽 3～6 cm，一般 5～9（稀 3）枚，椭圆状卵形或长椭圆形，先端钝圆或锐尖，下部歪斜、近球形，全缘或在幼树上者有少数细锯齿，正面呈深绿色，反面呈淡绿色，侧脉每边 11～15 条，腋内有短柔毛，侧生小叶无柄或有小叶柄，长在下部的较小，顶生小叶常有小叶柄，长 3～6 cm。雄花序长 5～10（稀 15）cm；雌花序有 1～3（稀 4）雌花；雄花小苞片、苞片和花被片都有腺毛；雄蕊数为 6～30 枚，花药呈黄色，不具毛；雌花柱头呈浅绿色，总苞具极短腺毛。果实 1～3 个，果径为 4～6 cm，球状或椭圆形，无毛；果核球形，黄褐色，具两条纵棱，表面有皱折刻纹，先端有短尖头；隔膜薄，内无缝隙；内果皮内壁有不规则缝隙或没有缝隙；内、外果皮未熟时都是青色，熟后脱落。4—5 月开花，9—11 月果熟。

2）生长环境

生长在海拔 400～1 800 m 的丘陵及山坡地带，耐干旱，喜光，好生于肥厚、排水良好、抗病能力强的钙质土或中性土上，对水肥要求不高，适宜大部分地区土地生长。

3）地理分布

在中国分布很广，山东、辽宁、天津、北京、河北、黑龙江、青海、陕西、宁夏、山西、甘肃、新疆、河南、湖南、江苏、湖北、安徽、广西、四川、贵州、云南和西藏等 22 个地区都有分布，其中贵州分布普遍以毕节、威宁、赫章为多。

4）主要价值

种仁含油脂丰富，含油率可达 50%～60%，可生食，可榨油食用；树皮可制皮革；壳可制活性炭；木材坚实，是优良的硬木材料。

（14）刺梨（*Rosa roxburghii*）

1）形态特征

灌木，高为 1～2 m。幼枝呈绿色，老枝呈灰褐色，小枝圆柱形，有下部微扁而成对皮刺。灰褐色树皮成片状剥落。小叶 7～13，小叶长 1～2 cm，宽 6～12 mm，连柄长为 5～11 cm，呈长圆形或椭圆形，少数倒卵形，顶端锐尖或圆钝，下部宽楔形，四周有细锐锯齿，两面无毛，下面叶脉隆起，网脉显著，叶柄及叶轴有散生小皮刺；托叶多数与叶柄贴生，剩余部分呈钻形，四周有腺毛。花单生，稀 2～3 朵簇生，位于短枝上端；花径 5～6 cm，有小苞片 2～3 枚，卵形，四周有腺毛；萼筒密生针刺，萼片宽卵形，顶端渐尖，有羽裂片，里面密生绒毛，外面密生针刺；花瓣重瓣至半重瓣，粉红色至深红色，轻香，倒卵形，内轮小，外轮大；雄蕊大多附生在杯状萼筒周围；心皮较多，附生于花托下部；花柱离生，覆盖毛，比雄蕊短，子房位于花托下部。果径 3～4 cm，扁球形，外面覆盖针刺。5—7 月为花期，8—10 月为果熟期。

2）生长环境

生长在海拔 1 070～1 500 m 向阳山坡、沟谷、路旁及灌木丛中。

3）地理分布

我国安徽、浙江、陕西、甘肃、江西、湖南、福建、湖北、四川、云南以及西藏均有栽培或野生，贵州引种栽培，产黔西、毕节。

4）主要价值

果味甜酸，富含维生素，可食用，也可药用，还可用作熬糖酿酒的原料；根煮水可治痢疾；枝干多刺可制作绿篱；花朵美丽，可供观赏用。

6.2 喀斯特地区植被恢复的生态评价技术

根据《岩溶地区石漠化综合治理工程“十三五”建设规划》，林草植被的恢复与保护、草地建设与改良、统筹利用水土资源成为石漠化治理的主要建设内容，而这一切的核心工作是植被恢复，因此植被恢复在喀斯特石漠化综合治理中发挥着举足轻重的作用，主要目的是保护地表脆弱的土壤（皮肤）和植被（毛发）。关于这方面的研究内容，主要包括以下四个方面：一是植物功能性状评价与适应性机制（习新强等，2011），二是物种选育、培育及其驯化（段如雁等，2017），三是针对不同功能的植物群落结构配置和调控，四是生态经济效应监测及其评价（付登高等，2013）。这四个方面的研究内容互为递进，功能性状和适应性是物种选择的前提，培育的目标是优化功能性状与提供适应能力，他们又都是植物群落构建的基础和出发点，而生态经济效益评价则相当于“绩效考核”，为植物群落结构优化配置提供反馈信息。因此，生态效益监测和评价在植被恢复中发挥着重要作用。

植被恢复后的生态效应监测与评价为学者们所关注（任伟等，2009；孙泉忠等，2013），这对于调整监测方法、指标、频次和手段具有显著意义。生态系统结构决定功能是其可持续经营的重要原理，基于这一理论，传统的生态效应监测都从结构和功能两个方面进行，主要是评价结构的好坏和功能的高低并建立二者的相关关系。结构上，主要是针对植物群落结构（徐杰等，2012）；功能上，主要有水土保持、固碳释氧、生物多样性、土壤保育等（李双成，2014）。但是，从生物学的大类来说，结构上包括动物、植物和微生物，因此研究对象应该得到拓展；功能上包括的类型较为完整，但是指标体系尚需深入探讨，其监测指标和范畴还需要进一步拓展和延伸。基于此，本研究对喀斯特地区植被恢复后生态效应的监测评价内容进行了扩充，有助于完整、全面地评价不同生态系统的服务功能，以期为群落结构优化配置和调整提供更为充分的数据基础和理论依据。

6.2.1 生物多样性监测方面

生物多样性是生物与环境的复合过程和效应，在维持生态系统动态稳定性方面发挥着重要作用（Eiswerth and Haney，2001），生物多样性丰富成为人们普遍接受的观点，围绕生物多样性的研究和监测取得了优异成绩。目前对植被恢复效应的研究主要集中在植物方面，尤其是以植物群落学调查为基本手段，开展植物群落结构及其物种多样性调查的报道较多（高艳等，2017），宏观尺度的森林生态学多依赖于这种手段，原因是植物属于静态，易于观察和测定，且试验误差小。其监测的实质是物种多样性（Day et al.，2014），有利于明确群落演替机理，推动植被恢复重建和生物多样性保护，给群落构建和景观重建提供了依据和参考。但是，仅仅研究物种多样性尤其是植物多样性，难以揭示生物与环境作用的生态学过程和作用机理，其结果更多地只能呈现出作用效应，对其具体过程尚不清楚，导致植物群落配置成为“暗箱操作”，单一的研究尺度也难以服务植物群落结构优化调整。

近十年来，虽然随着研究手段、技术的不断进步，微生物多样性方面的研究不断得到拓展，不过仍然显得薄弱，微生物在养分循环和能量流动及其生态系统稳定性与可持续性方面的作用被广泛认可（Zhang and Zhao et al.，2012），但是现有研究主要集中在分类上，主要依据细菌、真菌、放线菌进行划分（刘洋等，2012），而这种功能群并未体现功能的实质，导致结构与功能的关系未能够充分建立起来，这既与我们对微生物的认识水平有关，也与微生物种类和数量丰富的特征有关。尤其是土壤动物方面，虽然土壤动物作为生态系统中重要的载体，发挥着显著作用，但是由于其自身具有移动性和隐蔽性，准确监测较为困难，加之对动物的辨识不易，因此对动物方面的监测更是鲜见报道，相关方面的研究成为盲区，特别是基于喀斯特地区地上-地下二元结构的研究更是较为少见（徐承香等，2013），这些缺陷在一定程度上制约了对喀斯特地区生物多样性的认识和理解。

基于上述论述，笔者提炼了如下五个科学问题：①植被恢复后的生态效应。包括植物、动物和微生物效应，比较对象可以是不同恢复措施、演替阶段、抚育类型、微地形和区域等。②土壤动物对生态效应的影响机制。旨在揭示土壤动物的参与对土壤物理性质、化学性质、养分循环的影响机理。③植物-动物-微生物的协同作用机制。重点阐述三者群落结构之间是怎么协同变化的，比如植被参与后的小气候效应对微生物结构和功能的影响，微生物参与后对土壤矿化的影响等，亦即反馈机制。④生物参与的水热肥耦合效应。喀斯特地区水热资源丰富，但是资源的时空分配极不均匀，肥力的时间与空间异质性较大，分析三者的耦合效应对植被恢复的影响意义重大。⑤植被参与下的水分共享机制。揭示植物参与后水分的分配及其共享机制，探讨是否存在水分位。

6.2.2 水源涵养效应监测方面

水源涵养监测已经成为植被恢复生态效应监测的主要内容之一，包括不同恢复措施（贾忠奎等，2012）、不同植被类型（喻阳华等，2015）、不同演替阶段（沈会涛等，2013）、不同采伐强度（李婷婷等，2016）等，通过植被层、凋落物层和土壤层的水源涵养能力监测与评价，能够初步分析森林生态系统结构与功能的耦合关系，对于指导森林结构化经营、开展森林物种多样性配置提供了科学依据。但是，现有对水源涵养效应的监测对象和方法较为笼统，通常是测定径流量、截留量和持水量等，不能较好地体现植被与水文过程相互影响的关系，难以从源头上实现水资源的管理；尤其是多集中在群落尺度，未能揭示尺度转换效应，缩尺度与扩尺度的研究成果较少。

Falkenmark（1995）在评价半干旱地区水资源对农业生产过程的影响过程中提出了绿水和蓝水的概念，其中蓝水是指储存在江河、湖泊以及含水层中的水，绿水是直接来源于降水并用于蒸散的水，将绿水纳入水资源评价体系。之后蓝水、绿水的概念被广泛应用（许炯心，2015），SWAT 模型是最为人们接受的流域尺度分布式水文模型（Neitsch et al.，2002），为水资源的调配和管理提供了科学依据，为蓝水、绿水的时空分布特征及其与作物生长的内在关系分析提供了基础数据（甄婷婷等，2010），具有重要的理论和现实意义。国内学者对黑河（赵安周等，2016）、渭河（臧传富和刘俊国，2013）等流域蓝水绿水时空差异进行了分析，全面揭示了气候-水文-生态-人类的相互关系，有效地指导了内陆河流域水资源管理。但是，由于前期资料积累的限制和研究基础薄弱，未见到喀斯特地区河流蓝水、绿水差异性分析的公开报道，蓝水、绿水资源对生态系统的贡献也未明晰，这在很大程度上限制了缺水少土喀斯特地区的资源高效利用和合理分配，影响了喀斯特植被恢复的效率和生产力，一定程度上甚至加剧了生态退化，成为喀斯特石漠化综合治理过程中的重要难题。笔者认为，植被恢复后的水源涵养效应，应该划分为蓝水和绿水分量进行分别评价，实现水资源的可持续利用和环境保护。尤其在喀斯特地区，水肥热耦合是植被恢复成功与否的关键，虽然水资源丰富，但是年际、年内分配极度不均匀，对水资源的调配尤为重要，因此对蓝水、绿水资源的评价和管理成为重要内容。此外，蓝水、绿水研究的尺度问题也是需要考虑的，大尺度上的研究结果可能对生物多样性丰富的区域内植被恢复不适用，也就难以评价其生态效应，开展小尺度研究具有重要意义。

基于上述论述，笔者提炼了以下 4 个科学问题：①植被恢复后蓝水和绿水的空间分布格局。重点探讨喀斯特地区水资源的区域分布规律。②水资源的阈值及其分配策略。主要阐明水资源的总量和分量及其分异规律，掌握时空分布关系。③蓝水、绿水相互转化的规律和机制。重点论述植被恢复后蓝水与绿水的转化机制及其在时空上的权衡，实现资源高效配置。④蓝水、绿水水分生产力的发生机理和调控机制。旨在揭示蓝水及绿水对生产力的贡献和植物结构的调整方法、依据。通过对蓝水、绿水资源的估算和调配，能够提高水资源的供给潜力，实现水肥协同供应。

6.2.3　土壤元素监测方面

土壤元素的监测主要是评价植被恢复后的土壤保育功能及其养分循环规律。目前，土壤碳作为结构性元素和土壤氮、磷作为限制性元素的理论已被学者接受（项文化等，2006；平川等，2014），因此对土壤元素的监测与评价主要集中在有机质、氮、磷、钾等大量元素方面（范夫静等，2014），主要原因是人们对于土壤和植物营养的认识出现了误区，尤其在人工林和作物生产方面。由于土壤主要需要人为补给碳、氮、磷等大量元素以及铜、锌、钼、铝等微量元素，因此人们误以为只要补充给土壤碳、氮、磷相关大量元素，土壤就能够实现养分自循环和维持健康水平，因此将大量元素的补充作为关注的焦点；还有一种错误的观点是认为土壤的核心是有机重构，只要补充有机质就足够了，因此市场上产生了五花八门的有机肥，但是没有充分认识到土壤与植物营养的内在联系，传统的有机肥是以未受污染的畜禽粪便为主，富含大量微量元素，而现在市场上提及的微量元素主要是碳元素的含量，可以说打破了数万年以来形成的土壤养分自平衡状态，带来严重的土壤危机。“土壤需要有机质，植物需要矿质元素”，这句话较好地论述了土壤与植物营养的关系，因此对土壤元素的监测指标应该得到拓展，尤其是养分之间的动态平衡关系是评价的内容之一，因为离开了养分计量平衡，就难以实现土壤健康生产和良性循环，进而会影响食品质量。

现有研究过多地关注土壤污染退化（喻子恒等，2017），特别是对于工矿区周围土壤较为关注（陈祖拥等，2017）。喀斯特地区的土壤污染防治已经成为学者们广泛关心的课题，即使测定了一些金属元素指标，也是重点关注土壤是否受到污染，尤其是土壤重金属和农药残留等污染问题受到的关注最为广泛（周玲莉等，2010）。但是，将主要精力集中在土壤污染退化的同时，往往忽略了土壤养分退化，特别是养分之间的化学计量平衡关系主要集中在碳、氮、磷（Fan et al.，2015），极少的文献关注了钾（陶冶等，2016）、钙（Wang and Tim，2014）和硫（Edward et al.，2016）等，其他元素的平衡关系未见报道。其实土壤养分退化才是导致林分质量与作物品质下降的重要因素，例如经果林果实产生淡味就是微量元素缺乏引起的。因此，从土壤健康维护与生产力提升角度出发，土壤养分退化应该是未来关注的内容，在植被恢复后的生态效应评价方面应当引起重视。

基于上述论述，笔者凝练了以下 5 个值得关注的科学问题：①土壤有机质矿化的调控机制。土壤有机质矿化后，产生二氧化碳，导致有机质矿化成为必然趋势，最有效的手段就是补充有机肥，阐明有机质矿化的调控机制能够为提高土壤健康水平服务。②土壤矿物质的分布格局及其对作物品质形成的影响机制。植被恢复尤其是恢复经济植物的地区，阐明矿物质与植物品质（如水果甜味等）形成的耦合关系具有重要意义。③土壤养分退化机制、土壤污染退化机制及其与代传质量的关系。土壤退化不仅要关注污染退化，更要关注养分退化，而且这种退化是否会影响人体代传质量，都是需要深入研究的关键问题。④土壤养分计量平衡与调控机制。未来不仅要实现养分含量丰富，还要实现计量平衡，维持生态系统的内稳性。⑤土壤健康调控机制。虽然现在通常认为植物需要的营养元素不到 20 种，但是在人体内检出的元素近 60 种，另外 40 种左右的营养元素肯定是从植物或食物获取，而土壤又是植物生长的直接载体，因此土壤健康维持就成为重要课题。

6.3　基于水源涵养功能的植被恢复技术

水源涵养林体系是在水源保护区由天然林、次生天然林、人工林和灌丛植被组成的，由多树种、多林种合理配置的以发挥森林植被涵养水源为主要目的的功能完善、生物学稳定、生态经济高效的森林植被体系（余新晓和甘敬，2007）。森林水源涵养功能是森林生态系统的重要生态功能之一（刘畅等，2006；Xie et al.，2010），其发挥拦蓄和滞蓄降水能力的结构层次主要包括林冠层、凋落物层和土壤层（张鑫等，2015），并以土壤层和凋落物层为主要活动层，起到拦蓄降雨、调节地表径流、防止土壤侵蚀、提高森林调蓄水分能力的作用（丁访军等，2009）。诸多学者对森林水源涵养功能进行了系统研究（贺淑霞等，2011；王利等，2015；田宁宁等，2015），并取得丰富成果。这些成果对评价区域森林植被水源涵养能力和指导水源涵养林建设提供了有力支持，成为水源涵养林结构配置与调整的重要理论基础。鉴于森林生态系统具有强大的涵养水源功能（杞金华等，2012），在流域和森林生态系统退化严重的地区科学配置高效、合理的水源涵养林结构体系成为林业和环保工作中面临的一项重要课题（余新晓等，2010），也是制定林业生态工程经营和保护措施的重要依据（李莉等，2015）。根据林分结构决定功能的原理（袁正科等，1998），从优化水源涵养林层次结构的角度出发，以近自然经营技术为水源涵养林培育提供理论模式和技术支持已成为提高森林水源涵养能力的途径。科学评价森林植被水源涵养功能大小，划分不同植被类型水源涵养能力的等级水平，进而指导水源涵养林结构化经营成为一项迫切的工作。但是现有公开报道的文献对水源涵养功能监测较多，对空间结构关系及其配置、调控的研究则较少，对监测结果在水源涵养林经营方面的运用更少，今后应加强林分空间结构关系与水源涵养能力的研究，为水源涵养林建设和经营提供理论支撑。

6.3.1　理论指导

（1）结构决定功能原理

目前对水源涵养林建设与经营的公开研究报道不多，肖文娅等（2014）以太湖流域2种针阔混交林为对象，应用传统林分结构因子，配合林分结构参数进行比较，分析林下凋落物持水特性；孙浩等（2014）以宁夏六盘山香水河小流域内的4种典型林分结构为对象，在生长季节内观测各林分的结构特征、冠层及凋落物截持与林下蒸散量的变化。林分空间结构参数主要包括多样性指数、树种混交度、林分大小比数、角尺度、开敞度和成层性等（肖文娅等，2014；惠刚盈等，2010；赵阳，余新晓，宋思铭等，2011），通过探讨林分结构对水源涵养功能的影响，揭示影响森林水源涵养功能的林分结构因子，为林分结构调控和优化奠定了理论基础，是水源涵养林合理经营的依据。分析认为，水源涵养林的培育可以采用结构化森林经营的原理为指导，依据森林生态系统结构决定功能的原理，在充分研究结构参数的基础上，对林分水源涵养功能进行分等定级评价，并据此诊断出林分水源涵养结构缺陷，再依据树种水源涵养功能的大小有针对性地进行结构调整。该方法的手段是创建最佳的森林空间结构，目标是培育功能最优的水源涵养林。

（2）植被演替规律

植物群落演替既指植物在裸地上的形成和建立过程的原生演替，亦包括植被在受到内外干扰后的恢复或重建的次生演替过程（李庆康和马克平，2002）。群落演替是群落发展的过程和规律，林分正向演替过程有利于土壤元素的截留（马少杰等，2010）与积累，且有效养分趋向多样化（欧阳学军等，2003）。植被自然演替规律是充分利用现代生态学原理进行植被恢复的重要理论依据（曾馥平等，2007；宋同清等，2008）。采用时空互代原理，结合数量分类和排序的数学分析方法确定植物群落演替序列（范玮熠等，2006），能客观地表达植物群落的生态规律，明确指向自然恢复的演替顶极。充分遵循植被自然演替规律，可以清晰地了解群落结构的发展过程（张继义等，2004），合理评价种群在群落中的地位和作用大小及其对资源环境的利用能力和效率，有助于提出科学合理的群落结构调整措施和依靠群落自身的发展方向与调整功能改善林分配置，使种间关系和群落结构逐渐稳定，促进森林植被健康状况趋于良好。因此，在进行水源涵养林建设时，应充分遵循植被自然演替规律，明确植被发展演替过程，在不同演替阶段有针对性地采取配置和调整措施，科学诊断不同演替阶段的结构缺陷，保持合理有效的时空结构，维持最佳的水源涵养功能。

6.3.2 拓展评价范畴

（1）结合失水功能

在研究土壤层、凋落物层的水文生态效应时，未对失水能力进行研究，这不利于科学评价森林植被的水源涵养功能。结合持水和失水特征研究森林水源涵养效应，能够定量和定性分析与评价森林植被的水文生态功能。失水能力研究的方法是在持水过程结束后，取出样品置于室内待其水分自然滴除，并在不同时段分别测定失水质量，评价其对水分调蓄和释放的潜力与能力。通常，持水能力的研究是吸水能力大小的反应，而持水能力与失水能力相结合的研究可以更好地表征贮蓄水分的能力。吸持水分效应包括持水能力和失水能力两个方面，其中持水能力主要受持水空间大小的影响，反映其潜在的蓄水能力（时忠杰等，2010）；失水能力主要受保水能力和水分释放空间大小的影响，反映其潜在调控能力。土壤层、凋落物层的持水动态和失水动态能够阐明其径流动态特征，研究结果显示它们的持水速率均远大于失水速率（喻阳华等，2015），表明其具有保水、持水功能，这是其调蓄水分的关键步骤和前提条件，也是延缓径流历时的重要机理（刘建立等，2009）。失水速率低又说明这些水文功能层次对区域小气候特别是森林水文具有长期、持续的调节效应，有助于实现凋落物、土壤、冠层三大系统的水文动态稳定。土壤层和凋落物层均对径流有较好的滞留作用，结合失水特征对水源涵养林结构进行配置，可以更准确地评价林分调蓄水分效应的潜力和能力，提高水源涵养林减缓地表径流、涵养水源和调控水分动态平衡的能力。

（2）兼顾贮存水量和改善水质

水源涵养林的重要生态效应之一就是改善水质，目前对水源涵养林生态效应的研究集中于水量储存方面，对水质净化方面的研究明显偏少（余新晓和甘敬，2007；赵雨森等，2008；陈艳等，2015），森林降雨重新分配作用对森林养分循环影响的研究也较少。同时研究水源涵养林对水量和水质的影响，能够为水源涵养林建设过程中选择适宜树种提供基础数据，扩大生态功能评价的范畴。但是，森林对水质的影响作用暂时尚无统一的规律性结论，研究集中在短期内降雨通过森林生态系统的变化，缺乏长期连续定位监测，难以系统、全面地揭示水质变化规律（陈艳等，2015）。从研究目标来看，水质分析的对象包括林外降雨、林内降雨、树干茎流、凋落物和土壤水，从时间尺度和空间特征共同研究水源涵养林对水质的影响是未来需要关注的方向之一，对于了解森林净化水质效应以及对养分循环的影响机制具有重要意义。

6.3.3　多尺度水平的研究

（1）以树种水平开展研究

传统研究多从群落尺度展开，从物种为单位开展水源涵养林结构配置研究的报道甚少。以物种为水平开展森林水源涵养功能评价和水源涵养林培育与经营是一种科学手段。原因有：①水源涵养林要求具有较好的自我调节能力和生态系统稳定性，这就需要一套科学合理的评价体系，因而从物种水平出发对上一级的生态规律进行解译是一种合理可行的方法。目前，基于水源涵养模式构建的研究多以群落为单位，以物种水平为单位的研究甚少，而以群落的下一级水平（物种）为单位研究水源涵养林模式的构建，更能够帮助揭示水源涵养林的培育机制和水源涵养机理。②森林水源涵养功能中人为最可控的部分是调整树种树冠层组成和结构，在提高树冠层持水能力的同时可以使凋落物层和土壤层的持水能力得到改善，而这一目标的实现首先取决于树种的类型与组配，因而以物种为单位开展水源涵养林结构与功能研究是水源涵养林结构配置和功能监测的重要内容和方法。③水源涵养林建设中，需要调整种间关系、物种多样性和组成，这就要求对现有自然模式进行优化，其中涉及树种替代和剔除等内容，通过物种水平的研究能够顺利实现这一目标。

（2）划分植物功能群

森林生态系统具有高度的物种多样性、结构复杂性和抗逆脆弱性（喻理飞等，2002），这给生境质量、景观格局配置、物种组成、群落结构、碳循环维持、物种多样性保护、生物生产以及气候调节等方面的研究带来了诸多挑战（喻理飞等，2000）。当群落的物种组成数量庞大时，将功能相似的物种聚类，可以使群落组成、结构和动态的研究更加便捷，而且利于揭示生物多样性与生态系统功能的深层次机理（臧润国等，2010），能够更好地指导森林经营活动，更有助于降低群落复杂性，更好地揭示森林群落的格局和过程，跟踪环境异质性对植物群落组配变化的响应，分析系统随时间和空间的变化过程和规律。功能群的实质是把大数据样本以一定标准和原则进行类似或相似功能的集群，之后以这些集群为单位，研究系统组成、结构、功能、变化、调控等的简化方法，且相同集群对相似的资源环境和干扰有相似的响应（胡楠等，2009），并能稳定地遗传下去。同一植物功能群是利用相同的环境资源或对环境条件变化表现出相似反应、对主要生态过程有相似效应的一系列植物的集合（Smith et al.，1997），可以看作生理、生态、生活史相似（Noble and Gitay，1996）的一系列组合（Daz and Cabido，2001），它是研究生态系统的重要手段、工具和方法。植物功能群将具有确定功能特征的植物组合在一起，使复杂的生态系统研究得以简单化和系统化（姚雪芹等，2015），寻求单个物种对外界干扰作出的反应不及将植物功能群内的物种作为相对统一的整体进行研究得出的规律性结论可靠（白永飞和陈佐忠，2000），以功能群为单位进行研究是在群落、景观和生态系统尺度上解决重要生态学问题的有效途径，为研究生态系统的功能和维持机制注入了活力和潜力（吴华等，2014）。

（3）实现不同尺度水平的转换

由于地形地貌、土壤类型、立地条件、森林类型与不同层次前期储水特征等的空间异质性和降水、蒸发散、径流等水文通量的时空异质性，导致小尺度的研究结论难以上推到更大的尺度（王晓学等，2013），因此不同尺度水平的转换成为研究森林水源涵养等生态系统服务功能的重点，探讨尺度外推的有效办法被广大学者所关注，也是该领域研究的热点和难点。下一步在研究水源涵养林结构配置时，建议以“3S”手段和数学模型作为尺度转换工具，推动水源涵养林结构配置的研究从物种水平上推至群落、景观尺度。可以借助遥感影像和地理信息系统等工具与手段，对所研究的森林类型进行分类，筛选出森林类型后以具体样地为单元进行水源涵养功能研究并取得一系列实测数据，再用 GIS 去模拟不同配置下的水源涵养功能，模拟结果的好坏通过计算机显示，以实际水源涵养功能进行对比参照，依据反馈结果得出的结构进行优化配置。

6.3.4 配置技术

（1）物种选择与组配

物种是水源涵养林的最重要组成部分，它是构成森林空间结构的基本要素。近年来，森林水源涵养功能越来越受到重视，水源涵养林的空间结构特征与其水源涵养能力具有相关性，这为水源涵养林结构调整和森林水文循环机制的研究提供了基础数据（蒋桂娟等，2012；肖文娅等，2014）。配置水源涵养林时，物种选择是一个关键环节，物种组成不同，其涵养水源的功能存在较大差异。依据生态系统结构决定功能的原理（袁正科等，1998）和结构化森林经营理论（惠刚盈等，2010），森林涵养水源功能的稳定发挥取决于森林的结构，合理的结构有助于涵养水源功能的充分发挥（惠刚盈等，2007），复层、异龄、混交林结构是林分尺度上的理想结构（沈国舫，2001），研究也表明复层、异龄、混交的水源涵养林天然林结构优于同龄、单层、纯林的人工林结构（王威等，2011），林分复杂、树种多样、林下植被丰富的近自然混交林涵养水源能力优于单一纯林（蔡婷等，2015）。此外，物种在林内的空间位置也与林分空间结构密切相关。运用传统林分结构因子配合混交度、大小比数等参数是分析水源涵养林林分空间特征的重要方法（赵阳，余新晓，宋思铭等，2011；赵阳，余新晓，黄枝英等，2011）。因此，树种选择及其组配是水源涵养林建设的最基础工作。

（2）森林覆盖率的确定

适宜的森林覆盖率是水源涵养林结构配置的前提。在特定区域内确定水源涵养林的覆盖率时，应重点考虑调控森林自身属性，亦即森林面积数量、森林内涵质量与空间分布格局，使水源涵养林的自身属性与环境因子达到最佳耦合状态（余新晓和甘敬，2007），以充分发挥水源涵养林的效益。目前森林覆盖率的研究有最佳森林覆盖率和合理森林覆盖率2个较常用的概念，前者从供需关系出发进行定义，后者从自然经济和社会条件允许的范围进行定义（麻泽龙等，2003；朱志芳等；2011）。不同的研究目标，其森林覆盖率不同，关于森林覆盖率的计算方法有以区域历年一日最大降雨量（张健等，1996；余新晓等，2010）、降水量与土壤饱和蓄水量之间的水量平衡原理（吴秉礼等，2003）、涵养水源功能（朱志芳等，2011）等为基础，均要求分布均匀、结构合理，通常森林覆盖率在30%以上。培育水源涵养林时，应将森林覆盖率作为重要指标，它是确定植被分布面积和水平布局的关键因子，其与涵养水源的关系对水源涵养林体系建设具有重要意义。通过在区域水平上确定植被的数量和分布，能够科学地指导水源涵养林建设和经营。

（3）林分密度的确定

林分密度对林木生长、生物量、蓄积量、土壤性质和生态功能等均产生重要影响，因而林分密度的确定是水源涵养林培育和经营的核心之一，适宜的密度是林分形成合理结构及发挥高效功能的基础（张光灿等，2007）。有学者曾指出“林分密度是评定某一立地生产力的，仅次于立地质量的第二因子”，说明林分密度确定在森林培育中具有重要作用。若林分密度过大，一方面林内光照严重不足，林下将因无草本及灌木出现而成为光板地，造成森林土壤质量下降，林分郁闭度低；另一方面，密度过大则林木竞争过于激烈，限制了树种对资源的有效获取，将导致“小老树”的形成，不利于经济效益的发挥，在造成土地资源浪费的同时也会导致林木树干弯曲，降低林木出材率和材质，也不利于水源涵养功能的发挥（张建军等，2007）。只有在合理密度的前提下才能使林分充分发挥生态和经济效益（王百田等，2005）。关于密度效应研究的文献较多（Zhang and Xin et al.，2012；Lei et al.，2012），但尚存在争议。例如，有人认为密度调控指数为–3/2，即所谓的–3/2 自疏法则（Yoda et al.，1963）；有人认为该值为–4/3，即所谓的–4/3 自疏法则（Enquist et al.，1998）。未来在水源涵养林结构配置研究中，根据研究目标和技术水平合理确定林分密度是充分发挥林分涵养水源功能的重要保障。此外，在森林植被生长演替过程中，根据涵养水源功能的动态变化对林分密度进行以砍伐或补植为主的密度抚育调控也是提高涵养水源能力的途径。

6.4 基于固碳释氧的植被恢复技术

大气 CO_2 浓度已由 1980 年的 338 ppm[①]上升至 2014 年的 399 ppm（Le et al.，2014），2013 年的 CO_2 排放速率（以 C 计）达到 10.7 Pg/a（Farrelly et al.，2013），大气 CO_2 浓度升高导致全球气候呈现变暖趋势，使极端天气增加、海平面上升、植物发生缺素症等现象相继发生。政府间气候变化专门委员会指出确保 2030 年全球变暖幅度低于 2 ℃（Ipcc，2013），因此控制 CO_2 浓度的上升成为全球的重要战略部署和政府行为与行动。控制大气 CO_2 浓度升高的主要措施包括减少碳排放和增加吸收汇，而森林作为地球关键带的重要圈层，在固碳增汇效应方面发挥着举足轻重的作用（顾文等，2014），它在减缓全球 CO_2 浓度升高过程中所起的作用已经得到认同。

森林碳库在陆地生态系统总碳库中占有较高的比重（刘魏魏等，2015），具有控制全球 CO_2 浓度上升的巨大潜力，其固碳功能对全球及区域气候变化具有重要影响，尤其是先锋种由于生长周期较短，在森林固碳过程中扮演着重要角色（马俊等，2014）。提高森林固碳增汇能力依赖于林业生态工程的实施和林分结构的改善（高阳等，2014），如农林复合系统具有较高的固碳潜力（平晓燕等，2013）。因此，本研究在搜集已发表文献的基础上，对森林固碳增汇效应及机理进行了阐述，以期明确影响森林固碳增汇效应的因素，进而对碳汇林结构进行科学配置和合理调整，提高森林植被的固碳潜力和能力，从源头上缓解大气 CO_2 浓度升高和全球气候变暖的趋势。

6.4.1 森林固碳增汇效应与碳汇林

固碳（carbon sequestration），也称碳封存，是指以捕获碳并安全封存的方式来取代直接向大气排放 CO_2 的过程；释氧（oxygen release）是指物质经过复杂的化学反应释放出 O_2 的过程（管东生等，1998）。提高森林的固碳能力是遏制全球 CO_2 浓度升高和气候

① $1ppm = 1\times10^{-6}$。

变暖的重要途径（张艳丽等，2013），喀斯特石漠化地区因其特殊的气候和地质条件造成环境容量小、抗干扰能力弱、稳定性低和自我调整能力差（陈红松等，2013），加之森林被大面积毁坏，因而恢复区域森林以提高其固碳能力成为一项长期而艰巨的工作任务，也是加快生态文明社会建设和实现生态环境可持续发展的必然需求。森林、水体、岩石等都具有固碳功能，其中森林碳汇是指森林在生长过程中，通过光合作用将碳转化为有机质的形式被储存在森林的树干、树枝、树叶和根系中，达到对大气 CO_2 吸收和固定的作用，从而缓解温室效应。当吸收的 CO_2 量大于排放的 CO_2 量时，所形成的差额称为碳沉降，森林的碳沉降功能使它具有固定 CO_2 的作用，故称森林为储存 CO_2 的库，即森林碳库（李建华，2008），它对固定 CO_2 具有重要贡献。

林业在减排增汇中的重要作用为气候变化下的林业议题谈判提供了科学基础，林业相关谈判仍然是未来气候变化谈判的组成部分，应对气候变化有助于促进全社会更加关注林业、改革现行管理制度、给碳汇林业发展带来新机遇（吕植等，2014）。碳汇项目造林主要有三种类型：一是清洁发展机制碳汇造林再造林项目；二是中国绿色碳基金支持开展的碳汇造林项目；三是其他碳汇造林项目如各地与外国政府、国内外企业、组织、团体等开展的积累碳汇为目的的造林、森林经营以及相关碳汇计量与监测、碳汇交易等活动（龙江英和吴乔明，2011）。广义角度来看，任何以降低大气中 CO_2 浓度、减缓气候变化为主要目的的林业活动都属于碳汇林业的范畴（王祝雄，2009），狭义的碳汇林概念如“碳汇造林”“碳汇林项目”和“碳汇项目”等，这些术语在理论界和实务界常常被不加区分地予以应用（郭淑芬，2013）。对碳交易市场和碳汇林的培育成为全球应对气候变化的重要手段和措施之一，也是环境管理者和科研工作者面临的难点问题，现有研究多集中在森林植被的生物量和固碳增汇效应方面（方精云等，1996；刘淑娟等，2016），对碳汇林构建过程的研究报道较为鲜见，因此加强碳汇林培育和经营等方面的研究成为一项在改善生态环境、保护气候和帮助扶贫等方面具有特殊战略意义的课题，并具有广阔的发展前景。

6.4.2 影响森林固碳能力的因素

森林生态系统具有较高的生物量、净生产力和固碳量这一观点已被人们广泛接受。基于此，森林发挥着较高的固碳释氧和降温增湿功能，不同树种的功能强弱不一样，树种特征的这一差异又表明优化碳汇林配置模式以使其更好地发挥生态功能是一项重要而紧迫的工作，实现这一目标的首要任务就是明确影响森林固碳增汇能力的因素。森林生态系统的碳一般分为 4 个库，即林分生物质碳库、粗木质残体碳库、林下枯落物层碳库和土壤碳库（Niu and Duiker，2006）。近几年来，土壤有机碳库和林木生物质碳库固碳机制（李玮等，2015；王艳芳等，2016）的研究已成为碳积累和碳循环中主要而活跃的领域，但从垂直结构来研究森林固碳能力的公开报道较为鲜见，从植株来看包括树冠层、凋落物层和土壤层三大组成部分；从森林植被垂直结构来看包含乔木层、灌木层、草本层、凋落物层和土壤层。从林分的水平结构和垂直结构来研究固碳机制，可为碳汇林的结构化经营技术提供理论依据（惠刚盈等，2010）。

（1）林冠层

林冠是森林与外界环境相互作用最直接和最活跃的界面层（田风霞等，2012），对森林生态系统生物量积累、水分利用和养分循环等方面产生显著影响。林冠层也是生物质能积累的主要部分，是森林碳库的重要结构层次。林冠层为凋落物层输送了源源不断的物质来源，对凋落物的组成和数量产生较大影响，因此研究林冠层在森林植被固碳增汇效应中的贡献具有重要意义。通常对树冠的研究包括冠型（陈有民，2010）、枝夹角、叶夹角（吴华等，2014）和叶面积指数（张艳丽等，2013）等方面，从这些角度对森林固碳机制和潜力进行研究，对碳汇林结构配置与调整具有重要参考价值。

（2）凋落物层

凋落物层是森林碳汇功能的重要组成部分（胡海清等，2015），凋落物的组成和数量主要受到冠层的影响，因而不同的冠层组成和林龄，对凋落物层的固碳增汇效应影响较大；此外，凋落物层的分解程度也会制约固碳能力。而在森林结构优化配置的过程中，人为可以调控的部分主要是冠层组成和密度，亦说明调整林分冠层组成对森林生态系统固碳增汇效应具有重要影响，也是林分结构调整的关键技术。因此，凋落物层对森林生态系统碳汇功能的贡献具有较大的波动性，研究凋落物层的固碳增汇效应时，应当指明特定的时间和空间范畴，否则缺乏可比性和可行性，也不能为碳汇林结构配置和调整提供技术支持。

（3）土壤层

土壤层碳库的研究已经成为活跃的领域（Russell et al.，2005；宋超等，2015），许多研究认为土壤碳储量是生物量碳储量的数倍（Schlesinger，1990；魏书精，2013），因此土壤碳库是森林生态系统碳储量的主要组成部分。但是，植被参与对土壤碳储量增量的影响是一个复杂的过程，为了提高有机碳变化的预测精度，需要各地区开展较长时间尺度上的土壤有机碳变化的数量积累（王艳芳等，2016）。土壤的形成和性质的变化也同样受到冠层组成及结构，凋落物组成、数量及分解程度，根系类型、数量及腐烂分解程度等诸多因素综合影响，这亦证明了碳汇林结构配置的重点是树种选择和冠层调控。

由如上论述可知，影响森林植被固碳增汇效应发挥的主要因素是树种组成、结构配置和林分密度，它们对树冠层、凋落物层和土壤层的固碳增汇等生态功能产生明显影响。因此，开展碳汇林结构配置时，要以树种为单元，分别研究树冠层、凋落物层和土壤层3个层次的固碳能力，计算出树种的固碳增汇潜力和能力，据此解译群落的固碳机制和原理，便于有针对性地对群落结构进行改造与调控，以提高固碳增汇效应。

6.4.3 森林固碳释氧量计算

绿色植物是生态系统的初级生产者和有机物的制造者，该功能通过光合作用得以实现，这就是固碳释氧的起点。固碳释氧作为一种重要的生态功能，在固定并减少大气 CO_2 的同时提供并增加 O_2 浓度，维持大气中 CO_2 和 O_2 的平衡，在生态系统物质循环和能量流动中发挥着重要的调节作用（万昊和刘卫国，2014），因此森林植被固碳释氧的计量得到了普遍关注。目前关于森林植被碳储量的计算主要包括两种途径，一是基于生物量和含碳率来计算（饶日光等，2013；万昊和刘卫国，2014；宋超等，2015），二是基于光合特征和叶面积指数来计算（张艳丽等，2013；张娜等，2015）。不同计算途径具有各自的优缺点，第一种途径将长期动态变化过程汇聚到一个精确的结果上，但难以表征随时间的动态变化过程；第二种途径容易受到测定时限和环境条件等因素的影响，其得到的固碳结果也包含了经验公式推导的成分。从碳汇林建设与经营的角度出发，以森林生态系统结构决定功能的原理为指导，建议按照垂直结构层次来研究固碳能力，能够为碳汇林经营提供理论参考依据，这些层次包括树冠（干）层、凋落物层和土壤层。这种测算方法利于找出限制森林植被碳汇功能发挥的限制因子和关键结构，构建了森林生态系统固碳结构与功能之间的关系，在充分了解森林植被状态特征的基础上，按照结构化森林经营的原则和方法安排各项经营措施，培育健康稳定的森林，使碳汇林的树种组成更加合理，个体和整体的健康水平、固碳功能明显提高。

6.4.4 碳汇林建设与经营

森林是陆地生态系统的主体，森林固碳量占陆地固碳量的 70%～80%（Houghton，2007；潘鹏等，2014），这表明森林植被在陆地生态系统固碳增汇过程中发挥着极其重要的作用，因此开展碳汇林建设与培育成为林业工作者的重要课题，也是环境保护工作者面临的紧急任务。尤其以贵州高原为中心的喀斯特地区是世界上面积最大、最集中连片的喀斯特生态脆弱区（熊康宁等，2011），开展碳汇林建设既是提高该区森林植被固碳增汇效应的重要途径，也是石漠化生态恢复与综合治理的迫切需求。

（1）理论研究

①发展碳汇林是减缓全球气候变暖趋势的必然要求。碳汇林在减少 CO_2 气体排放，维持大气中 O_2 和 CO_2 浓度平衡，遏制全球气候变暖趋势中发挥着重要作用，发展碳汇林是林业和环境保护工作者在新的发展环境下共同面临的迫切任务。目前对碳汇林的研究多集中在固碳释氧功能监测方面，对其结构配置和林分经营等方面的系统研究较少，今后应加强树种选择和植被结构配置方面的研究。

②影响森林固碳释氧能力的因素。从森林的垂直结构来看，影响森林固碳释氧能力的层次主要有冠层、凋落物层和土壤层，其中冠层主要受其冠型、枝夹角、叶夹角和叶

面积指数等因素影响，凋落物层主要受其种类、数量和分解速率等因素影响，土壤层主要受其根系类型、数量、腐烂分解速率等因素影响。这一切取决于树种选择和组配，未来从森林结构与功能的关系系统地剖析结构特征和监测固碳释氧量，能够诊断林分固碳释氧功能低下的结构缺陷，有针对性地开展碳汇林结构配置和调整。

③拓展固碳释氧的计算方法。目前对碳汇林固碳释氧效应的研究多集中在含碳率与生物量计算、光合作用与三维绿量测算等方面，这些方法或强调静态结果，或受到环境条件影响较大，或依赖于经验系数和理论参数，对碳汇林结构配置和调整的理论支撑程度不够。未来建议从垂直结构层次开展固碳增汇效应的计量与研究，评价各结构层次的固碳增汇效应。此外，掌握森林植被固碳释氧的动态变化特征和规律，也能够有效指导碳汇林建设工作，为林分结构配置提供有力的科技支撑。

（2）以结构决定功能的原理为指导

目前对碳汇林建设与经营的公开研究报道不多，司婧（2012）从乔木层、林下植被、凋落物、土壤层碳储量方面研究，提出了农林复合固碳增汇、地下滴灌固碳增汇、伐根嫁接固碳增汇和常规固碳增汇四种技术；潘鹏（2014）基于马尾松不同生长阶段生物量的调查与含碳率的测定，探讨其不同龄组的单株木、乔木层、林下植被层和凋落物层的生物量及碳密度的变化规律；于海春（2014）从植被层、枯落物层和土壤层研究了不同造林树种、不同配置技术模式和不同抚育强度固碳增汇技术。分析认为，碳汇林的培育可以采用结构化森林经营的原理为指导，依据森林生态系统结构决定功能的原理，在充分研究结构特征的基础上，对林分的固碳增汇功能进行分等定级评价，并据此诊断出结构缺陷，再依据树种固碳功能的大小有针对性地进行结构调整。该方法的手段是创建最佳的森林空间结构，目标是培育功能最佳的碳汇林。

6.5 喀斯特高原山地区抗冻耐旱型植被退化现状及恢复对策

西南石漠化与西北沙漠化、黄土高原水土流失并列为我国三大生态灾害（熊康宁等，2012）。以贵州高原为中心的中国南方喀斯特地区是全球面积最大、最集中连片分布的喀斯特生态脆弱区（熊康宁等，2011），喀斯特发育最为典型与复杂，景观类型丰富多样（胡莉，2015）。其中，喀斯特高原山地区是我国南方喀斯特的典型地貌类型之一，海拔在 1 400～2 100 m，具有冬春季节温凉干燥、夏秋季节湿润湿热的高寒干旱气候特征（池永宽，2015），这一典型的生态环境条件要求植被具有抗冻耐旱功能（何跃军和钟章成，2010）；加之石漠化区土层浅薄、人为对植被干扰较大，这必然对植物产生逆境胁迫，形成结构缺失、功能低效的次生林。植被退化是在人为或自然干扰下形成偏离干扰前或参照系统的状态。与干扰前或参照系统相比，在结构上表现为物种组成和结构变化；在功能上表现为生物生产力降低，森林活力、组织力和恢复力下降，生物间相互关系改变以及生态学过程发生紊乱等（刘世荣，2011）。植被恢复是指运用生态学原理，通过保护现有植被、封山育林或营造人工林、灌、草植被，修复或重建被毁坏或破坏的森林和其他自然生态系统，恢复其生物多样性及其生态系统的功能（高吉喜，2014）。本研究拟综述我国喀斯特高原山地区抗冻耐旱型植被的退化特征并提出恢复对策，并提出下一步的研究展望，以期为抗冻耐旱型植被恢复提供科学参考。

6.5.1　抗冻耐旱型植被退化特征

喀斯特高原山地区植被退化的主要驱动因素是人为过度干扰，实质为植被逆向演替，表现为植物群落组成及结构趋于简单、生物量和植被盖度降低、生态系统功能脆弱化。具体退化特征主要包括以下 3 个方面。

（1）人为干扰严重，次生林较多

历史上该区森林植被受到的主要干扰有开荒、取材、放牧和伐薪等，诱发了严重的植被退化和水土流失，导致森林生态与经济功能降低，尤其是森林水源涵养功能丧失，带来区域性干旱和缺水。近 10 年来，由于国家退耕还林还草、生态保护政策的实施以及外出务工、移民搬迁等外迁人口的不断增加，虽然森林植被得到较大程度的自然恢复，但多以次生林为主。此外，由于树种选择缺乏与立地条件的耦合研究，形成部分“小老头树”与低效林。在苗木培育上，缺乏系统的技术研发，经过数十年生物学实践检验其效果通常不理想。

（2）林分结构缺失与缺陷较为严重

在林分自然恢复过程中，由于缺少必要的人工调控和经营技术措施，且在自然恢复过程中仍然受到一定程度的人为干扰，导致林分结构缺失与缺陷现象突出，荒草地、灌草、灌丛和灌木群落的比重较大，乔灌群落与乔林群落比例较低且灌木层结构缺陷。加之放牧、伐薪等活动依然存在，乔木林下灌草层受到强烈干扰，土壤理化性质发生改变，导致林分结构缺失与缺陷现象更加显著。

（3）林分竞争激烈，优势树种作用不明显

由于缺乏合理的人工调控，导致林分树种间的竞争过于激烈，优势树种的作用未能充分发挥。因此，难以开展退化植被定向恢复，也难以通过演替驱动种甄别和功能群替代实现退化林分的功能恢复，群落结构配置与调整的目标不清晰。

6.5.2　抗冻耐旱型植被恢复对策

结合当地的人地关系和生存压力，定位植被恢复方向为生态经济型，并实行划分功能区保护。为了减缓树种间竞争压力，发挥优势树种的功能，应调整树种组成及密度。由于林分结构缺陷与缺失现象明显，优化群落水平与垂直结构尤为必要。从能源消费情况来看，改变农村能源结构、建立低碳社区是发展趋势之一。

（1）培育生态经济型植被

高原山地区人口密度较大，对森林的依赖程度高；干旱缺水现象严重，尤其是冬季更为突出，需要更大限度地发挥森林植被的水源涵养功能。因此，建议将喀斯特高原山地区抗冻耐旱型植被恢复的目标定位为生态经济型，在涵养水源、保持水土的基础上还具有一定的经济产出，降低当地老百姓对森林的过度依赖。从树种选择来看，核桃（*Juglans regia*）、李（*Prunus nalicina*）、梨（*Pyrus* spp.）、杨梅（*Myricaceae rubra*）、刺梨（*Rosa roxbunghii*）、云南松（*Pinus massoniana*）、银白杨（*Populus alba*）、漆树（*Toxicodendron vernicifluum*）等经果林和用材林是适合当地立地条件和水热资源组配格局的造林树种，开展这些树种的种苗培育与扩繁、森林结构化经营是植被恢复的关键技术。

（2）调整树种组成及密度

实现森林生态系统结构和功能的关键是植物群落的物种组成及密度大小，也是林分结构调整的关键技术手段。其生态学基础是开展人工种群重构，需要进行立地质量评价、适宜物种筛选、种苗培育与扩繁、群落结构配置等工作。在调整树种组成上，在白栎群落（*ASS. Quercus fabri*）中可以补植云南松，形成云南松-白栎群落（*ASS. Pinus massoniana-Quercus fabri*）；在马桑-火棘（*ASS. Coriaria nepalensis-Pyracantha fortuneana*）灌丛中可以补植银白杨，形成以银白杨为优势树种的乔灌群落。在密度调控上，应降低云南松-白栎群落灌木层密度，减少林下竞争；灌丛群落应降低密度并引入优势种，构建恢复方向明确的植物群落。

（3）对结构缺失与缺陷的林分进行调控

依据森林生态系统结构决定功能的原理，以一种或几种生态经济功能为目标，比如水源涵养、水土保持和经济收益等，以结构化森林经营和可持续经营理论为指导，对结构缺陷或缺失的林分进行结构优化调控，引导人工林在结构和功能方面朝“近自然林”方向发展，形成复层、异龄、混交的林分结构。按照森林生态系统的规律进行森林经营，提高人工林生态系统的稳定性和经营可持续性。建议构建近自然度评价指标体系，划分林分近自然度等级，再通过前述补植与疏伐技术形成混交林，提高植被的恢复力、恢复速度及抗干扰能力。

（4）合理划定生态功能区并实行分区保护

由于喀斯特高原山地区人口密度大，畜牧产品是主要经济来源之一，从既保护生态环境又维护当地人民的生产、生活条件出发，在森林植被保护与恢复时，不能搞“一刀切”，可以划定封山育林区、放牧区和伐薪区等不同生态功能区，对森林植被实行分区保护和逐步保护。在生态功能区划分标准上，离居民区较远、坡度较大、交通不便的地方可以划定为封山育林区，靠近居民区、坡度平缓、灌草层生物量高的林分可划分为放牧区，林分密度较大、树种间竞争激烈、靠近房前屋后的地区可划分为伐薪区。通过分区保护，既可以维护当地群众的正常生产与生活，又实现对森林植被的逐步恢复与合理利用，协调和处理好森林植被保护与开发的矛盾。

（5）改变农村能源结构

目前，农村能源结构已从传统依赖薪柴向煤、电转换，部分居民生活和公共道路用上了太阳能。但是，薪柴仍在一定程度上被使用，能源结构单一的问题依然存在，森林碳汇功能未得到充分体现。建议改变农村能源结构单一、薪柴采伐量大的现状，加速农村能源结构优化、农村能源开发等工作，减少对薪柴的依赖，实现农村能源结构能效与低碳经济系统耦合，构建农村低碳社区。

6.5.3 研究展望

由前述可知，抗冻耐旱型植被恢复研究的基础是适应性水平，核心是树种选择与群落配置，关键是水肥管理与协同供应。未来在恢复退化植被时，可围绕这些方面开展技术研究和试验示范，为生产活动奠定理论基础。

（1）开展植被适应性修复研究

近年来对植物抗逆性与适应性的研究逐渐增多（Gray and Hetherington，2004；江浩等，2011），但是对喀斯特石漠化生境的植被抗逆性研究较少（罗绪强等，2012），而且多集中在物种水平上（何冬梅等，2008；王亚婷和范连连，2011），主要考察单一物种对退化生境或者脆弱生境的适应性大小及其适应策略与机制，开展植被适应性修复的研究报道较为鲜见。植物对喀斯特高原山地区高寒干旱特征的适应是其存活的关键与前提，从叶片生理（李芳兰等，2006；苗芳等，2012）、根系构型（杨小林等，2008；郭京衡等，2014）等特征出发，结合解剖结构、拓扑结构等手段探讨和比较喀斯特高原山地区高寒干旱条件下植被的适应策略和机制，可为抗旱耐冻型植被物种选择和建设维护提供理论和实践参考。同时，开展植物生态适应性（Huang et al.，2014；Mao et al.，2014）研究可为解除阻碍植被建植与定居的生态环境因子提供重要基础数据，是物种选择和群落结构配置的前提条件，是森林健康维护技术的核心组成部分，因此开展植物适应性修复研究具有重要的理论和实践意义。

（2）修复树种选择和配置技术研究

退化森林生态系统是指因受到自然或人为的干扰力而逐渐偏离自然状态的系统，对其进行恢复是在生态学、群落学和植物演替理论等支撑下的人工促进自然恢复过程（Ma et al.，2013）。因此，恢复树种选择和结构优化配置是恢复生态学中重要的理论和技术体系（葛龙允，2014；Jichul et al.，2015），是揭示群落尺度生态学过程、特征及其作用机制的重要途径和手段。目前对植被恢复的研究主要集中在两个方面：一是依据空间关系对群落组成结构进行调控（惠刚盈等，2010；赵阳，余新晓，宋思铭等，2011），主要理论依据是森林结构化经营指标和林分空间结构关系（肖文娅等，2014）。按照近自然林业经营的思想，以原生植被或者近天然植被为依据进行林分结构调整，但是结合林分结构与功能关系的研究较少（Crockford and Richardson，2000；Bruijnzeel，2004），未以林分结构决定功能的重要原理（袁正科等，1998；余新晓等，2011）为指导。今后对结构与功能耦合关系的研究应该予以加强。二是目前对森林结构配置的研究多集中在物种水平，结果则仅仅反映在群落水平，这样大量的基础工作却较少用于更高组织水平的结构配置和林分结构优化调控，主要原因是物种尺度的研究未通过数学模型或其他工具上推至群落及以上水平，导致这些研究数据未能够对植被修复提供理论指导和基础支撑，开展不同组织水平尺度的森林结构配置应是未来关注的重点。

（3）水肥管理与土壤培肥改良研究

水肥管理是农业生产的核心问题和关键技术环节（李廷亮等，2011），对森林植被恢复的潜力和速率产生较大影响，在土壤培肥改良的基础上，深入分析水肥耦合效应（Gray and Hetherington；2004；董雯怡，2011），提高水、肥协调供应及协同作用能力，解除影响植物定居和生长的关键限制因子，是喀斯特高原山地区植被恢复亟需解决的主要问题。同时，立地质量衰退与水土流失过程有关，也与环境矿物的养分释放速率和数量密切相关，因此可以进行环境矿物释放速率调控研究，加快环境矿物中的养分释放速率，提高矿物养分供给水平。研究凋落物在养分归还速率、培育土壤团粒结构、水分吸持和碳源供给等方面的作用，构建生态系统的自我维持和调控机制，是从内部解决养分贫瘠问题的关键途径。

参考文献

[1] 白永飞，陈佐忠. 锡林河流域羊草草原植物种群和功能群的长期变异性及其对群落稳定性的影响[J]. 植物生态学报，2000，24（6）：641-647.

[2] 蔡婷，李阿瑾，宋坤，等. 黄浦江上游近自然混交林和人工纯林水源涵养功能评价[J]. 水土保持研究，2015，22（2）：36-40.

[3] 陈红松，聂云鹏，王克林. 岩溶山区水分时空异质性及植物适应机理研究进展[J]. 生态学报，2013，33（2）：317-326.

[4] 陈艳，贺康宁，伏凯，等. 青海大通不同树种水源涵养林对水质的影响[J]. 水土保持学报，2015，29（1）：220-225.

[5] 陈有民. 园林树木学[M]. 北京：中国林业出版社，2010.

[6] 陈祖拥，刘方，王慧，等. 贵州西部煤矿区不同类型河流沉积物含量及生态风险评价[J]. 安全与环境学报，2017，17（1）：364-370.

[7] 池永宽. 石漠化治理中农草林草空间优化配置技术与示范[D]. 贵阳：贵州师范大学，2015.

[8] 丁访军，王兵，钟洪明，等. 赤水河下游不同林地类型土壤物理特性及其水源涵养功能[J]. 水土

保持学报，2009，23（3）：179-183.
[9] 董雯怡. 毛白杨苗期水肥耦合效应研究[D]. 北京：北京林业大学，2011.
[10] 段如雁，韦小丽，张之栋，等. 贵树种花榈木容器苗配方施肥试验[J]. 森林与环境学报，2017，37（2）：225-230.
[11] 范夫静，宋同清，黄国勤，等. 西南峡谷型喀斯特坡地土壤养分的空间变异特征[J]. 应用生态学报，2014，25（1）：92-98.
[12] 范玮熠，王孝安，郭华. 黄土高原子午岭植物群落演替系列分析[J]. 生态学报，2006，23（3）：706-714.
[13] 方精云，刘国华，徐嵩龄. 我国森林植被的生物量和净生产量[J]. 生态学报，1996，16（5）：497-508.
[14] 付登高，何锋，郭震，等. 滇池流域富磷区退化山地马桑-蔗茅植物群落的生态修复效能评价[J]. 植物生态学报，2013，37（4）：326-334.
[15] 高吉喜. 西南山地退化生态系统评估与恢复重建技术[M]. 北京：科学出版社，2014.
[16] 高艳，杜峰，王雁南. 黄土丘陵区撂荒群落地上生物量和物种多样性关系[J]. 水土保持研究，2017，24（3）：96-102.
[17] 高阳，金晶炜，程积民，等. 宁夏回族自治区森林生态系统固碳现状[J]. 应用生态学报，2014，25（3）：639-646.
[18] 葛龙允. 黔中喀斯特森林生态经济功能群结构评价与经营对策[D]. 贵阳：贵州大学，2014.
[19] 顾文，赵阿丽，徐健，等. 基于碳汇生产理念下的县南沟流域退耕还林工程实施效果评价[J]. 水土保持研究，2014，21（2）：144-151.
[20] 管东生，陈玉娟，黄芬芳. 广州城市绿地系统碳的贮存、分布及其在碳氧平衡中的作用[J]. 中国环境科学，1998，18（5）：437-442.
[21] 郭京衡，曾凡江，李尝君，等. 塔克拉玛干沙漠南缘三种防护林植物根系构型及其生态适应策略[J]. 植物生态学报，2014，38（1）：36-44.
[22] 郭淑芬. 我国碳汇林建设融资机制研究[D]. 南京：南京林业大学，2013.
[23] 何冬梅，刘庆，林波，等. 人工针叶林林下 11 种植物叶片解剖特征对不同生境的适应性[J].生态学报，2008，28（10）：4739-4749.
[24] 何跃军，钟章成. 喀斯特地区植被恢复过程中适生植物的生理生态学研究进展[J]. 热带亚热带植物学报，2010，18（5）：586-592.
[25] 贺淑霞，李叙勇，莫菲，等. 中国东部森林样带典型森林水源涵养功能[J]. 生态学报，2011，31（12）：3285-3295.
[26] 胡海清，罗碧珍，魏书精，等. 小兴安岭 7 种典型林型林分生物量碳密度与固碳能力[J]. 植物生态学报，2015，39（2）：140-158.
[27] 胡莉. 中国南方喀斯特地区人地关系与石漠化调控[D]. 贵阳：贵州师范大学，2015.
[28] 胡楠，范玉龙，丁圣彦. 伏牛山森林生态系统灌木植物功能群分类[J]. 生态学报，2009，29（8）：

4017-4027.

[29] 惠刚盈，胡艳波，徐海，等. 结构化森林经营[M]. 北京：中国林业出版社，2007.

[30] 惠刚盈，赵中华，胡艳波. 结构化森林经营技术指南[M]. 北京：中国林业出版社，2010.

[31] 贾忠奎，温志勇，贾芳，等. 北京山区侧柏人工林水源涵养功能对抚育间伐的响应[J]. 水土保持学报，2012，26（1）：62-66+71.

[32] 江浩，周国逸，黄钰辉，等. 南亚热带常绿阔叶林林冠不同部位藤本植物的光合生理特征及其对环境因子的适应[J]. 植物生态学报，2011，35（5）：567-576.

[33] 蒋桂娟，郑小贤，宁杨翠. 林分结构与水源涵养功能耦合关系研究——以北京八达岭林场为例[J]. 西北林学院学报，2012，27（2）：175-179.

[34] 李芳兰，包维楷，刘俊华，等. 岷江上游干旱河谷海拔梯度上白刺花叶片生态解剖特征研究[J]. 应用生态学报，2006，17（1）：5-10.

[35] 李建华. 碳汇林的交易机制、监测及成本价格研究[D]. 南京：南京林业大学，2008.

[36] 李莉，苏维词，葛银杰. 重庆市森林生态系统水源涵养功能研究[J]. 水土保持研究，2015，22（2）：96-100.

[37] 李庆康，马克平. 植物群落演替过程中植物生理生态学特性及其主要环境因子的变化[J]. 植物生态学报，2002，26（增刊）：9-19.

[38] 李双成. 生态系统服务地理学[M]. 北京：科学出版社，2014.

[39] 李廷亮，谢英荷，任苗苗，等. 施肥和覆膜垄沟种植对旱地小麦产量及水氮利用的影响[J]. 生态学报，2011，31（1）：212-220.

[40] 李婷婷，陈绍志，吴水荣，等. 采伐强度对水源涵养林林分结构特征的影响[J]. 西北林学院学报，2016，31（5）：102-108.

[41] 李玮，孔令聪，张存岭，等. 长期不同施肥模式下砂姜黑土的固碳效应分析[J]. 土壤学报，2015，52（4）：943-949.

[42] 刘畅，满秀玲，刘文勇，等. 东北东部山地主要林分类型土壤特性及其水源涵养功能[J]. 水土保持学报，2006，20（6）：30-33.

[43] 刘建立，王彦辉，管伟，等. 宁南山区华北落叶松林枯落物水文特征研究[J]. 水土保持通报，2009，29（6）：20-23.

[44] 刘世荣. 天然林生态恢复的原理与技术[M]. 北京：中国林业出版社，2011.

[45] 刘淑娟，张伟，王克林，等. 桂西北典型喀斯特峰丛洼地退耕还林还草的固碳效益评价[J]. 生态学报，2016，36（17）：5528-5536.

[46] 刘魏魏，王效科，逯非，等. 全球森林生态系统碳储量、固碳能力估算及其区域特征[J]. 应用生态学报，2015，26（9）：2881-2890.

[47] 刘洋，张健，闫帮国，等. 青藏高原东缘高山森林-苔原交错带土壤微生物生物量碳、氮和可培养微生物数量的季节动态[J]. 植物生态学报，2012，36（5）：382-392.

[48] 龙江英，吴乔明. 气候变化下的林业碳汇与石漠化治理——贵州清洁发展机制碳汇造林项目的实践与探索[M]. 成都：西南交通大学出版社，2011.

[49] 吕植，马剑，张小全，等. 中国森林碳汇实践与低碳发展[M]. 北京：北京大学出版社，2014.

[50] 罗绪强，王程媛，杨鸿雁，等. 喀斯特优势植物种干旱和高钙适应性机制研究进展[J]. 中国农学通报，2012，28（16）：1-5.

[51] 麻泽龙，宫渊波，胡庭兴，等. 森林覆盖率与水土保持关系研究进展[J]. 四川农业大学学报，2003，21（1）：54-57.

[52] 马俊，布仁仓，邓华卫，等. 气候变化对小兴安岭主要阔叶树种地上部分固碳速率影响的模拟[J]. 应用生态学报，2014，25（9）：2449-2459.

[53] 马少杰，李正才，周本智，等. 北亚热带天然次生林群落演替对土壤有机碳的影响[J]. 林业科学研究，2010，23（6）：845-849.

[54] 苗芳，杜华栋，秦翠萍，等. 黄土高原丘陵沟壑区抗侵蚀植物叶表皮的生态适应性[J]. 应用生态学报，2012，23（10）：2655-2662.

[55] 欧阳学军，黄忠良，周国逸，等. 鼎湖山南亚热带森林群落演替对土壤化学性质影响的累积效应研究[J]. 水土保持学报，2003，17（4）：51-54.

[56] 潘鹏，吕丹，欧阳勋志，等. 赣中马尾松天然林不同生长阶段生物量及碳储量研究[J]. 江西农业大学学报，2014，36（1）：131-136.

[57] 潘鹏. 马尾松天然林植被固碳能力、速率及潜力研究[D]. 南昌：江西农业大学，2014.

[58] 平川，王传宽，全先奎. 环境变化对兴安落叶松氮磷化学计量特征的影响[J]. 生态学报，2014，34（8）：1965-1974.

[59] 平晓燕，王铁梅，卢欣石. 农林复合系统固碳潜力研究进展[J]. 植物生态学报，2013，37（1）：80- 92.

[60] 杞金华，章永江，张一平，等. 哀牢山常绿阔叶林水源涵养功能及其在应对西南干旱中的作用[J]. 生态学报，2012，32（6）：1692-1702.

[61] 饶日光，张琳，王照利，等. 陕西省退耕还林工程固碳释氧服务功能评价[J]. 西北林学院学报，2013，28（4）：249-254.

[62] 任伟，谢世友，谢德体. 喀斯特山地典型植被恢复过程中的土壤水分生态效应[J]. 水土保持学报，2009，23（5）：128-132.

[63] 沈国舫. 森林培育学[M]. 北京：中国林业出版社，2001.

[64] 沈会涛，王化儒，由文辉. 天童山常绿阔叶林不同演替阶段水源涵养功能评价[J]. 水土保持通报，2013，33（4）：170-175.

[65] 时忠杰，张宁南，何常清，等. 桉树人工林冠层、凋落物及土壤水文生态效应[J]. 生态学报，2010，30（7）：1932-1939.

[66] 司婧. 北方几种杨树人工林固碳增汇技术研究[D]. 北京：北京林业大学，2012.

[67] 宋超，陈云明，曹扬，等. 黄土丘陵区油松人工林土壤固碳特征及其影响因素[J]. 中国水土保持科学，2015，13（3）：76-82.

[68] 宋同清，彭晚霞，曾馥平，等. 桂西北喀斯特人为干扰区植被的演替规律与更新策略[J]. 山地学报，2008，26（5）：597-604.

[69] 孙浩，杨民益，余杨春，等. 宁夏六盘山几种典型水源涵养林林分结构与水文功能的关系[J]. 中国水土保持科学，2014，12（1）：10-18.

[70] 孙泉忠，刘瑞禄，陈菊艳，等. 贵州省石漠化综合治理人工种草对土壤侵蚀的影响[J]. 水土保持学报，2013，27（4）：67-72，77.

[71] 陶冶，张元明，周晓兵. 伊犁野果林浅层土壤养分生态化学计量特征及其影响因素[J]. 应用生态学报，2016，27（7）：2239-2248.

[72] 田风霞，赵传燕，冯兆东，等. 祁连山青海云杉林冠生态水文效应及其影响因素[J]. 生态学报，2012，32（4）：1066-1076.

[73] 田宁宁，张建军，李玉婷，等. 晋西黄土区退耕还林地涵养水源和保育土壤功能评价[J]. 水土保持学报，2015，29（5）：124-129.

[74] 万昊，刘卫国. 六盘山 2 种森林植被固碳释氧计量研究[J]. 水土保持学报，2014，28（6）：332-336.

[75] 王百田，王颖，郭江红，等. 黄土高原半干旱地区刺槐人工林密度与地上生物量效应[J]. 中国水土保持科学，2005，3（3）：35-39.

[76] 王利，于立忠，张金鑫，等. 浑河上游水源地不同林型水源涵养功能分析[J]. 水土保持学报，2015，29（3）：249-255.

[77] 王威，郑小贤，宁杨翠. 北京山区水源涵养林典型森林类型结构特征研究[J]. 北京林业大学学报，2011，33（1）：60-63.

[78] 王晓学，沈会涛，李叙勇，等. 森林水源涵养功能的多尺度内涵、过程及计量方法[J]. 生态学报，2013，33（4）：1019-1030.

[79] 王亚婷，范连连. 热岛效应对植物生长的影响以及叶片形态构成的适应性[J]. 生态学报，2011，31（20）：5992-5998.

[80] 王艳芳，刘领，邓蕾，等. 采伐对豫西退耕还林工程固碳的影响[J]. 生态学报，2016，36（5）：1400-1408.

[81] 王祝雄. 林业应对气候变化的作用和意义重大[J]. 今日国土，2009，7：13-17.

[82] 魏书精. 黑龙江省森林火灾碳排放定量评价方法研究[D]. 哈尔滨：东北林业大学，2013.

[83] 吴秉礼，石建忠，谢忙义，等. 甘肃水土流失区防护效益森林覆盖率研究[J]. 生态学报，2003，23（6）：1125-1137.

[84] 吴华，张建利，喻理飞，等. 草海流域水源功能区植物持水功能群划分[J]. 水土保持研究，2014，21（2）：138-143.

[85] 习新强，赵玉杰，刘玉国，等. 黔中喀斯特山区植物功能性状的变异与关联[J]. 植物生态学报，

2011，35（10）：1000-1008.

[86] 项文化，黄志宏，闫文德，等. 森林生态系统碳氮循环功能耦合研究综述[J]. 生态学报，2006，26（7）：2365-2372.

[87] 肖文娅，周琦，董务闯，等. 苏州太湖流域 2 种水源涵养林空间结构特征与枯落物持水特性研究[J]. 水土保持研究，2014，21（4）：21-25.

[88] 熊康宁，陈永毕，陈浒，等. 点石成金：贵州石漠化治理技术与模式[M]. 贵阳：贵州科技出版社，2011.

[89] 熊康宁，李晋，龙明忠. 典型喀斯特石漠化治理区水土流失特征与关键问题[J]. 地理学报，2012，67（7）：878- 888.

[90] 徐承香，李子忠，黎道洪. 贵州织金洞洞穴动物群落多样性与光照强度及土壤重金属含量的关系[J]. 生物多样性，2013，21（1）：62-70.

[91] 徐杰，邓湘雯，方晰，等. 湘西南石漠化地区不同植被恢复模式的土壤有机碳研究[J]. 水土保持学报，2012，26（6）：171-175.

[92] 许炯心. 黄河中游绿水系数变化及其生态环境意义[J]. 生态学报，2015，35（22）：7298-7307.

[93] 杨小林，张希明，李义玲，等. 塔克拉玛干沙漠腹地 3 种植物根系构型及其生境适应策略[J]. 植物生态学报，2008，32（6）：1268-1276.

[94] 姚雪芹，毕润成，张钦弟，等. 山西太岳山辽东栎群落木本植物功能群分类[J]. 西北植物学报，2015，35（6）：1246-1253.

[95] 于海春. 内蒙古退化土地人工林固碳增汇技术研究[D]. 呼和浩特：内蒙古农业大学，2014.

[96] 余新晓，甘敬. 水源涵养林研究与示范[M]. 北京：中国林业出版社，2007.

[97] 余新晓，王春玲，牛丽丽，等. 流域防护林体系对位配置[M]. 北京：科学出版社，2010.

[98] 余新晓，张志强，范志平，等. 防护林体系空间配置与结构优化技术[D]. 北京：科学出版社，2011.

[99] 喻理飞，朱守谦，叶镜中，等. 退化喀斯特森林自然恢复过程中群落动态研究[J]. 林业科学，2002，38（1）：1-7.

[100] 喻理飞，朱守谦，叶镜中，等. 退化喀斯特森林自然恢复评价研究[J]. 林业科学，2000，36（6）：12-19.

[101] 喻阳华，李光容，皮发剑，等. 赤水河上游主要森林类型水源涵养功能评价[J]. 水土保持学报，2015，29（2）：150-156.

[102] 喻子恒，黄国培，张华，等. 贵州丹寨金汞矿区稻田土壤重金属分布特征及其污染评估[J]. 生态学杂志，2017，36（8）：2296-2301.

[103] 袁正科，田育新，肖彬，等. 不同功能防护林类型的判别技术研究[J]. 林业科学，1998，11（3）：1-5.

[104] 臧传富，刘俊国. 黑河流域蓝绿水在典型年份的时空差异特征[J]. 北京林业大学学报，2013，35（3）：1-10.

[105] 臧润国，张志东. 热带森林植物功能群及其动态研究进展[J]. 生态学报，2010，30（12）：3289-3296.

[106] 曾馥平，彭晚霞，宋同清，等. 桂西北喀斯特人为干扰区自然植被恢复 22 年后群落特征[J]. 生态学报，2007，27（12）：5110-5119.

[107] 张光灿，周泽福，刘霞，等. 五台山华北落叶松水源涵养林密度结构与生长动态[J]. 中国水土保持科学，2007，5（1）：1-6.

[108] 张继义，赵哈林，张铜会，等. 科尔沁沙地植被恢复系列上群落演替与物种多样性的恢复动态[J]. 植物生态学报，2004，28（1）：86-92.

[109] 张建军，贺维，纳磊. 黄土区刺槐和油松水土保持林合理密度的研究[J]. 中国水土保持科学，2007，5（2）：55-59.

[110] 张健，宫渊波，陈林武. 最佳防护效益森林覆盖率定量探讨[J]. 林业科学，1996，32（4）：317-324.

[111] 张娜，张巍，陈玮，等. 大连市 6 种园林树种的光合固碳释氧特性[J]. 生态学杂志，2015，34（10）：2742-2748.

[112] 张鑫，李博，祖艳群，等. 滇池流域群落演替对森林水源涵养能力的影响[J]. 水土保持学报，2015，29（2）：139-144.

[113] 张艳丽，费世民，李智勇，等. 成都市沙河主要绿化树种固碳释氧和降温增湿效益[J]. 生态学报，2013，33（12）：3878-3887.

[114] 赵安周，朱秀芳，潘耀忠，等. 典型年份渭河流域蓝水绿水时空差异分析[J]. 中国农业气象，2016，37（2）：149-157.

[115] 赵阳，余新晓，黄枝英，等. 北京西山侧柏水源涵养林空间结构特征研究[J]. 水土保持研究，2011，18（4）：183-188.

[116] 赵阳，余新晓，宋思铭，等. 北京山区栓皮栎水源涵养林空间结构特征研究[J]. 水土保持研究，2011，18（3）：41-47.

[117] 赵雨森，辛颖，曾凡锁. 阿什河源头水源涵养林在水分传输过程中对水质的影响[J]. 林业科学，2008，44（6）：5-9.

[118] 甄婷婷，徐宗学，程磊，等. 蓝水绿水资源量估算方法及时空分布规律研究——以卢氏流域为例[J]. 资源科学，2010，32（6）：1177-1183.

[119] 周玲莉，姚斌，向仰洲，等. 五氯酚胁迫对杨树生长及根际微生物群落的响应特征[J]. 林业科学，2010，46（10）：62-68.

[120] 朱志芳，龚固堂，陈俊华，等. 基于水源涵养的流域适宜森林覆盖率研究——以平通河流域（平武段）为例[J]. 生态学报，2011，31（6）：1662-1668.

[121] Bruijnzeel L A. Hydrological functions of tropical forests：not seeing the soil for the tree？[J]. Agriculture，Ecosystems and Environment，2004，104（1）：185-228.

[122] Crockford R H，Richardson D P. Partitioning of rainfall into throughfall，stemflow and interception：effect of forest type，ground cover and climate[J]. Hydrological Processes，2000，14（16/17）：

2903-2920.

[123] Day M，Baldauf C，Rutishauser E，et al. Relationship between tree species diversity and above-ground biomass in Central African rainforests：implications for REDD[J]. Environmental Conservation，2014，41（1）：64-72.

[124] Daz S，Cabido M. Vive la difference：Plant functional diversity matters to ecosystem processes[J]. Trends in Ecology and Evolution，2001，16（11）：646-655.

[125] Edward T，Cayman J S，Jörg L. The C：N：P：S stoichiometry of soil organic matter[J]. Biogeochemistry，2016，130（1-2）：117-131.

[126] Eiswerth M E，Haney J C. Maxing conserved biodiversity：why ecosystem indicators and thresholds matter[J]. Ecological Economics，2001，38（2）：259-274.

[127] Enquist B J，Brown J H，West G B. Allometric scaling of plant energetics and population density[J]. Nature，1998，395：163-165.

[128] Falkenmark M. Coping with water scarcity under rapid population growth[J]. Conference of SADC Minister，Pretoria，1995，23-24.

[129] Fan H B，Wu J P，Liu W F，et al. Linkages of plant and soil C：N：P stoichiometry and their relationships to forest growth in subtropical plantations[J]. Plant and Soil，2015，392（1-2）：127-138.

[130] Farrelly D J，Everard C D，Fagan C C，et al. Carbon sequestration and the role of biological carbon mitigation：A review[J]. Renewable and Sustainable Energy Reviews，2013，21：712-727.

[131] Gray J E，Hetherington A M. Plant development：YODA the stomatal switch[J]. Current Biology，2004，14（12）：488-490.

[132] Houghton R A. Balancing the global carbon budget[J]. Annual Review of Earth and Planetary Sciences，2007，35（1）：313-347.

[133] Huang W B，Ma R，Yang D，et al. Organic acids secreted from plant roots under soil stress and their effects on ecological adaptability of plants[J]. Agricultural Science and Technology，2014，15（7）：1167-1173.

[134] Ipcc. Contribution of Working Group I to the Fifth Assessment Report of the Intergovernmental Panel on Climate Change. Climate Change 2013：The Physical Science Basis[M]. Cambrige：Cambrige Universtiy Press，2013.

[135] Jichul B，Chaeho B，Alan K. Ground cover species selection to management common ragweed（*Ambrosia artemisiifolia*）in roadside edge of highway[J]. Plant Ecological，2015，216（2）：263-271.

[136] Le Q C，Moriaty R，Andrew R M，et al. Global carbon budget 2014[J]. Earth System Data Discussions，2014，7：521-610.

[137] Lei C L，Ju C Y，Cai T J，et al. Estimating canopy closure density and above-ground tree biomass using partial least square methods in Chinese boreal forests[J]. Journal of Forestry Research，2012，23（2）：

191-196.

[138] Ma h，Wang Y Q，Yue H，et al. The threshold between natural recovery and the need for artificial restoration in degraded lands in Fujian Province，China[J]. Environmental Monitoring and Assessment，2013，185（10）：8639-8648.

[139] Mao P L，Zang R Z，Shao H B，et al. The ecological adaptability of four typical plants during the early successional stage of a tropical rainforest[J]. Plant Biosystems，2014，148（2）：288-296.

[140] Neitsch S L，Arnold J G，Kiniry J R. Soil and water Assessment tool：the theoretical documentation version 2000[M]. Texas：Grassland Soil Water Research Laboratory，2002.

[141] Niu X Z，Duiker S W. Carbon sequestration potential by afforestation of marginal agricultural land in the Midwestern U. S.[J]. Forest Ecology and Management，2006，223（1）：415-427.

[142] Noble I R，Gitay H. A functional classification for predicting the dynamics of landscapes[J]. Journal of Vegetation Science，1996，7（3）：329-336.

[143] Russell A E，Laird D A，Parkin T B，et al. Impact of nitrogen fertilization and cropping system on carbon sequestration in Midwestern Molloisols[J]. Soil Sciences Society of America Journal，2005，69（2）：413-422.

[144] Schlesinger W H. Evidence from chronosequence studies for a low carbon-storage potential of soils[J]. Nature，1990，348：232-234.

[145] Smith T T M，Shugart H H，Woodward F I. Plant Functional Types：Their Relevance to Ecosystem Properties and Global Chang[M]. Cambridge：Cambridge University Press，1997.

[146] Wang M，Tim R M. Carbon，nitrogen，phosphorus，and potassium stoichiometry in an ombrotrophic peatland reflects plant functional type[J]. Ecosystems，2014，17（4）：673-684.

[147] Xie G D，Li W H，Xiao Y，et al. Forest ecosystem services and their values in Beijing[J]. Chinese Geographical Science，2010，20（1）：51-58.

[148] Yoda K，Kira T，Ogawa H，et al. Self-thinning in overcrowded pure stands under cultivated and natural conditions[J]. Journal of Biology，1963，14：107-129.

[149] Zhang W P，Xin J，Morris E C，et al. Stem，branch and leaf biomass-density relationships in forest communities[J]. Ecology Research，2012，27（4）：819-825.

[150] Zhang X，Zhao X，Zhang M. Functional diversity changes of microbial communities along a soil aquifer for reclaimed water recharge[J]. FEMS Microbiology Ecology，2012，80（1）：9-18.

致 谢

感谢国家重点研发计划课题“喀斯特高原山地石漠化综合治理与混农林业复合经营技术与示范”（2016YFC0502601）和贵州省科技计划项目“石漠化区抗冻耐旱型植被建植与恢复关键技术研究”（黔科合 LH 字[2016]7201 号）对本专著出版的资助，使研究成果能够及时与广大读者分享。

感谢国家重点研发计划项目首席科学家、国家喀斯特石漠化防治工程技术研究中心常务副主任、贵州师范大学喀斯特研究院前院长熊康宁教授为我们提供了宝贵的平台，为我们的研究营造了良好的氛围、提供了充足的经费，这是研究得以持续进行的关键。感谢贵州师范大学喀斯特研究院前党委书记潘国昌教授、周忠发院长和盛茂银副院长对本专著出版的关心与支持。感谢课题组陈浒教授、朱大运副教授、肖华助理研究员等对项目执行的大力帮助。没有各位领导与同事的全力支持，本专著不可能与大家见面。

感谢沈泽昊教授、喻理飞教授、吴永贵教授、周焱教授等在专著撰写过程中给予的指导，使本专著的质量更高、内容更丰富、参考价值更大，在研究体系、逻辑关联、框架设计、内容布局等方面都更加完善。

感谢中国环境出版集团给予我们专著出版的机会，使我们的作品能够与广大同行分享和交流；感谢出版集团的各位编辑，特别是第六分社周煜社长，因为有她们的科学指导、辛勤编辑和耐心润色，才使本专著得以公开出版。

感谢参与本专著编写的全体成员，本专著凝聚了大家的心血和汗水，是大家勤劳和智慧的结晶。正是有大家的刻苦钻研、努力付出、通力合作和高效配合，才将本专著呈现在广大同行和读者面前。

本专著在顶层设计、数据采集、作品撰写等方面，还得到了其他许多人的帮助、关心和支持，无法全部列举，在此一并对他们表示衷心感谢和崇高敬意，祝他们工作顺利、生活顺意、诸事顺心！

再次说声谢谢！